新世纪高职高专
电子信息类课程规划教材

微课版

电子技术（基础篇）

新世纪高职高专教材编审委员会 组编

主 编 蒋从根

副主编 崔立功 马 晶 李春林

第四版

U0244863

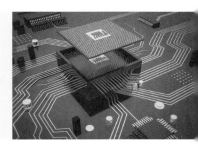

大连理工大学出版社

图书在版编目(CIP)数据

电子技术. 基础篇 / 蒋从根主编. -- 4 版. -- 大连:
大连理工大学出版社,2021.9(2024.1 重印)
新世纪高职高专电子信息类课程规划教材
ISBN 978-7-5685-2808-5

Ⅰ. ①电… Ⅱ. ①蒋… Ⅲ. ①电子技术－高等职业教
育－教材 Ⅳ. ①TN

中国版本图书馆 CIP 数据核字(2020)第 243141 号

大连理工大学出版社出版
地址:大连市软件园路 80 号 邮政编码:116023
发行:0411-84708842 邮购:0411-84708943 传真:0411-84701466
E-mail:dutp@dutp.cn URL:https://www.dutp.cn
大连永盛印业有限公司印刷 大连理工大学出版社发行

幅面尺寸:185mm×260mm 印张:17 字数:393 千字
2003 年 8 月第 1 版 2021 年 9 月第 4 版
2024 年 1 月第 2 次印刷

责任编辑:马 双 责任校对:周雪姣
封面设计:张 莹

ISBN 978-7-5685-2808-5 定 价:55.00 元

前　言

　　《电子技术(基础篇)》(第四版)是新世纪高职高专教材编审委员会组编的高职高专电子信息类课程规划教材之一。

　　本教材是一部全新的电子技术理论教材。它体现了高职高专高端技术技能型人才的培养要求。既着眼于基本技能的培养,又注重基础理论知识、利用理论知识解决问题能力的培养,强调学生的就业"零距离",特别注重新技术、新工艺能力培养,注重学生创新能力的培养,无论是在内容上还是在形式上,都有所创新。

　　本教材共10章,包括模拟电子技术和数字电子技术。"模拟"部分包括常用半导体器件、基本放大电路、负反馈放大器及集成运算放大器、直流稳压电源;"数字"部分包括数字电路基础知识、组合逻辑电路、时序逻辑电路、脉冲波形的产生和整形、大规模集成电路、数模与模数转换。

　　本教材在第三版的基础上,适当改变了章节中的内容顺序,更加符合学生的认知规律;改变了部分章节的标题,使章节标题与内容结合得更紧密;适当增加了一些新技术内容;聘请企业高级工程师,调整了一些工程应用章节,使学生更好地理解知识点,学以致用,还在部分章节增加了实际电路制作环节,提高学生的实践能力。

　　本教材充分体现了高职电子技术课程对培养高职学生职业能力的要求。在内容选材上,力求少而精,做到主次分明,详略得当;理论与实践并重,在讲解理论的同时,注重实际应用,大力加强习题的覆盖面和针对性,既注重引起学生的兴趣、启发学生思考,又注重体现专业特色。

新世纪

本教材由北京电子科技职业学院蒋从根任主编,滨州职业学院崔立功,深圳市国顺教育科技有限公司副董事长、高级工程师马晶和齐齐哈尔大学李春林任副主编,北京电子科技职业学院于彤、陈容红、徐美德及长沙师范学院童欣参与了教材的编写。马晶高级工程师提供了一些具体工程案例,并审阅了所有实际电路制作项目,在此表示感谢。黑龙江交通职业技术学院栾良龙教授审阅了全书并提出了宝贵意见和建议。

本教材有配套实训教材《电子技术(实训篇)》(第四版),也可以单独使用,还可以作为学生课外创新、技能竞赛等的参考教材。

在编写本教材的过程中,编者参考、引用和改编了国内外出版物中的相关资料以及网络资源,在此表示深深的谢意!相关著作权人看到本教材后,请与出版社联系,出版社将按照相关法律的规定支付稿酬。

由于编者专业水平有限,书中不足和错误之处在所难免,恳请读者批评指证。

编　者

2021 年 9 月

所有意见和建议请发往:dutpgz@163.com

欢迎访问职教数字化服务平台：https://www.dutp.cn/sve/

联系电话:0411-84707492　84706104

目　录

本书微课视频列表

半导体基础与器件

第1章

本 章 导 读

　　自然界中的物质,按导电能力的不同,可分为导体和绝缘体。人们发现还有一类物质,它们的导电能力介于导体和绝缘体之间,那就是半导体。电子技术是利用半导体器件完成对电信号处理的技术,它包括模拟电子技术和数字电子技术两大部分。当被处理的电信号在时间和数值上都连续变化时,我们称之为模拟信号;处理模拟信号的电子电路称为模拟电路。当被处理的电信号不连续变化、只在其高低电平中包含信号时,我们称之为数字信号;处理数字信号的电子电路称为数字电路。组成模拟电路和数字电路的最基本的器件都是二极管、三极管和场效应管等半导体器件。

1.1 半导体的基本特性

1.1.1 半导体

　　半导体的导电能力介于导体和绝缘体之间。目前用来制造半导体器件的材料主要是锗和硅,它们都是四价元素,具有晶体结构,如图 1-1 所示。

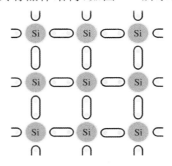

图 1-1　半导体晶体结构示意图

　　在常温状态下,大多数的价电子被束缚在原子周围,不易自由移动,只有少量的价电子挣脱共价键的束缚成为自由电子,自由电子逸出后的空位形成空穴。

完全不含杂质且无晶格缺陷的纯净半导体称为本征半导体。由于在常温状态下,纯净半导体内的自由电子和空穴浓度很低,所以导电能力也较弱。

1.1.2　N 型半导体和 P 型半导体

N 型半导体是在纯净半导体硅或锗中掺入微量的磷、砷等五价元素,这类掺杂半导体的特点是:自由电子数量多,空穴数量少,参与导电的主要是带负电的自由电子,故又称为电子型半导体。

P 型半导体是在纯净半导体硅或锗中掺入硼、铝等三价元素,这类掺杂半导体的特点是:空穴数量多,自由电子数量少,参与导电的主要是带正电的空穴,故又称为空穴型半导体。

1.1.3　PN 结及单向导电特性

采用掺杂工艺,使硅或锗的一边形成 P 型半导体区域,另一边形成 N 型半导体区域,在 P 区和 N 区的交界面形成一个具有特殊电性能的空间电荷区薄层,称为 PN 结。如图 1-2 所示。

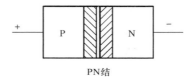

PN结

PN 结的形成

图 1-2　PN 结示意图

PN 结正偏:PN 结 P 区的电位高于 N 区的电位,称为正向偏置,简称正偏。

PN 结反偏:PN 结 P 区的电位低于 N 区的电位,称为反向偏置,简称反偏。

PN 结的特点如下:

1. 单向导电性

PN 结正向偏置时,呈现低阻性,称为导通;PN 结反向偏置时,呈现高阻性,称为截止。这种特性称为 PN 结的单向导电性。

2. 反向击穿

PN 结两端外加的反向电压增大到一定值时,反向电流急剧增大,称为 PN 结的反向击穿。

3. 热击穿

若反向电流增大并超过允许值,则会使 PN 结烧坏,称为热击穿。

4. 结电容

PN 结具有一定的电容效应,称该电容为 PN 结的结电容。

1.2　半导体二极管

利用 PN 结的单向导电性,可以制造一种半导体器件——半导体二极管(简称二极管)。

1.2.1　二极管的外形、结构、符号与导电特性

1. 外形

半导体二极管示意图如图 1-3 所示。电子产品中有各种不同封装形式的二极管,通常用塑料、金属或玻璃材料制作封装外壳,外壳上一般印有标记以便区别正负电极。不同封装形式的二极管如图 1-4、图 1-5、图 1-6 所示。

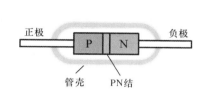

图 1-3　半导体二极管示意图

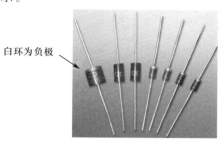

白环为负极

图 1-4　塑料封装二极管

螺栓端为负极

图 1-5　金属封装二极管

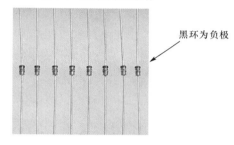

黑环为负极

图 1-6　玻璃封装二极管

2. 结构

由于管芯结构不同,二极管又分为点接触型[图 1-7(a)]、面接触型[图 1-7(b)]和平面型[图 1-7(c)]。

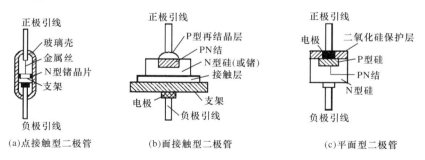

(a)点接触型二极管　　　　(b)面接触型二极管　　　　(c)平面型二极管

图 1-7　各种不同管芯结构的二极管

3. 符号

二极管的正负极如图 1-8 所示,箭头表示正向导通电流的方向。

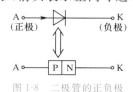

图 1-8　二极管的正负极

4. 导电特性

为了观察二极管的导电特性,将二极管(如 1N4004)接入由电池和小灯泡组成的电路中,如图 1-9 所示。按图 1-9(a)连接电路,此时小灯泡亮,表示二极管被施加正向电压而导通。按图 1-9(b)连接电路,此时小灯泡不亮,表示二极管被施加反向电压而截止。通过观察以上实验,证实二极管具有单向导电性。

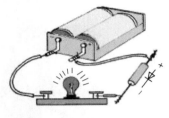 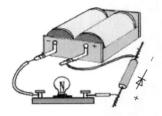

(a)二极管正向导通　　　　　　(b)二极管反向截止

图 1-9　二极管的单向导电性实验

1.2.2　二极管的特性与参数

二极管的导电性能由加在二极管两端的电压和流过二极管的电流来决定,这两者之间的关系称为二极管的伏安特性。二极管伏安特性测试电路如图 1-10 所示。

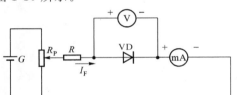

图 1-10　二极管伏安特性测试电路

通过实验得出以下结论:

1. 二极管的正向特性

(1)当正向电压较小时,正向电流极小,PN 结称为死区。死区电压:硅二极管为 0.5 V,锗二极管为 0.2 V。

(2)当正向电压大于死区电压时,电流随电压增大而急剧增大,二极管导通。

(3)二极管导通后,两端电压基本稳定,一般硅二极管为 0.7 V,锗二极管为 0.3 V。

2. 二极管的反向特性

(1)当施加反向电压时,二极管反向电阻很大,电流极小,此时的电流称为反向饱和电流。

(2)当反向电压不超过反向击穿电压时,反向饱和电流几乎与反向电压无关。

(3)当反向电压不断增大,达到一定数值时,反向电流就会突然增大,这种现象称为反向击穿。普通二极管不允许出现此种状态。有一种专用二极管(一般称稳压二极管)可工作于此状态。击穿可分为电击穿和热击穿。其中,电击穿后二极管可恢复,热击穿后二极管不可恢复。

硅二极管的伏安特性曲线如图 1-11 所示。由二极管的伏安特性曲线可知,二极管属于非线性器件。

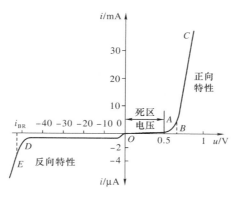

图 1-11　硅二极管的伏安特性曲线

3. 二极管的主要参数

(1)最大整流电流 I_{FM}:二极管允许通过的最大正向工作电流平均值。

(2)最高反向工作电压 V_{RM}:二极管允许承受的反向工作电压峰值,$V_{RM} \approx \left(\dfrac{1}{2} \sim \dfrac{1}{3}\right) V_{CC}$,也叫反向击穿电压。

(3)反向漏电流 I_R:在规定的反向电压和环境温度下的二极管反向电流值。I_R 越小,二极管的单向导电性越好。

例 1-1　有同型号的二极管三只,测得数据见表 1-1,试问哪个管子性能最好?

表 1-1　　　　　　　　　　　二极管性能比较

二极管	参　数		
	正向电流(mA)（正向电压相同）	反向电流(μA)（反向电压相同）	反向击穿电压(V)
甲	100	3	200
乙	40	4	150
丙	60	6	30

解　甲管单向导电性最好,因为它反向击穿电压高,反向电流小,正向电压相同的情况下,正向电流大。

1.2.3　特殊二极管及应用

在电子电路中,二极管一般用于整流、检波、限幅、隔离、钳位、做开关等。有些电路还需要具有特殊功能的二极管,如稳压二极管、发光二极管、激光二极管、压敏二极管等。

1. 稳压二极管

稳压二极管主要用于稳压电路,在输入电压不稳定的情况下,利用其反向击穿时电压变化较小的特性,使输出电压得以稳定。稳压二极管的外形如图 1-12 所示,图形符号如图 1-13 所示。由于采用了特殊制造工艺,它具有如下特性:

(1)稳压二极管有一个反向击穿电压。根据不同需要可以选用不同型号,根据器件手册,它用稳定电压 V_S 表示其特性,V_S 一般为几伏到十几伏。

（2）在特性曲线上,稳压二极管的反向击穿特性曲线很陡,击穿后在安全的工作电流范围内,能够保证电压变化范围很小。根据器件手册,它用动态电阻 r_Z 表示其特性, r_Z 越小,表示它的稳压性能越好。

（3）稳压二极管串联了限流电阻后,能够很稳定地工作在指定的反向击穿区。根据器件手册,它用稳定电流 I_Z 、最大稳定电流 I_{ZM} 和最大允许耗散功率 P_{ZM} 表示其特性,只要保证其工作电流小于 I_{ZM} ,最大功率小于 P_{ZM} ,稳压二极管就不会由于热击穿而损坏。

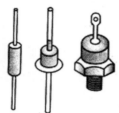

图 1-12 稳压二极管外形

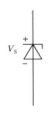

图 1-13 稳压二极管图形符号

2. 发光二极管

发光二极管是一种把电能转换成光能的半导体器件。发光二极管由磷化镓、砷化镓等半导体材料制成。常见发光二极管的实物如图 1-14 所示,图形符号如图 1-15 所示。

图 1-14 常见发光二极管实物

图 1-15 发光二极管图形符号

当给发光二极管加上正向偏置电压时,有一定的电流流过二极管,二极管就会发光,这是由于 PN 结的电子与空穴直接复合释放能量。发光二极管的种类很多,按发光的颜色可分为红色、蓝色、黄色、绿色,还有三色变色发光二极管和非可见光的红外光二极管等;按外形可分为圆形、方形等。

除了上述两种特殊二极管,常用的还有光敏二极管、变容二极管等。

1.3　半导体三极管

在电子电路中,基本器件除二极管外,还有半导体三极管（晶体三极管）。晶体三极管简称三极管,是一种利用输入电流控制输出电流的电流控制型器件,它是由两个 PN 结构成的有三个电极的半导体器件,在电路中主要作为放大器和开关。

1.3.1　三极管的结构

1. 基本结构

（1）外形。近年来生产的中小功率管多采用硅酮塑料封装;大功率管多采用金属封装,通常做成扁平形状并有安装孔。如图 1-16 所示为不同封装和功率的晶体三极管。

(a)塑料封装小功率管

(b)塑料封装中功率管

(c)金属封装小功率管

(d)金属封装大功率管

图 1-16　不同封装和功率的晶体三极管

（2）结构。三极管的核心是两个互相联系的 PN 结,PN 结的组合方式不同构成不同极性的三极管,即 PNP 型和 NPN 型两类。如图 1-17 所示。

三极管内部有发射区、基区和集电区,引出电极分别为发射极 e、基极 b、集电极 c。发射区与基区之间的 PN 结称为发射结,集电区与基区之间的 PN 结称为集电结。

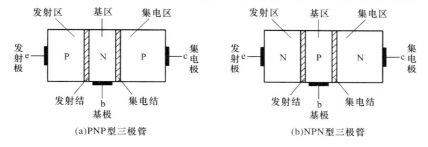
(a)PNP型三极管　　　　　　(b)NPN型三极管

图 1-17　三极管的结构示意图

（3）特点:

①发射区掺杂浓度较大,利于发射区向基区发射载流子。

②基区薄,掺杂少,载流子易于通过。

③集电区比发射区体积大且掺杂少,收集载流子。

注意:三极管并不是两个 PN 结的简单组合,不能用两个二极管代替。

2. 分类

三极管的种类很多,通常按以下方法进行分类:

(1)按半导体制造材料可分为:硅管和锗管。硅管受温度影响较小、工作稳定,因此在电子产品中常用硅管。

(2)按三极管内部基本结构可分为:NPN 型和 PNP 型两类。

(3)按工作频率可分为:高频管和低频管。工作频率高于 3 MHz 的为高频管,工作频率在 3 MHz 以下的为低频管。

(4)按功率可分为:小功率管、中功率管和大功率管。耗散功率小于 1 W 的为小功率管,耗散功率为 1～10 W 的为中功率管,耗散功率大于 10 W 的为大功率管。

(5)按用途可分为:普通放大三极管和开关三极管等。

3. 图形符号

三极管的图形符号如图 1-18 所示。

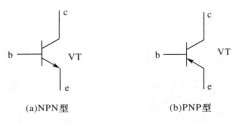

图 1-18　三极管的图形符号

1.3.2　三极管的电流放大作用

1. 电流分配关系

三极管的特殊构造使其具有特殊作用。

(1)NPN 型三极管电流分配实验电路如图 1-19 所示。三极管三个电极上的电流分配实验数据见表 1-2。

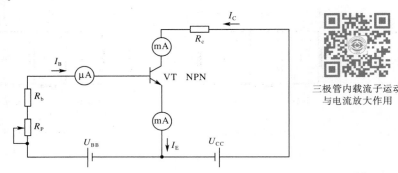

图 1-19　NPN 型三极管电流分配实验电路

三极管内载流子运动
与电流放大作用

表 1-2　　　　　　　　　　三极管三个电极上的电流分配实验数据

I_B/mA	0	0.01	0.02	0.03	0.04	0.05
I_C/mA	0.01	0.56	1.14	1.74	2.33	2.91
I_E/mA	0.01	0.57	1.16	1.77	2.37	2.96

(2)三极管中电流分配关系如下：

三个电流之间的关系为

$$I_E = I_C + I_B \tag{1-1}$$

基极电流 I_B 很小，所以 $I_E \approx I_C$。

2. 电流放大作用

由表 1-2 的数据可以看出，当基极电流 I_B 由 0.03 mA 变到 0.04 mA 时，集电极电流 I_C 由 1.74 mA 变到 2.33 mA。它们的变化量之比为

$$\frac{\Delta I_C}{\Delta I_B} = \frac{0.59 \text{ mA}}{0.01 \text{ mA}} = 59$$

由此可见，基极电流的微小变化控制了集电极电流较大的变化，这就是三极管的电流放大作用。三极管的电流放大作用体现在以下几个方面：

(1)当 I_B 有较小变化时，I_C 就有较大变化。

$$（2）直流电流放大系数 \qquad \overline{\beta}=\frac{I_\mathrm{C}}{I_\mathrm{B}} \qquad (1\text{-}2)$$

$$（3）交流电流放大系数 \qquad \beta=\frac{\Delta i_\mathrm{C}}{\Delta i_\mathrm{B}} \qquad (1\text{-}3)$$

显然,式(1-2)和式(1-3)的意义是不同的。前者反映的是静态(直流工作状态)时集电极与基极电流之比,而后者反映的是动态(交流工作状态)时三极管的电流放大作用。但在实际应用中,在工作电流不太大的情况下,可将两者混用而不加以区别。

即 $\qquad\qquad\qquad\qquad \beta=\overline{\beta}$

（4）I_C 与 I_B 之间的关系为

$$I_\mathrm{C}=\beta I_\mathrm{B}+I_\mathrm{CEO} \qquad (1\text{-}4)$$

式(1-4)中,当基极开路,$I_\mathrm{B}=0$ 时,集电极有一个小于 1 μA 的电流流向发射极,这个电流称为穿透电流,用 I_CEO 表示。

$I_\mathrm{B}\gg I_\mathrm{CEO}$,故 I_CEO 一般可忽略,即 $I_\mathrm{C}=\beta I_\mathrm{B}$。

注意:

①三极管的电流放大作用,实质上是用较小的基极电流变化量控制集电极的大电流变化量,是"以小控大"的作用。

②三极管的放大作用,需要一定的外部条件。

结论:要使三极管起放大作用,必须保证向发射结施加正向偏置电压,向集电结施加反向偏置电压。三极管放大作用的本质是能量控制。

1.3.3 三极管在放大电路中的三种连接方式

1.三极管的工作电压

（1）三极管工作在放大状态时,向发射结施加正向偏置电压,向集电结施加反向偏置电压。如图 1-20 所示。

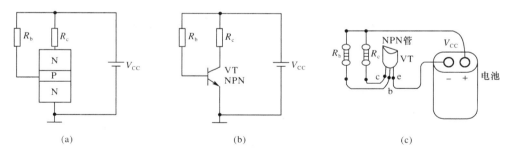

图 1-20 三极管工作电路示意图

（2）偏置电压:基极与发射极之间的电压。

2.三极管在电路中的基本连接方式

在实际放大电路中,除了共发射极连接方式外,还有共基极和共集电极连接方式,这三种连接方式构成单管放大器的三种组态,其差异是采用了不同电极作为公共端。

（1）共发射极接法。三极管的共发射极接法如图 1-21(a)所示。

（2）共基极接法。三极管的共基极接法如图 1-21(b)所示。

（3）共集电极接法。三极管的共集电极接法如图 1-21(c)所示。

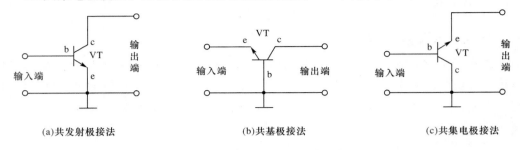

| (a)共发射极接法 | (b)共基极接法 | (c)共集电极接法 |

图 1-21　三极管的三种基本连接方式

1.3.4　三极管的伏安特性曲线及工作区

图 1-22 为三极管输入、输出特性测试电路。左边为由基极和发射极组成的输入回路，右边为由集电极和发射极组成的输出回路。

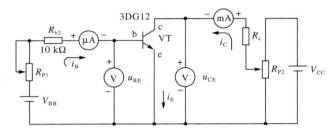

图 1-22　三极管输入、输出特性测试电路

三极管的特性曲线分为输入特性曲线和输出特性曲线两种，可根据实验数据绘出，也可由晶体管特性图示仪直接测绘得出。

1. 输入特性曲线

输入特性曲线是在 u_{CE} 一定的条件下，加在三极管基极与发射极之间的电压 u_{BE} 和它产生的基极电流 i_B 之间的关系曲线。

图 1-22 中，改变 R_{P2} 可改变 u_{CE}，u_{CE} 一定后，改变 R_{P1} 可得不同的 i_B 和 u_{BE} 值。绘成曲线就得到输入特性曲线，如图 1-23 所示。

由于发射结正向偏置，所以三极管的输入特性曲线与二极管正向特性曲线相似。当 u_{BE} 小于死区电压时，$i_B=0$，三极管截止；当 u_{BE} 大于死区电压时，有基极电流 i_B，三极管导通。三极管导通后，发射结压降 U_{BE} 变化不大，硅管为 $0.6\sim0.7$ V，锗管为 $0.2\sim0.3$ V。这是判断三极管是否工作在放大状态的依据。

2. 输出特性曲线

输出特性曲线是在 i_B 一定的条件下，集电极与发射极之间的电压 u_{CE} 与集电极电流 i_C 之间的关系曲线。图 1-22 中，先调节 R_{P1}，使 i_B 为一定值，再调节 R_{P2}，就可得不同的 u_{CE} 和 i_C 值。重复此过程可得到一系列曲线构成的曲线簇，即三极管的输出特性曲线，如图 1-24 所示。

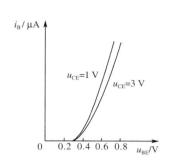

图 1-23　三极管输入特性曲线

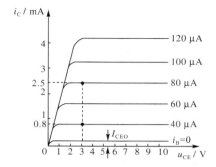

图 1-24　三极管输出特性曲线

由三极管的输出特性曲线可以看出,特性曲线的起始部分很陡,超过某一数值后变得平坦。

为研究方便,输出特性曲线可以分为三个区域:截止区、放大区和饱和区。

(1)截止区。对应于 $i_B = 0$ 的输出特性曲线与 u_{CE} 轴之间的区域,称为截止区。在截止区内,发射结反向偏置或零偏,集电结反向偏置,$u_{BE} \leqslant 0$,$u_{BC} < 0$,$u_{CE} \approx V_{CC}$,$i_C \approx 0$。

此时,$I_{CEO} = i_C$,I_{CEO} 的值很小,通常小于 1 μA,在特性曲线中不容易表现出来。I_{CEO} 通常称为穿透电流。

截止的三极管 c、e 极之间呈高阻状态。若 I_{CEO} 忽略不计,则此时的三极管如同工作在断开状态,三极管可以近似地等效为一只断开的开关。

(2)放大区。输出特性曲线比较平坦且之间的间距近乎相等的区域是放大区,位于截止区与饱和区之间。此时,发射结正偏,集电结反偏,$u_{BE} < u_{CE} < V_{CC}$。在放大区内,基极电流 i_B 一定时,集电极电流 i_C 基本不随 u_{CE} 变化,因此输出特性曲线近似平行于 u_{CE} 轴,集电极电流具有恒流特性。

i_C 只受 i_B 控制,i_B 的微小变化将引起 i_C 较大的变化。图 1-24 中,i_B 由 40 μA 增大到 80 μA 时,i_C 由 0.8 mA 增大到 2.5 mA,二者的变化量成正比。这一点正体现了三极管的电流放大作用,即一个小电流对大电流的控制作用。电流放大倍数为 $\beta = \dfrac{\Delta i_C}{\Delta i_B}$。

(3)饱和区。靠近 i_C 轴的输出特性曲线陡直且互相重合的区域,称为饱和区。在该区域,不同的 i_B 值对应的曲线几乎重叠,即 i_C 基本上不随 i_B 的增大而变化,此时三极管失去放大作用。三极管饱和时,$u_{CE} < u_{BE}$。饱和时的管压降用 U_{CES} 表示。一般地,硅管的 $U_{CES} = 0.3$ V,锗管的 $U_{CES} = 0.1$ V。

三极管饱和时,发射结和集电结均为正向偏置,集电极和发射极之间呈低阻状态,三极管如同工作在短接状态,可以近似地等效为一只闭合的开关。

总之,三极管工作状态由偏置情况决定。三极管的不同工作状态见表 1-3。

表 1-3		三极管的不同工作状态	
工作状态	放　大	截　止	饱　和
PN 结	发射结正偏 集电结反偏	发射结反偏或零偏 集电结反偏	发射结正偏 集电结正偏
NPN	$V_C > V_B > V_E$	$V_B \leqslant V_E, V_B < V_C$	$V_B > V_E, V_B > V_C$
PNP	$V_C < V_B < V_E$	$V_B \geqslant V_E, V_B > V_C$	$V_B < V_E, V_B < V_C$

1.3.5　三极管的参数及选用

三极管的参数是判断管子质量的标准,同时也是正确安全使用的依据。一般可分为性能参数和极限参数两大类。由于制造工艺的离散性,同一型号的管子,参数也会有差异,这一点在使用时要特别注意。

1. 三极管的主要性能参数

(1)共发射极电流放大系数 β

通过前面的分析可知,共发射极电流放大系数 β 表征共发射极组态电流的放大作用。由于三极管输出特性曲线的非线性,只有在输出特性曲线的近似水平部分,β 的值才基本恒定。该值在输出特性曲线上表现为曲线间隔的大小。β 值越大,意味着输出特性曲线间隔越大;反之,则意味着输出特性曲线间隔越小。

(2)反向饱和电流

①集电极-基极反向饱和电流(集电结反向饱和电流)I_{CBO}。若发射极开路,则集电极有一个流向基极的反向电流,称为集电结反向饱和电流 I_{CBO}。该值受温度的影响很大。在室温下,小功率硅管的 I_{CBO} 小于 1 μA,锗管为几微安到几十微安。选管时,应选 I_{CBO} 小且受温度影响小的三极管。

②集电极-发射极反向电流(穿透电流)I_{CEO}。当基极开路,$i_B = 0$ 时,集电极有一个小于 1 μA 的电流流向发射极,这个电流称为穿透电流 I_{CEO}。$I_{CEO} = (1+\beta)I_{CBO}$,所以 I_{CEO} 受温度的影响更大。

I_{CBO} 和 I_{CEO} 都是表征三极管热稳定性的参数,二者的值越小,三极管工作越稳定,质量越好。因此在选管时,要求 I_{CBO} 和 I_{CEO} 尽可能小。

2. 三极管的主要极限参数

三极管正常工作时,允许的最大电流、电压和功率等,称为三极管的主要极限参数。

(1)集电极最大允许电流 I_{CM}。集电极电流 i_C 增大到某一数值时,β 的值会减小。β 减小到正常值的 2/3 时的集电极电流,称为集电极最大允许电流 I_{CM}。虽然集电极电流 i_C 超过 I_{CM} 时,三极管不一定损坏,但此时 β 的值已减小,使用时要注意。

(2)集电极最大允许耗散功率 P_{CM}。集电结上允许损耗功率的最大值,称为集电极最大允许耗散功率 P_{CM}。集电极电流 i_C 通过集电结时,会产生损耗导致三极管发热,甚至造成三极管损坏,使用时应保证 $P_C \leqslant P_{CM}$。

(3)集电极-发射极反向击穿电压 $U_{(BR)CEO}$。基极开路时,加在集电极和发射极之间的最大允许电压,称为 $U_{(BR)CEO}$。如果集电极和发射极之间的电压超过 $U_{(BR)CEO}$,I_{CEO} 会突然增大,造成集电结反向击穿。

3. 国产半导体器件的命名方法

根据中华人民共和国国家标准,半导体器件型号由五部分组成。其每一部分的含义及意义见表 1-4。

第一部分:用阿拉伯数字表示器件的电极数目;

第二部分:用英文字母表示器件的材料和极性;

第三部分:用汉语拼音字母表示器件的类型;

第四部分:用阿拉伯数字表示序号;

第五部分:用汉语拼音字母表示规格号。

注:场效应器件、半导体特殊器件、复合管、PIN 型管、激光器件的型号命名只有第三、四、五部分。

例如:3AD50C 表示低频大功率 PNP 型锗管;3DG6E 表示高频小功率 NPN 型硅管。

表 1-4　　　　　　　　　国产半导体器件的型号命名方法

第一部分		第二部分		第三部分		第四部分	第五部分
符号	意义	符号	意义	符号	意义		
2	二极管	A B C D	N 型锗材料 P 型锗材料 N 型硅材料 P 型硅材料	P V W C Z L S N U K	普通管 微波管 稳压管 参量管 整流管 整流堆 隧道管 阻尼管 光电器件 开关管	用阿拉伯数字表示器件的序号	用汉语拼音字母表示规格号
3	三极管	A B C D E	PNP 型锗材料 NPN 型锗材料 PNP 型硅材料 NPN 型硅材料 化合物材料	X G D A U K I Y B J CS BT FH PIN	低频小功率管 ($f_Y > 3$ MHz, $P_C < 1$ W) 高频小功率管 ($f_Y \geq 3$ MHz, $P_C < 1$ W) 低频大功率管 ($f_Y \leq 3$ MHz, $P_C \geq 1$ W) 高频大功率管 ($f_Y \geq 3$ MHz, $P_C \geq 1$ W) 光电器件 开关管 可控整流器 体效应器件 雪崩管 阶跃恢复管 场效应器件 半导体特殊器件 复合管 PIN 型管 激光器件	用阿拉伯数字表示器件的序号	用汉语拼音字母表示规格号

1.4 场效应晶体管

场效应晶体管,即场效应管(MOS 管),也是一种三端半导体器件。前面介绍的晶体管中多数载流子和反极性的少数载流子同时参与导电,所以又称双极型晶体管。而场效应晶体管的控制特性与晶体管是不同的,它是利用电压所产生的电场效应来控制其输出电流的,属于电压控制型器件。场效应晶体管只有一种载流子(多数载流子)参与导电,故又称为单极型晶体管。由于两种导电载流子的区别,场效应晶体管有 N 沟道(电子导电)和 P 沟道(空穴导电)之分。

场效应晶体管根据结构的不同可以分为结型(JFET)和绝缘栅型(MOSFET)两类。结型场效应晶体管是利用半导体内部的电场效应进行工作的,也称体内场效应器件;绝缘栅型场效应晶体管是利用半导体表面的电场效应进行工作的,也称表面场效应器件。结型场效应晶体管和绝缘栅型场效应晶体管都可以按导电沟道分为 N 沟道和 P 沟道。

1.4.1 结型场效应晶体管

1. 分类、图形符号及外形

(1)分类。结型场效应晶体管可分为 N 沟道和 P 沟道两种。

(2)图形符号。结型场效应晶体管的图形符号如图 1-25 所示。N 沟道和 P 沟道结型场效应晶体管的图形符号是以栅极的箭头指向来区别的,都有三个电极:漏极(D)、源极(S)、栅极(G),其中 D 和 S 可交换使用。

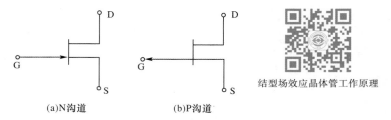

(a)N沟道   (b)P沟道

结型场效应晶体管工作原理

图 1-25　结型场效应晶体管的图形符号

(3)外形。结型场效应晶体管外形如图 1-26 所示。

图 1-26　结型场效应晶体管外形

2. 电路连接和工作原理

以 N 沟道结型场效应晶体管为例,介绍结型场效应晶体管的工作原理。

(1)电路连接。N 沟道结型场效应晶体管工作电路如图 1-27 所示。在栅极和源极间加反向电压,在漏极和源极间加正向电压。

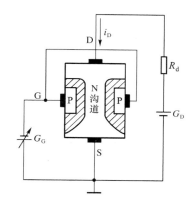

图 1-27　N 沟道结型场效应晶体管工作电路

（2）工作原理：

①当 $u_{GS}=0$，N 沟道在 u_{DS} 作用下，形成电流 i_D，此时，电流 i_D 最大。

②当 $|u_{GS}|\uparrow\to$ PN 结受反向偏压影响 $\to$ PN 结加宽 $\to$ N 沟道变窄 $\to i_D$ 减小。

③当 u_{GS} 达到一定值时，PN 结变得较宽，以致 N 沟道被两边 PN 结夹断，则 $i_D=0$。

结论：通过调节 u_{GS} 可控制漏极电流 i_D 的变化；P 沟道与 N 沟道工作原理相同（$u_{GS}>0$，$u_{DS}<0$）；u_{GS} 使 PN 结反偏。

3. 特性曲线

（1）结型场效应晶体管测试电路如图 1-28 所示（以 N 沟道为例）。

（2）转移特性曲线。反映 i_D 随 u_{GS} 变化的关系曲线称为转移特性曲线。N 沟道结型场效应晶体管的转移特性曲线如图 1-29 所示。观察曲线可知：

①当 $u_{GS}=0$ 时，i_D 最大，此时为漏极饱和电流 I_{DSS}。

②当 $|u_{GS}|$ 增大，i_D 减小。

③当 u_{GS} 为某一值，即 $u_{GS}=U_P$，$i_D=0$ 时，称 U_P 为夹断电压。

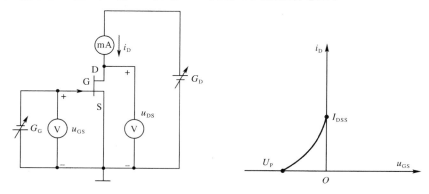

图 1-28　结型场效应晶体管测试电路　　　　图 1-29　转移特性曲线

（3）输出特性曲线。当 u_{GS} 一定时，i_D 与 u_{DS} 的关系曲线称为输出特性曲线。N 沟道结型场效应晶体管的输出特性曲线如图 1-30 所示。

输出特性曲线的三个区域分别为可调电阻区（Ⅰ区）、饱和区（Ⅱ区）和击穿区（Ⅲ区）。

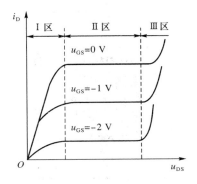

图 1-30　输出特性曲线

特点如下：

①可调电阻区：沟道阻值随$|u_{GS}|$增大而减小。

②饱和区：当u_{GS}一定时，i_D不随u_{DS}变化。

③击穿区：i_D突然增大。

结型场效应晶体管的输出特性曲线与三极管相似，不同之处在于：三极管是不同i_B的曲线簇，而结型场效应晶体管是不同u_{GS}的曲线簇。

1.4.2　绝缘栅型场效应晶体管

绝缘栅型场效应晶体管是设计和制造电子计算机中集成电路最重要的器件之一。N沟道和P沟道MOSFET按工作方式都有增强型和耗尽型之分，增强型内部没有原始导电沟道，耗尽型内部有原始导电沟道。

1.分类、图形符号及外形

（1）分类。绝缘栅型场效应晶体管分为N沟道增强型、P沟道增强型、N沟道耗尽型、P沟道耗尽型四种类型。

（2）图形符号。四种晶体管的图形符号如图1-31所示。

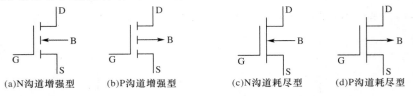

(a)N沟道增强型　　(b)P沟道增强型　　(c)N沟道耗尽型　　(d)P沟道耗尽型

图 1-31　四种绝缘栅型场效应晶体管的图形符号

其中，S表示源极，D表示漏极，G表示栅极，B为衬底引线。D和S之间是沟道，虚线表示增强型，实线表示耗尽型。箭头向内表示N沟道，箭头向外表示P沟道。

（3）外形。如图1-32所示为绝缘栅型场效应晶体管外形。

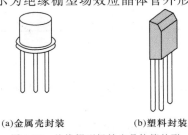

(a)金属壳封装　　　(b)塑料封装

图 1-32　绝缘栅型场效应晶体管外形

16

2. 结构和工作原理

以 N 沟道增强型 MOSFET 为例,介绍绝缘栅型场效应晶体管的结构和工作原理。

(1)结构。结构示意图及图形符号如图 1-33 所示。

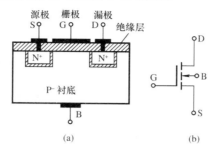

图 1-33　N 沟道增强型 MOSFET 结构示意图及图形符号

①在硅片上面扩散两个高浓度 N 型区(图中 N⁺ 区),分别用金属线引出电极,称为源极(S)和漏极(D)。

②在源区和漏区之间的衬底表面覆盖一层很薄的绝缘层,再在绝缘层上覆盖一层金属薄层,形成栅极(G)。

③用一块杂质浓度较低的 P 型硅片做衬底(图中 P⁻ 衬底),B 为衬底引线。

如果制作场效应晶体管采用 N 型硅片做衬底,漏极、源极为 P⁺ 区的引脚,则导电沟道为 P 型。

(2)工作原理。工作原理示意图如图 1-34 所示。

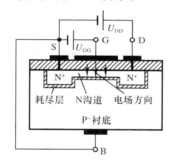

图 1-34　工作原理示意图

①当栅源电压 $u_{GS}=0$ 时,漏极电流 $i_D≈0$,处于截止状态。

②u_{GS} 增大,超过开启电压,形成漏区和源区间的导电沟道。若此时在漏极和源极之间加正向电压 $u_{DS}>0$,就会形成漏极电流 i_D。

栅源正向电压 u_{GS} 的值越大,导电沟道就越宽,从而沟道电阻越小,i_D 越大。即通过调节 u_{GS} 可控制漏极电流 i_D。由于这种场效应管是将 u_{GS} 增大到一定值后才产生导电沟道的,故称为增强型 MOS 管。

3. N 沟道增强型 MOSFET 的转移特性和输出特性

(1)转移特性。在漏源电压 u_{DS} 为定值时,漏极电流 i_D 与栅源电压 u_{GS} 之间的关系曲线,称为转移特性曲线。N 沟道增强型 MOSFET 的转移特性曲线如图 1-35 所示。

当 $u_{GS}≤U_T$ 时,$i_D=0$;当 $u_{GS}>U_T$ 时,i_D 随 u_{GS} 增大而增大。

U_T 表示管子由截止变为导通时的临界栅源电压,称为开启电压。

(2)输出特性。N 沟道增强型 MOSFET 的输出特性曲线如图 1-36 所示。

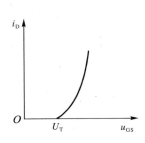

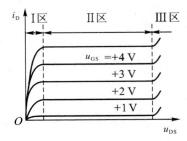

图 1-35　N 沟道增强型 MOSFET 转移特性曲线　　　　图 1-36　N 沟道增强型 MOSFET 输出特性曲线

①在 I 区内,漏源电压 u_{DS} 相对较小,是曲线簇的上升段。该区域输出电阻随 u_{GS} 的变化而变化,所以称 I 区为可调电阻区。

②在 II 区内,漏极电流 i_D 几乎不随漏源电压 u_{DS} 的变化而变化,所以称为饱和区。在该区域内 i_D 会随栅源电压 u_{GS} 增大而增大,故 II 区又称为放大区。

③III 区叫击穿区,在这个区域内,由于漏源电压 u_{DS} 较大,场效应晶体管内的 PN 结被击穿。

当 $u_{GS} > U_T$ 且一定时,三个区域特点的比较见表 1-5。

表 1-5　　　　　　　　　　　输出特性曲线的三个区域特点比较

区　域	特　点	名　称
I 区	u_{DS} 较小,i_D 增大	可调电阻区
II 区	u_{DS} 较大,i_D 基本不变	饱和区
III 区	u_{DS} 增大,i_D 突然增大	击穿区

综上所述,MOS 管利用感应电荷的多少来改变导电沟道的性质,达到控制漏极电流的目的,也就是说用栅源电压产生的电场来控制漏极电流,属于电压控制型器件。不同的是,N 沟道增强型场效应晶体管的栅源正向电压大于开启电压时管子才能正常工作。而N 沟道耗尽型场效应晶体管的栅源电压不仅可取负值,取正值和零时管子也能正常工作。P 沟道 MOS 管的工作电路只需在 N 沟道电路的基础上将相应的电压方向改变即可。通常也称 N 沟道 MOS 管为 NMOS 管,P 沟道 MOS 管为 PMOS 管。

MOS 管类型中还有 CMOS 管和 VMOS 管。CMOS 管是将 NMOS 和 PMOS 制作在同一衬底上。CMOS 管具有极高的输入阻抗,开关速度快,功耗低,在计算机逻辑设计中应用非常广泛。VMOS 管具有短沟道、高电阻漏极漂移区和垂直导电等特点,因而大大提高了器件的电压阻断能力、截流能力和开关速度。

1.4.3　场效应晶体管的主要参数和特点

1. 场效应晶体管的主要参数

(1)开启电压 U_T:指 u_{DS} 为定值时,使增强型绝缘栅型场效应晶体管开始导通的栅源电压。

（2）夹断电压 U_P：指 u_{DS} 为定值时，使耗尽型绝缘栅型场效应晶体管处于刚开始截止时的栅源电压，N 沟道管子的 U_P 为负值。

（3）跨导 g_m：指 u_{DS} 为定值时，栅源电压 u_{GS} 与由它引起的漏极电流 i_D 的反比，这是表征栅源电压 u_{GS} 对漏极电流 i_D 控制作用大小的重要参数。

（4）最高工作频率 f_M：它是保证管子正常工作的频率最高限额。场效应晶体管三个电极间存在极间电容，极间电容小的管子最高工作频率高，工作速度快。

（5）漏源击穿电压 $U_{(BR)DS}$：指漏极、源极之间允许加的最大电压，实际电压值超过该参数时，会使 PN 结反向击穿。

（6）最大耗散功率 P_{DM}：指 i_D 与 u_{DS} 的乘积不应超过的极限值，是从发热角度对管子提出的限制条件。

2. 场效应晶体管与普通三极管的特点比较

场效应晶体管与普通三极管的特点比较见表 1-6。

表 1-6　　　　　　　　　　　　　场效应晶体管与普通三极管特点比较

项目	普通三极管	场效应晶体管
结构	PNP 型、NPN 型两类	N 沟道、P 沟道两类
控制方式	电流控制	电压控制
输入量	电流输入	电压输入
电极倒置	C、E 一般不可倒置使用	D、S 一般可倒置使用
放大类型	$\beta = 50 \sim 200$	$g_m = 1 \sim 5$ mA/V
输入电阻	$10^2 \sim 10^4$ Ω	$10^7 \sim 10^{15}$ Ω
噪声	较大	较小
热稳定性	差	好
抗辐射能力	弱	强
大电流特性	好	较好
静电影响	不易受静电影响	易受静电影响
集成工艺	不易大规模集成	适宜大规模和超大规模集成

本 章 小 结

● 半导体具有热敏性、光敏性和掺杂性，因而成为制造电子元器件的关键材料。

● 二极管由一个 PN 结构成，其最主要的特性是单向导电性，可由伏安特性曲线准确描述。选用二极管时必须考虑最大整流电流、最高反向工作电压两个主要参数，工作于高频电路时还应考虑最高工作频率。

● 特殊二极管主要有稳压二极管、发光二极管、光电二极管等。稳压二极管利用它在反向击穿状态下的恒压特性来构成稳定工作电压的电路。发光二极管起着将电信号转换为光信号的作用，而光电二极管则是将光信号转换为电信号。

● 三极管是一种电流控制器件，有 NPN 型和 PNP 型两大类型。三极管内部有发射结、集电结两个 PN 结,外部有基极、集电极、发射极三个电极。在发射结正偏、集电结反偏的条件下,具有电流放大作用;在发射结反偏或零偏,集电结反偏时处于截止状态;在发射结和集电结均正偏时处于饱和状态。三极管的放大功能和开关功能得到广泛的应用。

● 三极管的特性曲线和参数是正确运用器件的依据,根据它们可以判断管子的质量以及适用的范围。β 表示电流放大能力的大小;P_{CM}、I_{CM}、$U_{(BR)CEO}$ 规定了三极管的安全运用范围;I_{CEO}、I_{CBO} 反映了管子的温度稳定性。

● 场效应晶体管是一种电压控制器件,分为结型和绝缘栅型两大类,每类又有 N 沟道和 P 沟道的区分。场效应晶体管用转移特性曲线和输出特性曲线来表征管子的性能。场效应晶体管的三个工作区域是:可调电阻区、放大区(或饱和区)和击穿区。

● 场效应晶体管的优点是:输入阻抗高、受辐射和温度影响小、集成工艺简单。超大规模集成电路主要用场效应晶体管。

自我检测题

一、填空题

1.晶体二极管加一定的_____电压时导通,加_____电压时_____,这一导电特性称为二极管的_____特性。

2.二极管导通后,正向电流与正向电压呈_____关系,正向电流变化较大时,二极管两端正向压降近似于_____,硅管的正向压降约为_____V,锗管约为_____V。

3.晶体三极管集电极电流过大、过小都会使其 β 值_____。

4.三极管输出特性曲线常用一簇曲线表示,其中每一条曲线对应一个特定的_____。

5.场效应晶体管是一种_____控制器件,用_____极电压来控制_____极电流。它具有高_____和低_____特性。

6.场效应晶体管有_____和_____两大类,每类又有_____沟道和_____沟道的区分。

二、简答题

1.N 型半导体的多数载流子是自由电子,P 型半导体的多数载流子是空穴,是否意味着 N 型半导体带负电,P 型半导体带正电?

2.用万用表测量二极管的正向电阻时,用"×10"挡比用"×100"挡测得的电阻值小,为什么?

3.由于三极管包含 2 个 PN 结,可否采用 2 个二极管背靠背连接构成 1 个三极管?三极管的发射极和集电极是否可以对调使用?

4.如题图 1-1 所示,将以下元器件串联,使二极管导通,并画出图中的电流通路。

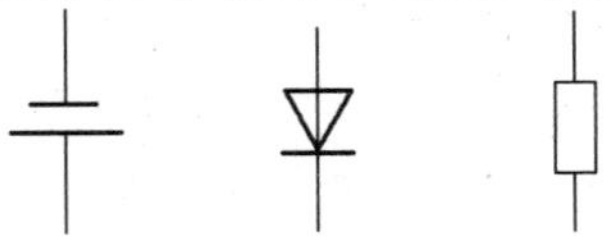

题图 1-1

5. 二极管电路如题图 1-2 所示,判断图中的二极管是否导通。

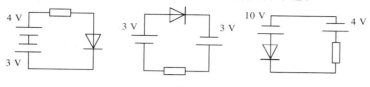

题图 1-2

6. 判断题图 1-3 所示电路中二极管的导通情况。

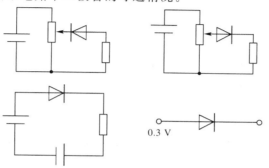

题图 1-3

7. 说出如题图 1-4 所示电路中硅二极管能否导通,并求二极管上的电压和电阻上的电压。

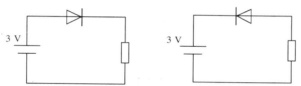

题图 1-4

8. (1)已知题图 1-5 中 NPN 型三极管各引脚上的电位,判别三极管的工作状态。(2)将三极管改为 PNP 型硅管,各引脚上的电位不变,再做判别。

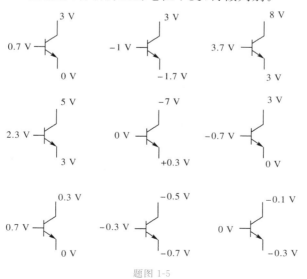

题图 1-5

9.判断题图 1-6 中各三极管的工作状态、各极名称及管型。

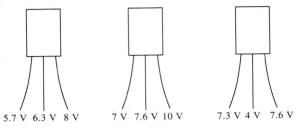

5.7 V 6.3 V 8 V   7 V 7.6 V 10 V   7.3 V 4 V 7.6 V

题图 1-6

三、计算题

1.三极管 9011 的参数为 $P_{CM}=400$ mW，$I_{CM}=30$ mA，$U_{(BR)CEO}=30$ V，问该型号管子在以下情况下能否正常工作。

(1)$u_{CE}=20$ V，$i_C=25$ mA。

(2)$u_{CE}=3$ V，$i_C=50$ mA。

2.根据题图 1-7 的输出特性曲线计算直流放大系数、交流放大系数、I_{CEO}、I_{CBO}。

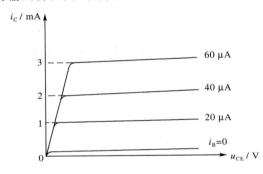

题图 1-7

基本放大电路

第2章

本 章 导 读

　　在实际生活与实践中常常要用到放大电路,例如麦克风采集到的语音信号需要经过放大处理才能有效扩音。放大电路是用来放大电信号的一种装置,有共射极、共集电极、共基极三种基本形式。

2.1　共射极放大电路

2.1.1　放大电路的组成

　　三极管基本放大电路由直流电源、信号源、负载、三极管、偏置电路组成,如图 2-1 所示。

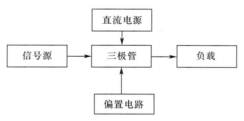

图 2-1　放大电路组成框图

　　信号源是需要放大的电信号,它可以是天线接收到的信号、振荡电路产生的信号、传感器检测到的信号,也可以是前一级电子电路的输出信号。负载是接收放大电路输出信号的元器件或电路,可等效为阻性、感性和容性阻抗。直流电源为放大电路正常工作提供能量,一部分能量转换成输出信号的能量,而另一部分被放大电路中的元器件所消耗。三极管是核心器件,利用其基极电流对集电极电流的控制作用,实现信号放大。偏置电路为三极管处于放大状态提供保障。

　　共射极放大电路如图 2-2 所示。每个组成部分的作用如下:

　　(1)晶体管,是放大电路中的放大器件。从能量观点看,能量较小的输入信号通过晶体管的控制作用,去控制电源 V_{CC} 所给的能量,以在输出端获得一个能量较大的信号,这就是放大作用的实质。

(2)电源 V_{CC},除了为输出信号提供能量外,还为三极管提供正确的偏置,以保证晶体管工作在放大状态。V_{CC} 一般为几伏到几十伏甚至几百伏。

(3)集电极电阻 R_c,将集电极电流的变化变换为电压的变化,以实现电压放大。R_c 的阻值一般为几千欧到几十千欧。其作用是将三极管的集电极电流 I_C 变换成集电极电压 V_C。

(4)基极偏置电阻 R_{b1}、R_{b2},使发射结处于正向偏置,并提供大小合适的基极电流 I_B,以使放大电路获得合适的静态工作点。R_b 的阻值一般为几十千欧到几百千欧。

(5)耦合电容 C_1 和 C_2,一方面起到隔直作用,C_1 用来隔断放大电路与信号源之间的直流通路,而 C_2 则用来隔断放大电路与负载之间的直流通路,使三者之间无直流联系,互不影响;另一方面又起到交流耦合作用。C_1 和 C_2 的电容值一般为几微法到几十微法。若使用的是电解电容器,连接时要注意其极性。

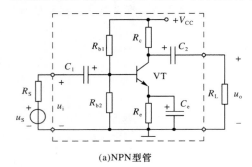
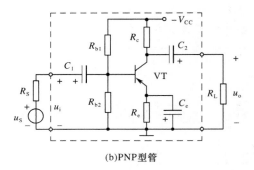

(a)NPN型管　　　　　　　　　　　　(b)PNP型管

图 2-2　共射极放大电路

2.1.2　放大电路的工作原理

以共射极放大电路为例,分析放大电路的工作原理,如图 2-3 所示。输入交流信号 u_i 通过电容 C_1 的耦合送到三极管的基极和发射极。交流信号 u_b 与直流偏压 U_B 叠加的 u_{BE},波形如图 2-4(a)所示;基极电流 i_B 的波形也产生相应的变化,波形如图 2-4(b)所示。

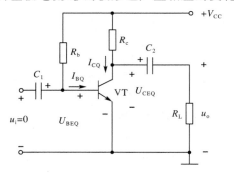

基本放大电路工作原理

图 2-3　共射极放大电路的工作原理

电流 i_B 经放大后获得对应的集电极电流 i_C,如图 2-4(c)所示。集-射极电压 u_{CE} 波形

与输出电流 i_C 变化情况相反,如图 2-4(d)所示。u_{CE} 经耦合电容 C_2 隔离直流成分,输出的只是放大信号的交流成分 u_o。

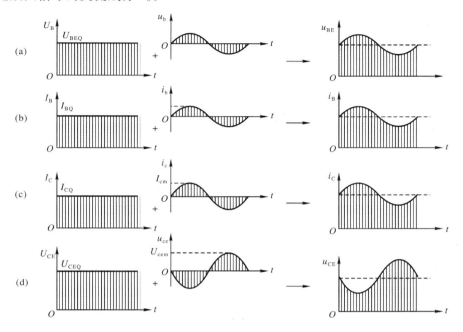

图 2-4 共射极放大电路各极电流、电压变化波形

了解放大电路的性能指标能够让我们更好地分析放大电路的性能。主要指标有以下几种:

1. 增益

增益,又称作放大倍数,是用来衡量放大电路放大能力的参数。

(1)电压增益 $\dot{A}_u$。它是用来衡量放大电路的电压放大能力的指标。它可定义为输出电压与输入电压之比,即

$$\dot{A}_u = \dot{U}_o / \dot{U}_i \tag{2-1}$$

(2)电流增益 $\dot{A}_i$。它是用来衡量放大电路的电流放大能力的指标。它可定义为输出电流与输入电流之比,即

$$\dot{A}_i = \dot{I}_o / \dot{I}_i \tag{2-2}$$

$\dot{A}_i$ 越大,表明放大能力越好。

(3)功率增益 A_P。它定义为输出功率与输入功率之比,即

$$A_P = P_o / P_i = |\dot{U}_o \dot{I}_o| / |\dot{U}_i \dot{I}_i| = |\dot{A}_u \dot{A}_i| \tag{2-3}$$

2. 输入电阻 R_i

放大电路与信号源相连时,就要从信号源索取电流。索取电流的大小表明了放大电路对输入信号源的影响,所以定义输入电阻来衡量放大电路对输入信号源的影响。当信号频率不高时,不考虑电抗效应,则

$$R_i = \dot{U}_i / \dot{I}_i \tag{2-4}$$

3. 输出电阻 R_o

从输出端看进去的放大电路的等效电阻,称为输出电阻,输出电阻代表放大电路带负

载的能力。R_o 越小,表明带负载能力越强。则

$$R_o = \dot{U}_o / \dot{I}_o \qquad (2\text{-}5)$$

4. 通频带

通频带用于衡量放大电路对不同频率信号的放大能力。由于放大电抗元件的存在,在输入信号频率较低或较高时,放大倍数的数值会减小并产生相移。如图 2-5 所示为某放大电路的幅频特性曲线。

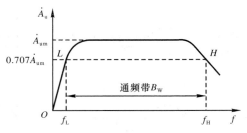

图 2-5　幅频特性曲线

图 2-5 中,f_L 为下限截止频率,f_H 为上限截止频率,这两处的放大倍数的数值等于 0.707 倍的 $|\dot{A}_{um}|$,即 $0.707A_{um}$。其中 $|\dot{A}_{um}|$ 是该放大电路的最大电压增益。

通频带 B_W,就是上限截止频率与下限截止频率之间的中频段。即

$$B_W = f_H - f_L \qquad (2\text{-}6)$$

2.2　图解法

放大电路的分析主要是分析放大电路的静态参数和动态参数,即分析电路的静态工作点和放大倍数、输入电阻、输出电阻等。常用的方法有两种:图解法和微变等效法。在分析时,我们常常需要将电路图进行处理以便于分析,即分析静态工作点时绘制直流通路,分析动态参数时绘制交流通路和微变等效电路。方法如下:

1. 在直流通路中,将电容视为开路,将电感视为短路,其他不变。
2. 在交流通路中,将电容和电源视为短路。
3. 微变等效电路,在交流通路的基础上,将晶体三极管等效变换。

在三极管特性曲线上,用作图的方法来分析放大电路的工作情况,称为图解法。这种方法直观,物理意义清楚。

2.2.1　静态分析

静态工作点:所谓静态工作点,就是输入信号为 0 时,电路中三极管各极的静态电流和极间电压,下标用 Q 表示。对应的电流、电压分别为 I_{BQ}、I_{CQ}、U_{BEQ}、U_{CEQ}。分析方法如例 2-1 所示。

1. 直流负载线法

例 2-1　采用直流负载线法求解图 2-6(a)所示电路的静态工作点。

解　将图 2-6(a)所示的放大电路画成如图 2-6(b)所示的直流通路。

分析电路可以得到下式

$$U_{CE} = V_{CC} - R_c I_c \qquad (2\text{-}7)$$

直流负载线的画法:将 $I_C=0$,$U_{CE}=0$ 分别代入式(2-7)中,即可在三极管特性曲线上得到两个特殊的点:M 和 N 点。计算方法如下:

N 点 $\qquad\qquad\qquad\qquad U_{CE}=20-0=20$ V

M 点 $\qquad\qquad\qquad\qquad 0=20-5.1I_C$,$I_C=\dfrac{20}{5.1}\approx4$ mA

通过 M、N 即可确定一条直线 MN,这条直线就是直流负载线,如图 2-6(c)所示。

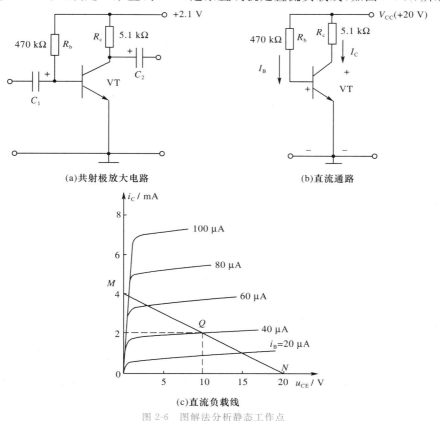

(a)共射极放大电路　　　　　　　　(b)直流通路

(c)直流负载线

图 2-6　图解法分析静态工作点

2.确定静态工作点

通过确定基极电流 I_{BQ} 的值,找到 MN 与三极管特性曲线的交点 Q,从而确定静态工作点。I_{BQ} 计算方法如下:

$$I_{BQ}=\frac{V_{CC}-U_{BEQ}}{R_b} \qquad\qquad\qquad (2-8)$$

将参数代入式(2-8)中,计算可得 I_{BQ} 为 40 μA,从而确定 Q 点,见图 2-6(c)。Q 点确定了,就可以从图中求出对应的 I_{CQ}、I_{BQ}、U_{CEQ}。即

$$I_{CQ}=2 \text{ mA},I_{BQ}=40 \text{ }\mu\text{A},U_{CEQ}=10 \text{ V}$$

2.2.2 动态分析

通过绘制交流负载线做动态分析。方法如下:

1. 绘制交流通路

以图 2-7(a)为例,将其绘制为交流通路,如图 2-7(b)所示。

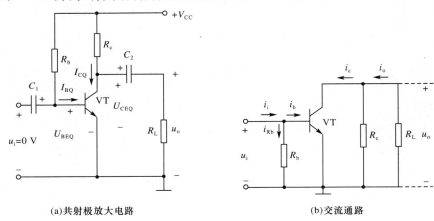

(a)共射极放大电路　　　　　　　　　(b)交流通路

图 2-7　图解法分析动态参数

2. 绘制交流负载线

分析交流通路可有如下推导:

$$u_{CE} = -i_c R_L', R_L' = R_c /\!/ R_L$$

根据叠加原理有

$$i_C = I_{CQ} + i_c$$

将以上三式联立,可得

$$u_{CE} = U_{CEQ} - i_c R_L' = U_{CEQ} - (i_C - I_{CQ})R_L'$$

整理可得

$$i_c = \frac{U_{CEQ} + I_{CQ}R_L'}{R_L'} - \frac{1}{R_L'}u_{CE} \tag{2-9}$$

这就是交流负载线特性方程,显然也是直线方程。而且此线经过静态工作点 Q,斜率是 $\frac{V_{CC}}{R_L'}$。因此绘制交流负载线的具体步骤如下:

(1)在输出特性曲线上画出直流负载线 MN,并确定静态工作点 Q 的位置。

(2)在竖轴上确定值为 $\frac{V_{CC}}{R_L'}$ 辅助点 D 的位置,并连接 D、N 两点,得到辅助线 DN。

(3)过静态工作点 Q 画辅助线 DN 的平行线 $M'N'$ 即得交流负载线。绘制结果如图 2-8 所示。

3. 图解分析放大倍数

如图 2-8 所示,如果知道 i_B 的变化范围,例如范围是 $i_{B1} \sim i_{B3}$,从图中可得出工作点的变化范围 $Q_1 \sim Q_2$ 和输出电压的动态范围,则输出信号在该范围内以 Q 点为中心按照正弦规律变化。所以输出电压的幅值 $U_{om} = U_{CE2} - U_{CE0}$;若输入信号的幅值范围为 $U_{CE1} \sim U_{CE2}$,则放大器的电压放大倍数为

$$A_u = \frac{U_{om}}{U_{im}}$$

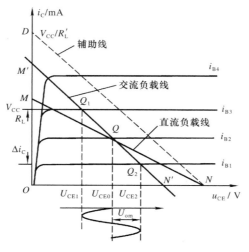

图 2-8　交流负载线

2.2.3　用图解法分析波形的非线性失真

　　静态工作点对放大电路的影响:放大电路的静态工作点设置不合适,将导致放大输出的波形产生失真,如图 2-9 所示。如果静态工作点 Q 在交流负载线上位置过高如图中 Q_A 点,则在输入信号幅值较大时,管子将进入饱和区,输出电压波形负半周被部分削除,产生"饱和失真"。如果静态工作点 Q 在交流负载线上位置过低如图中 Q_B 点,则在输入信号幅值较大时,管子将进入截止区,输出电压波形正半周被部分削除,产生"截止失真"。非线性失真是因三极管的工作状态离开线性放大区,进入非线性的饱和区和截止区而产生的。

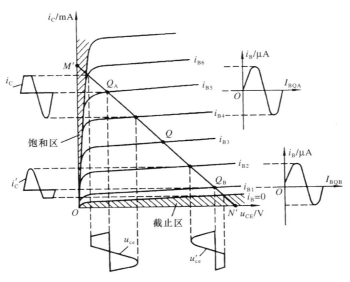

放大电路的饱和与截止失真

图 2-9　静态工作点对放大电路的影响

交越失真

应用提示：

当静态工作点位置偏高时，I_{BQ} 偏大，出现饱和失真。要消除饱和失真，可将偏置电阻 R_b 增大，即可使 I_{BQ} 减小，静态工作点下移。

当静态工作点位置偏低时，I_{BQ} 偏小，出现截止失真。要消除截止失真，可将偏置电阻 R_b 减小，静态工作点上移。

为调节静态工作点，常将偏置电阻设置成可调电阻，为防止可调偏置电阻调为零电阻时静态工作电流过大引起的三极管损坏，又将可调偏置电阻与一个固定电阻串联。

2.3 微变等效电路

图解法分析放大电路虽然直观，利于理解，但是过程烦琐，不易进行定量分析，微变等效法可以弥补这个不足。

2.3.1 三极管微变等效电路

三极管各极电压和电流的变化关系，在较大的范围内是非线性的。如果三极管工作在小信号下，其特性可以近似地看作线性的。因此可以使用一个线性电路来代替三极管。三极管电路及其微变等效电路如图 2-10 所示。

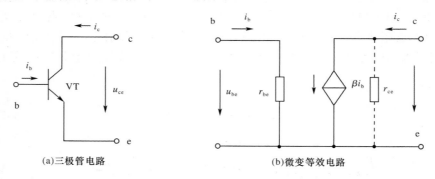

(a)三极管电路　　　　　　　　　(b)微变等效电路

图 2-10　三极管电路及其微变等效电路

图 2-10 中，将三极管的 b、e 端等效为电阻 r_{be}，将 c、e 端等效为恒流源，电流大小是 βi_b，方向与 i_c 同向，c、e 端等效为电阻 r_{ce}。

2.3.2 放大电路的微变等效电路

放大电路的微变等效电路是在交流通路的基础上，将三极管做微变等效变化得来的。

首先绘制放大电路[图 2-11(a)]的交流通路，如图 2-11(b)所示，再将三极管按照微变等效的方法做变化就得到了放大电路的微变等效电路，由于 r_{ce} 远远大于 R_c，所以在放大电路微变等效电路中将其省去，如图 2-11(c)所示。

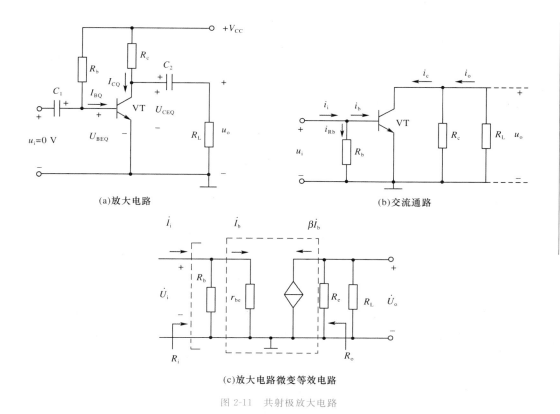

(a)放大电路 (b)交流通路

(c)放大电路微变等效电路

图 2-11　共射极放大电路

2.3.3　用微变等效法分析电路

用微变等效电路求动态参数。根据放大电路的微变等效电路可以得到各项性能指标的求法如下：

（1）电压放大倍数

$$A_u = \frac{\dot{U}_o}{\dot{U}_i} = \frac{-\dot{I}_b \beta R_L'}{\dot{I}_b r_{be}} = \frac{-\beta R_c /\!/ R_L}{r_{be}} \tag{2-10}$$

$$r_{be} = r_{bb} + (1+\beta)\frac{26 \text{ mV}}{I_E \text{ mA}} \tag{2-11}$$

其中，r_{bb} 常取值为 300 Ω。

（2）输入电阻

放大器对信号源来说，是一个负载，可用一个电阻等效代替，这个电阻是信号源的负载，也是从放大器输入端看进去的输入电阻 R_i。输入电阻定义为放大器输入端的输入电压与输入电流之比，即

$$R_i = \frac{\dot{U}_i}{\dot{I}_i} = R_b /\!/ r_{be} \tag{2-12}$$

（3）输出电阻

放大器对负载来说，是一个信号源，其内阻即放大电路的输出电阻 r_o。即从输出端向内看到的电阻值：

$$R_o = R_c \qquad\qquad (2\text{-}13)$$

例 2-2 在图 2-11(a)中,设 $V_{CC} = 12$ V, $R_b = 200$ kΩ, $R_c = 3$ kΩ,静态电流 $I_E = 2.1$ mA,晶体管 $\beta = 35$。当输出端负载电阻 $R_L = 3$ kΩ 时,求基极静态电流、电压放大倍数、输出电阻。

解

$$I_{BQ} = \frac{I_{EQ}}{\beta} = \frac{2.1}{35} = 60 \ \mu A$$

$$r_{be} = 300 + (1+35)\frac{26 \text{ mV}}{2.1 \text{ mA}} \approx 746 \ \Omega$$

$$A_u = -\beta \frac{R_L'}{r_{be}} = -35 \frac{3 /\!/ 3 \text{ kΩ}}{746 \ \Omega} \approx -70$$

$$R_o = R_c = 3 \text{ kΩ}$$

2.4 放大电路的偏置电路

偏置电路是各种放大电路必不可少的组成部分,它为放大电路提供合适静态工作点所需的电压和电流,同时也保证静态工作点的稳定。尤其是在温度变化较大时,静态工作点很容易变化,此时稳定静态工作点就更加重要。下面介绍两种常用的偏置电路。

2.4.1 固定偏置电路

固定偏置电路如图 2-12 所示。由直流通路可见,偏置电流 I_{BQ} 是通过偏置电阻 R_b 由电源 V_{CC} 提供的,当 $V_{CC} \gg U_{BEQ}$ 时,只要 V_{CC} 和 R_b 为定值,I_{EQ} 就是一个常数,故把这种电路称为固定偏置电路。因此,当环境温度升高时,虽然 I_{EQ} 为常数,但 β 和 I_{CEQ} 的增大会导致 I_{CQ} 的增大。可见,该电路的温度稳定性较差,只能用在环境温度变化不大、要求不高的场合。

$$I_{BQ} = \frac{V_{CC} - U_{BEQ}}{R_b} \approx \frac{V_{CC}}{R_b}$$

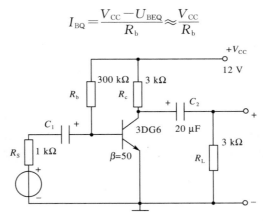

图 2-12　固定偏置电路

2.4.2 分压偏置电路

分压偏置电路如图 2-13 所示。由于此时 $U_{BQ}=\dfrac{R_{b2}}{R_{b2}+R_{b1}}V_{CC}$，基本恒定，不受温度影响，当环境温度上升时，引起 I_{CQ} 增大，导致 I_{EQ} 增大，使 $U_{EQ}=I_{EQ}R_e$ 增大。由于 $U_{BEQ}=U_{BQ}-U_{EQ}$，U_{BEQ} 减小，于是基极偏置电流 I_{BQ} 减小，使集电极电流 I_{CQ} 的增大受到限制，从而达到稳定静态工作点的目的。稳定静态工作点的过程简述如下：

$$VT\uparrow \to I_{CQ}\uparrow \to I_{EQ}\uparrow \to U_{EQ}\uparrow \to U_{BEQ}\downarrow \to I_{BQ}\downarrow \to I_{CQ}\downarrow$$

分压偏置电路主要用在交流耦合的分立元件放大电路中，它能提高静态工作点的热稳定性。

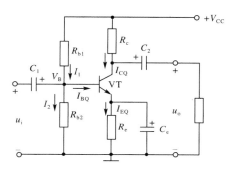

图 2-13　分压偏置电路

2.5　共集电极放大电路和共基极放大电路

放大电路基本形式有三种：共射极放大电路、共基极放大电路、共集电极放大电路。下面介绍共集电极放大电路以及共基极放大电路。

2.5.1　共集电极放大电路

共集电极放大电路如图 2-14(a)所示，它从基极输入信号，从发射极输出信号，因此共集电极放大电路又称为射极输出器、射极跟随器。此电路的优点是输入电阻很大、输出电阻很小，多用于输入级、输出级或缓冲级。它的交流通路如图 2-14(c)所示，可以看出输入、输出共用集电极，所以称为共集电极放大电路。

（1）静态分析。由图 2-14(b)所示的直流通路，可以得到

$$I_{BQ}=\frac{V_{CC}-U_{BE}}{R_b+(1+\beta)R_e} \tag{2-14}$$

$$I_{CQ}=\beta I_{BQ} \tag{2-15}$$

$$U_{CEQ}=V_{CC}-I_{CQ}R_e \tag{2-16}$$

（2）动态分析。根据图 2-14(d)，可以得到

$$A_u=\frac{\dot{U}_o}{\dot{U}_i}=\frac{(1+\beta)R_e/\!/R_i}{r_{be}+(1+\beta)R_e/\!/R_L} \tag{2-17}$$

$$R_i = R_b /\!/ [r_{be} + (1+\beta)R_e /\!/ R_L] \tag{2-18}$$

$$R_o = R_e /\!/ \left[\frac{r_{be} + R_e + R_L}{(1+\beta)} \right] \tag{2-19}$$

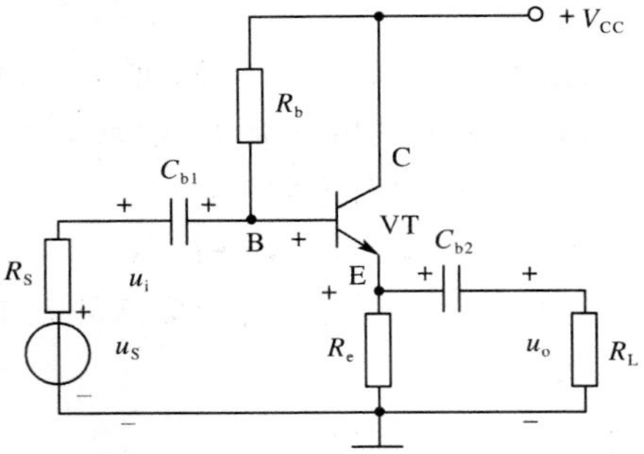

（a）放大电路 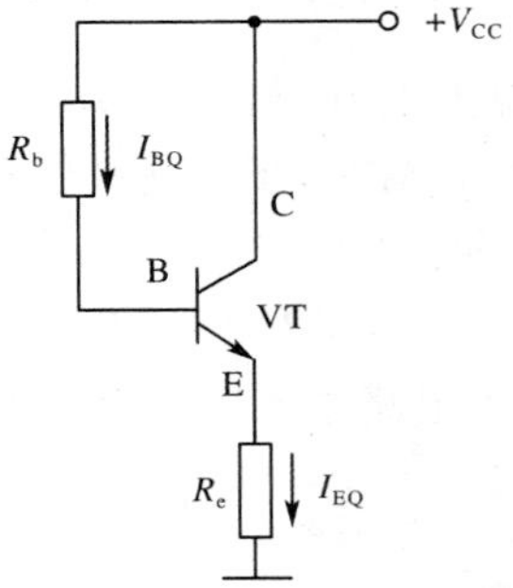   （b）直流通路

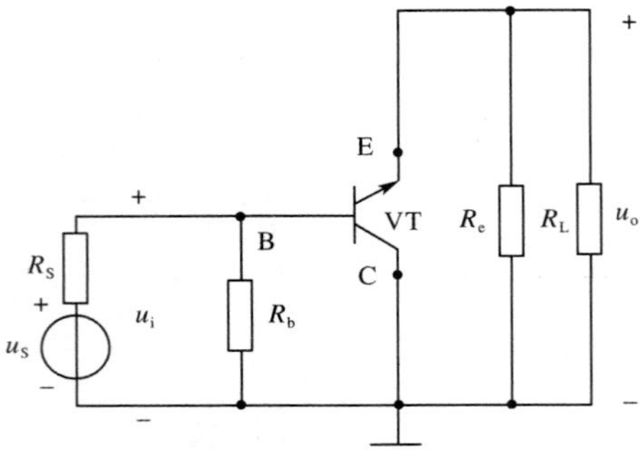

（c）交流通路 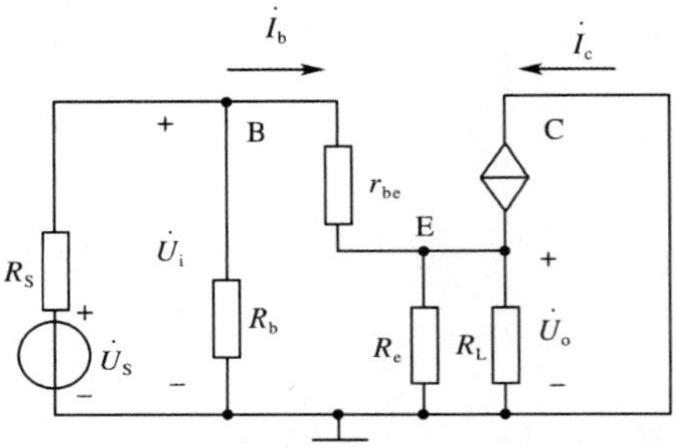   （d）微变等效电路

图 2-14　共集电极放大电路

2.5.2　共基极放大电路

常见的共基极放大电路如图 2-15（a）所示，其信号从发射极输入，集电极是信号输出端，基极是信号公共端。

（1）静态分析。共基极放大电路的直流通路如图 2-15（b）所示。如果忽略基极电流对分压电阻 R_{b1}、R_{b2} 的分流作用，则基极静态工作点为

$$V_B = \frac{R_{b1}}{R_{b2} + R_{b1}} V_{CC} \tag{2-20}$$

$$I_{EQ} = \frac{V_E}{R_e} = \frac{V_B - U_{BE}}{R_e} \tag{2-21}$$

如果 $V_B \gg U_{BE}$，那么式（2-21）可以简化为

$$I_{EQ} = \frac{V_B}{R_e} \tag{2-22}$$

$$I_{CQ} \approx I_{EQ} = \frac{R_{b1}}{(R_{b2} + R_{b1})R_e} V_{CC} \tag{2-23}$$

$$U_{CEQ} = V_{CC} - (R_c + R_e)I_{CQ} \tag{2-24}$$

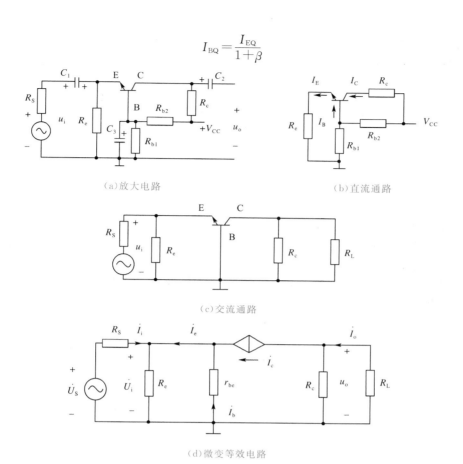

$$I_{BQ} = \frac{I_{EQ}}{1+\beta}$$

(a)放大电路　　　　　　　　　　　　(b)直流通路

(c)交流通路

(d)微变等效电路

图 2-15　共基极放大电路

（2）动态分析。共基极放大电路交流通路见图 2-15(c)，微变等效电路见图 2-15(d)，分析动态参数如下：

$$A_u = \frac{\dot{U}_o}{\dot{U}_i} = \frac{-\beta i_b (R_L /\!/ R_c)}{-r_{be} i_b} = \frac{\beta(R_L /\!/ R_c)}{r_{be}} \tag{2-25}$$

$$R_i = \frac{-\dot{I}_b r_{be}}{-\dot{I}_b(1+\beta)} /\!/ R_e = \frac{r_{be}}{1+\beta} /\!/ R_e \tag{2-26}$$

$$R_o = R_c \tag{2-27}$$

由以上分析可以看出，共基极放大电路的电压放大倍数约为 1，输入信号与输出信号同相；输入电阻比共射极放大电路小，输出电阻相等。共基极放大电路的频率响应好，在要求频率特性好的场合多采用共基极放大电路。

2.6　多级放大电路

在实际应用中为了得到足够大的增益或考虑到输入电阻和输出电阻的特殊要求，放大电路常常是由多个放大电路组成的，称为多级放大电路，即多级放大器。多级放大电路是由输入级、中间级、输出级组成的，如图 2-16 所示。多级放大电路是将各单级放大电路连接起来,这种级间连接方式称为耦合。在多级放大电路中,常用的耦合方式有阻容耦合、变压器耦合、直接耦合,将分别予以介绍。

图 2-16　多级放大电路组成框图

OTL 互补输出级电路

2.6.1　级间耦合方式

1. 阻容耦合

阻容耦合利用电容作为耦合和隔离直流信号的元件,电路如图 2-17 所示。输入信号经过第 1 级放大电路输出,经过 C_2 送入第 2 级放大电路的输入端,由此形成多级放大电路。由于电容 C_2 的"隔直通交"作用,各级静态工作点独立,而交流信号顺利通过 C_2 输送到下一级。但是信号在通过耦合电容加到下一级时幅值会衰减。此种耦合方法多用于分立元件电路。

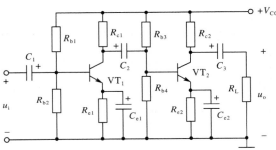

阻容耦合方式

图 2-17　阻容耦合两级放大电路

2. 变压器耦合

变压器耦合是将变压器前级输出端与后级输入端相连的耦合方式,如图 2-18 所示。

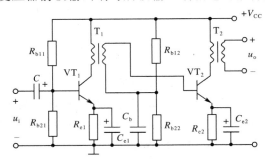

变压器耦合方式

图 2-18　变压器耦合两级放大电路

两级电路间通过变压器 T_1 连接。由于 T_1 一、二次线圈之间具有"隔直通交"的特点,各级静态工作点独立,而交流信号通过 T_1 互感耦合顺利输送到下一级。各级直流信号相互独立,变压器通过磁路将信号传递出去,同时实现阻抗、电压、电流变换。但是由于变压器体积大,无法实现集成,频率特性较差,一般只用于低频功率放大和中频调谐放大电路中。

3.直接耦合

直接耦合是将前后级直接连接在一起的耦合方式,如图 2-19 所示。级间通过导线（或电阻）直接连接。前级输出信号直接输送到下一级,使用元器件少,体积小。由于前后级电路直流信号互相影响,各级静态工作点相互影响。

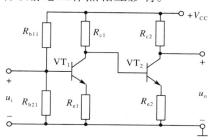

直接耦合方式

图 2-19 直接耦合两级放大电路

2.6.2 多级放大电路的性能指标

1.多级放大电路的放大倍数

在多级放大电路中,如果各级放大电路的增益是 A_{u1},A_{u2},$\cdots$,A_{un},则多级放大电路的总增益为各级放大电路增益的乘积。即

$$A_u = A_{u1} \cdot A_{u2} \cdots A_{un} \tag{2-28}$$

多级放大电路的输入电阻就是第一级放大电路的输入电阻,多级放大电路的输出电阻就是最后一级放大电路的输出电阻。

2.多级放大电路的频率特性

图 2-20(a)、(b)为两级参数完全相同的单级放大电路的幅频特性曲线,组成两级放大电路后放大倍数相乘,其幅频特性曲线如图 2-20(c)所示,两级放大电路比单级放大电路的通频带窄。放大电路级数越多,通频带就越窄。

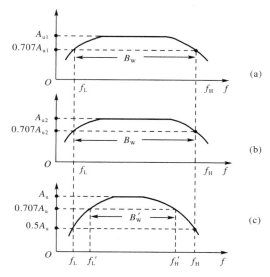

图 2-20 单级与多级放大电路频率响应比较

就前面的分析而言,基本放大电路在性能指标上各具特点。在放大倍数方面,共基极放大电路电压增益远大于1,电流增益小于1;共集电极放大电路电压增益小于1,电流增益大于1;共射极放大电路两者均大于1。因此放大设备中增益主要靠共射极放大电路提供。在输入、输出电阻方面,共基极放大电路输入电阻很小,输出电阻很大;共集电极放大电路输入电阻很大,输出电阻很小;共射极放大电路输入电阻、输出电阻都居中。在实际应用中可以根据需要选择不同的放大电路。

2.7 场效应管放大电路

场效应管与三极管一样,可以组成放大电路,由于场效应管只有工作在饱和区时才具有放大作用,所以场效应管放大电路同样需要直流偏置电路,以保证场效应管正常工作。

根据场效应管放大电路公共端的不同,可以分为共源极、共漏极、共栅极三种放大电路。下面以共源极放大电路为例进行介绍。

2.7.1 偏置电路

场效应管是电压控制器件,静态时需要有合适的栅源电压。场效应管有不同的种类,偏置电路应根据不同的管子选用不同的电路形式和电压极性。常用的偏置电路有分压偏置电路和自偏压电路。

1. 分压偏置电路

分压偏置电路如图 2-21 所示。该电路既适用于耗尽型也适用于增强型场效应管放大电路。R_{g1}、R_{g2} 为分压电阻,漏极电源经过分压后加到 R_{g3} 上,使栅极获得合适的工作电压,通常是改变 R_{g1} 的阻值来调整放大电路的静态工作点。R_d 为漏极负载电阻,作用相当于三极管放大电路的集电极负载电阻 R_c,可将漏极电流 i_D 转换为输出电压 u_o。R_s 为源极电阻,稳定静态工作点。C_s 为源极旁路电容,消除 R_s 对交流信号的衰减作用。C_1、C_2 为耦合电容,起隔直流、耦合交流信号的作用,电容量一般在 $0.01 \sim 10\ \mu F$,比三极管放大电路的耦合电容小。

2. 自偏压电路

自偏压电路如图 2-22 所示。

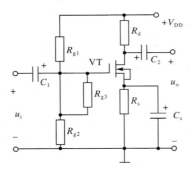
图 2-21　分压偏置电路

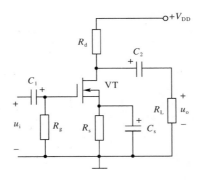
图 2-22　自偏压电路

该电路只适用于耗尽型绝缘栅型场效应管。自偏压电路只有下偏置电阻,在场效应管的源极串入源极电阻 R_s,源极电流 I_S 流过 R_s 形成 $I_S R_s$ 压降,该电压降为栅、源极间提供负向电压 $U_{GS}=-I_S R_s$,使管子工作于放大状态。

2.7.2 电路分析

场效应管放大电路静态分析方法与三极管放大电路分析方法相似,可以使用图解法,但也可以使用公式法。下面以共源极分压偏置电路为例进行分析。

1.静态分析

做直流分析时,将电容做开路处理,由于 R_{g3} 上没有电流,所以

$$U_G = \frac{R_{g2}}{R_{g2}+R_{g1}} V_{DD} \tag{2-29}$$

$$U_{GS} = U_G - U_s = \frac{R_{g2}}{R_{g2}+R_{g1}} V_{DD} - I_D R_s \tag{2-30}$$

$$U_{DS} = V_{DD} - I_D (R_d + R_s) \tag{2-31}$$

其中

$$I_D = I_{DSS} (1 - \frac{U_{GS}}{U_P})^2$$

2.动态分析

场效应管放大电路在动态分析时仍采用小信号模型。

(1)场效应管小信号模型。场效应管是电压控制器件,其等效模型如图 2-23(a)所示。$g_m U_{GS}$ 表示由栅源电压 U_{GS} 控制的电流源;r_d 表示电流源电阻,通常为几百千欧,如果负载电阻比该电阻小很多,可以认为 r_d 开路;输入电阻 r_{gs} 是栅、源极间的电阻,其阻值很大。也可以认为 r_{gs} 开路,使模型更加简化,如图 2-23(b)所示。

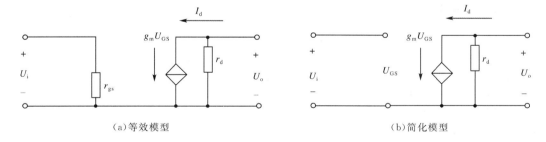

(a)等效模型　　　　　　　　　　　　　　　(b)简化模型

图 2-23　场效应管小信号模型

(2)动态参数分析。将图 2-23 中的电路做等效变换,如图 2-24 所示。由图可知

$$U_o = -g_m U_{GS} R_d$$

该电路的动态参数是

$$A_u = \frac{U_o}{U_i} = \frac{-g_m U_{GS} R_d}{U_{GS} + g_m U_{GS} R} = -\frac{g_m R_d}{1 + g_m R} \tag{2-32}$$

$$R_i = R_{g3} + R_{g1} /\!/ R_{g2} \tag{2-33}$$

$$R_o = R_d \tag{2-34}$$

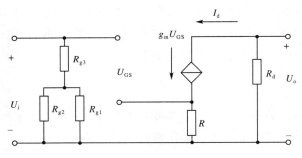

图 2-24　场效应管放大电路等效电路

本 章 小 结

1.放大的本质是能量控制作用,即使用能量较小的输入信号控制另一个能源,从而使得负载上获得较大的能量(输出信号)。

2.为了实现放大作用,我们常采用有放大作用的器件,如三极管、场效应管等,由它们组成放大电路。这些具有放大作用的器件构成了放大电路的核心。

3.对放大电路的分析常采用两种基本方法:图解法和微变等效法。图解法简单直观,微变等效法适合分析复杂电路。

4.放大电路中存在电抗元件,其中包括电容、电感,这些元件对直流信号和不同频率的交流信号呈现的阻抗是不同的,从而使放大电路对不同频率的交流信号的放大作用是不同的。

5.多级放大电路常见的耦合方式有:阻容耦合、直接耦合、变压器耦合三种。

6.为提高信号的传输效率,多级放大要考虑级间的合理配合,同时还要考虑传输信号的类型,例如传输电压信号,则希望低输出阻抗与高输入阻抗配合。

自我检测题

1.三极管放大电路由哪几个部分组成? 它们的作用是什么?

2.单级放大电路如题图 2-1 所示。已知三极管的电流放大系数 $\beta = 50$, $R_S = 500\ \Omega$, $R_b = 300\ \text{k}\Omega$, $R_c = 1\ \text{k}\Omega$, $V_{CC} = 12\ \text{V}$。

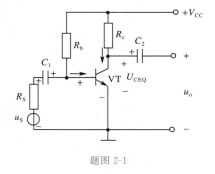

题图 2-1

(1)估算 Q 点；

(2)画出简化小信号等效电路。

3.单级放大电路如题图 2-2 所示。设 $\beta=100$, $R_s=2\ \text{k}\Omega$, $R_{b1}=20\ \text{k}\Omega$, $R_{b2}=15\ \text{k}\Omega$, $R_c=2\ \text{k}\Omega$, $R_e=2\ \text{k}\Omega$, $V_{CC}=10\ \text{V}$。

试求：(1)Q 点；(2)电压增益 A_u；(3)输入电阻 R_i；(4)输出电阻 R_{o1} 和 R_{o2}。

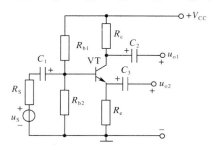

题图 2-2

4.单级放大电路如题图 2-3 所示。设 $\beta=50$, $R_{b1}=20\ \text{k}\Omega$, $R_{b2}=10\ \text{k}\Omega$, $R_c=5.6\ \text{k}\Omega$, $R_e=3.3\ \text{k}\Omega$, $V_{CC}=12\ \text{V}$。

试求：(1)Q 点；(2)电压增益 A_u；(3)输入电阻 R_i；(4)输出电阻 R_o。

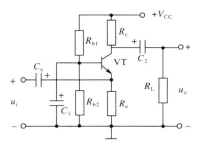

题图 2-3

5.场效应管放大电路如题图 2-4 所示。设 $g_m=1\ \text{ms/V}$, $R_{g1}=200\ \text{k}\Omega$, $R_{g2}=50\ \text{k}\Omega$, $R_s=10\ \text{k}\Omega$, $R_d=10\ \text{k}\Omega$, $R_L=10\ \text{k}\Omega$, $V_{DD}=20\ \text{V}$。

试求：(1)电压增益 A_u；(2)输入电阻 R_i；(3)输出电阻 R_o。

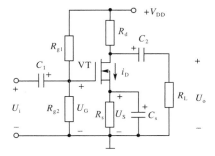

题图 2-4

6.多级放大电路如题图 2-5 所示，试求该电路的静态工作点和电压放大倍数、输入电阻、输出电阻。

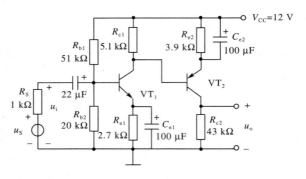

题图 2-5

7. 有一个晶体管，当其基极电流由 2 mA 增加到 5 mA 时，集电极电流从 100 mA 增加到 250 mA，请回答下面的问题：

(1) 发射极电流的变化情况；

(2) 该三极管的电流放大倍数 β。

本章导读

反馈在电子线路中应用十分广泛,特别是在放大电路中引入负反馈,可以大大改善电路的性能。本章介绍反馈的基本概念、反馈电路的结构、反馈类型及其判别方法。讨论不同的负反馈组态对放大电路的影响。本章还介绍了基本差分放大电路的组成、分析方法及其电路的改进;集成运算放大器的电路结构、参数;集成运算放大器基本电路的分析及应用;振荡器的自激条件及 RC 振荡器和 LC 振荡器;介绍非正弦波振荡器典型电路,并以信号发生器为例讲解振荡器的工程应用。

3.1 负反馈放大器

3.1.1 反馈的基本概念与组态

1.反馈的基本概念

将放大电路输出信号(电压或电流)的一部分或全部,通过某一电路 交流正负反馈的判断 送回输入端,称为反馈。具有反馈作用的放大器叫反馈放大器。反馈到输入回路的信号称为反馈信号。由输出信号形成反馈信号的电路叫反馈电路或反馈网络。构成反馈网络的元件叫反馈元件。反馈信号与输出信号之比叫反馈系数。反馈信号削弱了输入信号使放大电路的净输入减小,导致电路的放大倍数减小的反馈称为负反馈,反之,则为正反馈。

2.反馈放大器的结构

反馈放大电路分为两部分:一部分是基本放大电路;另一部分是反馈电路(或称反馈网络)。通常用反馈环方框图表示,如图 3-1 所示。方框图由基本放大电路和反馈网络构成闭合环路。用 $\dot{x}$ 表示信号电压或电流,$\dot{x}_i$、$\dot{x}_o$、$\dot{x}_f$ 分别表示输入、输出和反馈信号。$\dot{x}_i'$ 为基本放大电路的净输入,它由 $\dot{x}_i$ 与 $\dot{x}_f$ 之差决定。即 $\dot{x}_i' = \dot{x}_i - \dot{x}_f$(设各个信号均为正弦量)。

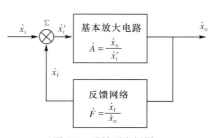

图 3-1 反馈环方框图

$\dot{A}$ 为基本放大电路的放大倍数,净输入信号 $\dot{x}_i'$ 经基本放大电路正向传输至输出端;$\dot{F}$ 为反馈网络的反馈系数,反映输出信号经反馈网络反向传输至输入端的程度。通常将基本放大电路的放大倍数称为反馈放大电路的开环放大倍数;将反馈放大电路的放大倍数 $\dot{A}_f = \dot{x}_o / \dot{x}_i$ 称为闭环放大倍数。

3. 反馈的分类

(1)正反馈与负反馈

如果反馈信号使净输入信号增强,这种反馈称为正反馈;反之,称为负反馈。

(2)直流反馈与交流反馈

如果反馈信号中只有直流成分,即反馈元件只能反映直流量的变化,这种反馈就称直流反馈;如果反馈信号中只有交流成分,即反馈元件只能反映交流量的变化,这种反馈就称交流反馈;如果反馈信号中既有直流成分,又有交流成分,这种反馈就称为交、直流反馈。

(3)电压反馈与电流反馈

这是按照反馈信号与输出信号之间的关系来划分的。若反馈信号与输出电压成正比,就是电压反馈;与输出电流成正比,就是电流反馈。从另一个角度来说,看反馈是对输出电压采样还是对输出电流采样,分别称为电压反馈和电流反馈。

(4)串联反馈与并联反馈

这是按照反馈信号在放大器输入端的连接方式不同来分类的。如果反馈信号在放大器输入端以电压的形式出现,就是串联反馈。如果反馈信号在放大器输入端以电流的形式出现,就是并联反馈。

4. 反馈类型的判别

在分析实际反馈电路时,必须首先判别其属于哪种反馈类型。在判别反馈类型之前,首先应看放大器的输出端与输入端之间有无电路连接,以便确定有无反馈。

(1)正、负反馈的判别

判别反馈的正负通常采用瞬时极性法。这种方法是首先假定输入信号为某一瞬时极性(一般设为对地为正的极性),然后由各级输入、输出之间的相位关系,分别推测出其他有关各点的瞬时极性,最后看反馈的作用是加强了还是削弱了净输入信号(用"+"表示增大,用"−"表示减小)。使净输入信号加强的反馈为正反馈,反之为负反馈。

如图 3-2(a)、(b)、(c)、(d)所示为四个反馈电路,图(a)中 R_f 为反馈元件,当输入端的输入信号瞬时极性为"+"时,根据共射电路倒相关系,VT_1 管的集电极瞬时极性为"−",VT_1 的输出即 VT_2 的输入,VT_2 管的基极瞬时极性也为"−",VT_2 管的集电极为"+",经 C_2 输出端为"+",经 R_f 反馈到输入端后使原输入信号得到了加强(反馈信号与输入信号同相),所以为正反馈。图(b)中 R_E 为反馈元件,当输入信号瞬时极性为"+"时,基极电流与集电极电流瞬时增大,使发射极电压瞬时极性为"+",结果净输入信号被削弱($u_{BE} = u_i - u_o$,原输入电压 u_i 大于净输入电压 u_{BE}),因而是负反馈。同样方法可判断出图(c)、(d)均为负反馈电路。

> ☺ **小知识** 对于由运放组成的放大电路,若反馈信号从输出端反馈到反相输入端,则一定是负反馈;若反馈信号从输出端反馈到同相输入端,则一定是正反馈。

（2）交、直流反馈的判别

判别交流反馈与直流反馈主要是从反馈网络（反馈元件）上来观察的，若反馈支路中，只有交流信号则为交流反馈，只有直流信号则为直流反馈，两者同时存在则为交、直流反馈。

如图 3-2(a)、(b)、(c)、(d)所示：图(a)中，反馈支路（C_2 和 R_f 串联）仅能通交流，不能通直流，故为交流反馈；图(b)中，反馈支路（R_E 和 C_E 并联）仅能通直流，不能通交流，故为直流反馈；图(c)同图(a)，也为交流反馈；图(d)中，反馈支路（只有电阻 R_E）既能通直流，又能通交流，故为交、直流反馈。

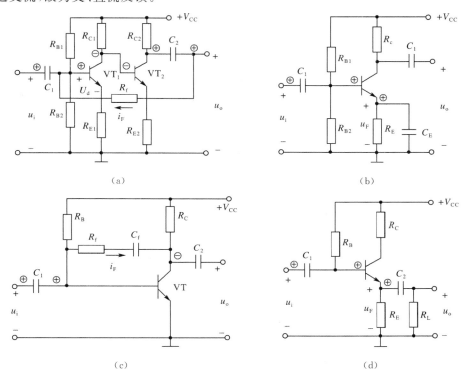

图 3-2　反馈类型的判别

（3）电压、电流反馈的判别

判断电压、电流反馈，一是看输出取样信号是电压信号还是电流信号，反馈信号与什么输出量成正比，就是什么反馈。二是采取负载电阻 R_L 短路法来判断，也就是使输出电压为零。此时若原来是电压反馈，则反馈信号一定随输出电压为零而消失；若电路中仍然有反馈存在，则原来的反馈应该是电流反馈。

如图 3-2(a)、(b)、(c)、(d)所示：图(a)中，令 $u_o=0$，反馈信号 i_F 随之消失，所以为电压反馈；图(b)中，令 $u_o=0$，反馈信号 u_F 仍然存在，所以为电流反馈；图(c)中，令 $u_o=0$，反馈信号 i_F 随之消失，所以为电压反馈；图(d)中，令 $u_o=0$，反馈信号 u_F 随之消失，所以为电压反馈。

（4）串联、并联反馈的判别

判断串联、并联反馈，一是看反馈信号与输入信号在输入回路中是以电压形式叠加的，还是以电流形式叠加的，前者为串联反馈，后者为并联反馈。二是用反馈节点对地短路法,当反馈节点对地短路时,输入信号不能加进基本放大电路,则为并联反馈;否则为串联反馈。

如图 3-2(a)、(b)、(c)、(d)所示:图(a)中,反馈节点(反馈元件 R_f 与输入回路的交点,即三极管的基极)对地短路时,输入信号不能加进基本放大电路,则为并联反馈;图(b)中,反馈节点(反馈元件 R_E 与输入回路的交点,即三极管的发射极)对地短路时,输入信号仍能加进基本放大电路,则为串联反馈;图(c)中,反馈节点(反馈元件 R_f 与输入回路的交点,即三极管的基极)对地短路时,输入信号不能加进基本放大电路,则为并联反馈;图(d)中,反馈节点(反馈元件 R_E 与输入回路的交点,即三极管的发射极)对地短路时,输入信号仍能加进基本放大电路,则为串联反馈。

> 😊 **小知识** 一般来说,可以这样来判别电压、电流、串联、并联反馈:当反馈支路与输出端直接相连(公共端除外)时,为电压反馈,否则为电流反馈;当反馈支路与输入端直接相连(公共端除外)时,为并联反馈,否则为串联反馈。
>
> 可以这样来判断正、负反馈:设输入端瞬时极性为"＋",由反馈支路反馈回来的极性也为"＋",如直接反馈到输入端(公共端除外),为正反馈,否则为负反馈;反馈回来的极性为"－",如直接反馈到输入端(公共端除外),为负反馈,否则为正反馈。
>
> 可以这样判别交、直流反馈:若反馈支路中,反馈元件为电容,则是交流反馈;反馈元件为电阻,则是交、直流反馈;反馈元件为串联的电容和电阻,则是交流反馈;反馈元件为并联的电容与电阻,则是直流反馈。

在上述各种类型的反馈电路中,我们主要讨论其中的负反馈电路。将输出端采样与输入端叠加两方面综合考虑,实际的负反馈放大器可分为如下四种基本类型(组态):电压串联负反馈、电压并联负反馈、电流串联负反馈、电流并联负反馈。

5.负反馈放大器的四种组态

(1)电压串联负反馈

电压串联负反馈实际电路和连接方框图分别如图 3-3(a)、(b)所示。

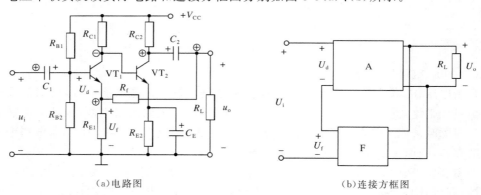

(a)电路图   (b)连接方框图

图 3-3 电压串联负反馈

图 3-3(a)中,R_f、R_{E1} 为反馈元件,它们构成的反馈网络在输出与输入之间建立起联系。从图 3-3 电路的输出来分析,反馈信号是输出电压 U_o。在 R_f、R_{E1} 组成的分压电路中 R_{E1} 上所分取的电压 U_f,反馈电压是输出电压 U_o 的一部分。若将输出端短路,即 $U_o=0$,则 $U_f=0$,因此,这个反馈是电压反馈。从输入端来分析,若反馈节点(三极管 VT_1 的发射

极)对地短路,则输入信号仍能加进基本放大电路,因此这是串联反馈。由瞬时极性法,设U_i的瞬时极性为"+",则放大器输出U_o的瞬时极性亦为"+",反馈节点的瞬时极性也为"+",则反馈的引入使放大器的净输入信号U_d减小,因而是负反馈。反馈支路中无电容串、并联,则为交、直流反馈。综合起来看,该电路是一个交、直流电压串联负反馈放大电路。它具有恒压源的性质。

(2)电压并联负反馈

电压并联负反馈实际电路和连接方框图分别如图 3-4(a)、(b)所示。

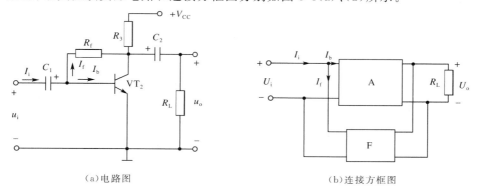

(a)电路图　　　　　　　　　　　　(b)连接方框图

图 3-4　电压并联负反馈

图 3-4(a)中,R_f为反馈元件,它构成的反馈网络在输出与输入之间建立起联系。从图 3-4 电路的输出端来分析,输出端的采样对象是输出电压U_o,若将输出端短路,即$U_o=0$,则反馈信号消失,因此这个反馈是电压反馈。从输入端来分析,若反馈节点(三极管VT_2的基极)对地短路,输入信号不能加进基本放大电路,则是并联反馈。由瞬时极性法,设U_i瞬时极性为"+",则放大器输出U_o的瞬时极性为"-",使流过R_f的电流I_f增加,在I_i不变的条件下,流入放大器的净输入电流I_b(等于I_i-I_f)减小,因而是负反馈。反馈支路中无电容串、并联,则为交、直流反馈。综合起来看,该电路是一个交、直流电压并联负反馈放大电路。它可以稳定输出电压。

(3)电流串联负反馈

电流串联负反馈实际电路和交流通路分别如图 3-5(a)、(b)所示。

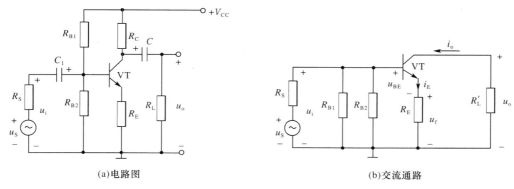

(a)电路图　　　　　　　　　　　　(b)交流通路

图 3-5　电流串联负反馈

图 3-5(a)中,R_E为反馈元件,它构成的反馈网络在输出与输入之间建立起联系。从

图 3-5 电路的输出端来分析，反馈量不取自输出电压，假设将输出端短路，即 $u_o = 0$，反馈信号 $u_f = R_E i_E$ 依然存在，因此这个反馈是电流反馈。从输入端来分析，假设反馈节点（三极管的发射极）对地短路，即 $u_f = 0$，输入信号仍能加入三极管基极，因此这是串联反馈。由瞬时极性法，设 u_i 瞬时极性为"＋"，三极管发射极的瞬时极性也为"＋"，则反馈的引入使电路的净输入信号 $u_{BE} = u_i - u_f$ 减小，因而是负反馈。反馈支路中无电容串、并联，则为交、直流反馈。所以归纳起来，该电路是一个交、直流电流串联负反馈放大电路。它具有恒流源的性质。

（4）电流并联负反馈

电流并联负反馈实际电路和交流通路分别如图 3-6(a)、(b)所示。

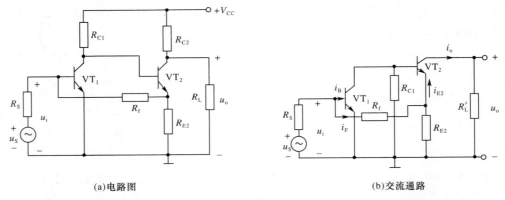

(a)电路图　　　　　　　(b)交流通路

图 3-6　电流并联负反馈

图 3-6(a)中，R_f 为反馈元件，它构成的反馈网络在输出与输入之间建立起联系。从图 3-6 电路的输出端来分析，假设将输出端短路，即 $u_o = 0$，则反馈信号依然存在，因此这个反馈是电流反馈。从输入端来分析，假设反馈节点对地短路，则输入信号不能加进基本放大电路，因此这是并联反馈。由瞬时极性法可以判断出是负反馈。反馈支路中无电容串、并联，则为交、直流反馈。所以归纳起来，该电路是一个交、直流电流并联负反馈放大电路。

> 😊 **小知识**　信号源内阻对于负反馈的效果是有影响的。串联负反馈适用于信号源内阻小的电压源；并联负反馈适用于信号源内阻大的电流源。

3.1.2　负反馈对放大电路的影响

1. 提高放大倍数的稳定性

放大器的放大倍数取决于晶体管及电路元件的参数，元件老化或更换、电源电压不稳、负载变化或环境温度变化，都会引起放大倍数的变化。为此通常在放大器中加入负反馈以提高放大倍数的稳定性。为更好地说明负反馈对放大倍数稳定性的贡献，做如下定量分析。

根据图 3-1 所示，负反馈放大器的开环放大倍数

$$\dot{A} = \dot{x}_o / \dot{x}'_i \tag{3-1}$$

反馈系数

$$\dot{F} = \dot{x}_f / \dot{x}_o \tag{3-2}$$

闭环放大倍数	$\dot{A}_{\rm f}=\dot{x}_{\rm o}/\dot{x}_{\rm i}$	(3-3)
放大器净输入信号	$\dot{x}_{\rm i}'=\dot{x}_{\rm i}-\dot{x}_{\rm f}$	(3-4)
由以上式子可得	$\dot{A}_{\rm f}=\dfrac{\dot{A}}{1+\dot{A}\dot{F}}$	(3-5)

式(3-5)反映了闭环放大倍数与开环放大倍数及反馈系数之间的关系。$|1+\dot{A}\dot{F}|$ 称为反馈深度，$|1+\dot{A}\dot{F}|$ 越大,则反馈越深。

中频时(若不考虑信号频率的影响)

$$A_{\rm f}=\frac{A}{1+AF} \tag{3-6}$$

将式(3-6)对 A 求导

$$\frac{{\rm d}A_{\rm f}}{{\rm d}A}=\frac{1}{1+AF}-\frac{AF}{(1+AF)^2}=\frac{1+AF-AF}{(1+AF)^2}=\frac{1}{(1+AF)^2}$$

用式(3-6)除以上式两边,可得

$$\frac{{\rm d}A_{\rm f}}{A_{\rm f}}=\frac{1}{1+AF}\cdot\frac{{\rm d}A}{A} \tag{3-7}$$

可见,虽然负反馈的引入使放大倍数变成了 $1/(1+AF)$,但放大倍数的稳定性却是原先的 $(1+AF)$ 倍。

2. 展宽通频带

通频带 BW 反映放大电路对输入信号频率变化的适应能力。图 3-7 表示负反馈放大电路展宽通频带的原理。

中频段的开环放大倍数 $|\dot{A}|$ 较大,有反馈时,中频段的闭环放大倍数衰减较大。当信号频率在高频段和低频段时,开环放大倍数随信号频率的升高或降低而随之减小,闭环放大倍数 $|\dot{A}_{\rm f}|$ 在高频段和低频段的衰减倍数就比中频段小,因此,负反馈放大电路的上、下限频率向更高或更低的频率扩展,如图 3-7 所示。$BW_{\rm f}$ 为负反馈时的通频带,可见,$BW_{\rm f}>BW$,通频带被展宽了。

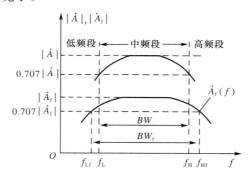

图 3-7　负反馈放大电路展宽通频带

3. 减小非线性失真

负反馈可以减小非线性失真。需要注意的是,负反馈减小的是放大器非线性所产生的失真,而输入信号本身固有的失真并不能被减小。此外负反馈不能完全消除非线性失真。

4.负反馈对输入电阻的影响

(1)串联负反馈增大输入电阻

r_i为开环时基本放大电路的输入电阻,r_{if}为闭环时负反馈放大电路的输入电阻。可以证明:

$$r_{if} = r_i(1+AF) \tag{3-8}$$

(2)并联负反馈减小输入电阻

r_i为开环时基本放大电路的输入电阻,r_{if}为闭环时负反馈放大电路的输入电阻。可以证明:

$$r_{if} = \frac{r_i}{1+AF} \tag{3-9}$$

5.负反馈对输出电阻的影响

(1)电压负反馈减小输出电阻

r_o为开环时基本放大电路的输出电阻,r_{of}为闭环时负反馈放大电路的输出电阻。可以证明:

$$r_{of} = \frac{r_o}{1+AF} \tag{3-10}$$

由于放大电路的输出电阻减小了,所以电压负反馈放大电路增强了带负载能力。

(2)电流负反馈增大输出电阻

r_o为开环时基本放大电路的输出电阻,r_{of}为闭环时负反馈放大电路的输出电阻。可以证明:

$$r_{of} = r_o(1+AF) \tag{3-11}$$

思考题

1.什么是负反馈? 什么是电压反馈、电流反馈、串联反馈、并联反馈?
2.如何区分正、负反馈? 如何区分电压、电流、串联和并联反馈?

3.2　差分放大器

3.2.1　基本差分放大器及抑制零漂的原理

1.直接耦合放大器中的特殊问题

在多级放大电路中采用直接耦合,虽然可以解决传输缓变信号及设备小型化问题,但存在两个特殊问题:一是级间静态工作点互相影响问题,二是零点漂移(简称"零漂")问题。

在直接耦合放大电路中,各级放大器的静态工作点会相互影响。几级耦合之后,末级的集电极电位接近于电源电压,这就限制了放大器的级数。采用直接耦合必须处理好抑制零漂这一关键问题。

所谓零点漂移,是指当输入信号为零时,在放大器输出端出现变化不定的输出信号。

产生零漂的原因有:温度变化、电源电压波动、晶体管参数变化等,但主要原因是温度变化,所以零漂又称为温漂。直接耦合放大器的第一级工作点的漂移,对整个放大器的影响是最大的。显然,放大器级数越多,零漂越严重。抑制零漂最普遍而实用的方法是采用差分放大器。

2. 基本差分放大器

如图 3-8 所示为基本差分放大器,它由完全相同的单管放大器组成。由于两个三极管 VT_1、VT_2 的特性参数完全相同,外接电阻也对称相等,两侧各元件的温度特性也都一样,所以两侧电路完全对称。信号从两管的基极输入,从两管集电极之间输出。

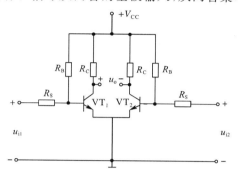

图 3-8　基本差分放大器

静态时,输入信号为零,即 $u_{i1} = u_{i2} = 0$。由于电路对称,即 $i_{C1} = i_{C2}$ 或 $u_{C1} = u_{C2}$,故输出电压为 $u_o = u_{C1} - u_{C2} = 0$。

3. 差分放大器抑制零漂的原理

当电源波动或温度变化时,两管集电极电位将同时发生变化。比如温度升高时,两管集电极电流同步增加,其集电极电位则同步下降。由于电路对称,两管变化量相等,即 $\Delta u_{C1} = \Delta u_{C2}$,所以输出电压为 $u_o = \Delta u_{C1} - \Delta u_{C2} = 0$,可见,尽管每个三极管都存在零漂,但两管各自的零漂电压在输出端相互抵消,使差分放大电路整体零漂被抑制。显然,电路的对称性越好,抑制零漂的能力就越强。但是在实际工程中,两侧电路不可能绝对对称,所以零漂也就不可能完全被抑制。

3.2.2　输入信号类型及电压放大倍数

差分放大器的输入信号可分为两种,即共模信号和差模信号。在放大器的两个输入端分别输入大小相等、极性相同的信号,即 $u_{i1} = u_{i2}$ 时,这种输入方式称为共模输入,所输入的信号称为共模(输入)信号。共模信号常用 u_{ic} 表示,即 $u_{ic} = u_{i1} = u_{i2}$。在放大器的两个输入端分别输入大小相等、极性相反的信号,即 $u_{i1} = -u_{i2}$,这种输入方式为差模输入,所输入的信号称为差模(输入)信号。差模信号常用 u_{id} 表示,即

$$u_{i1} = u_{id}/2 \qquad u_{i2} = -u_{id}/2$$

如图 3-9(a)所示为共模输入方式,当差分放大器输入共模信号时,由于电路对称,两管的集电极电位变化相同,所以输出电压恒为零。可见在理想情况下,差分放大器输入共模信号时不产生输出电压,或者说,差分放大器对共模信号能够起到抑制作用。实际上,

差分放大器对零漂所起的抑制作用就是抑制共模信号。

如图 3-9(b)所示为差模输入方式,当差分放大器输入差模信号时,由于电路对称,两管的输出电位的变化也是大小相等、极性相反的,即某个管集电极电位升高 Δu_c,则另一个管集电极电位必然降低 Δu_c。

设两管的电压放大倍数均为 A,则两管输出电压分别为 u_{o1}、u_{o2},有

$$u_{o1}=Au_{i1}=Au_{id}/2 \qquad u_{o2}=Au_{i2}=-Au_{id}/2$$

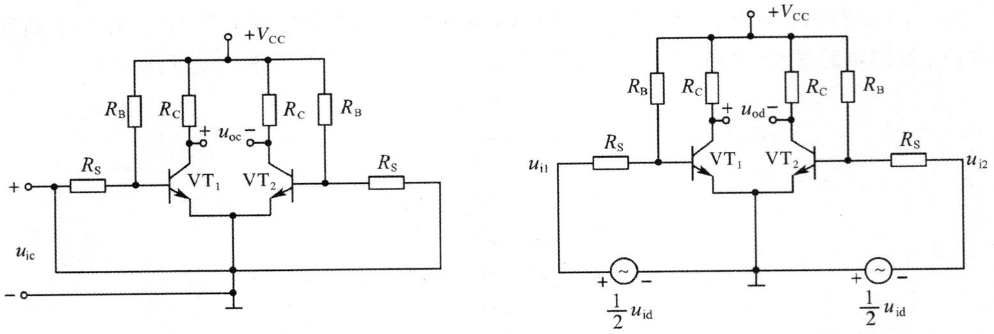

(a)共模输入　　　　　　　　　　　　　(b)差模输入

图 3-9　差分放大器的输入方式

电路总输出为 　　　　　　　　　$u_{od}=u_{o1}-u_{o2}=Au_{id}$

差模电压放大倍数为 　　　　　　$A_d=\dfrac{u_{od}}{u_{id}}=A$

可见,差分放大器的差模电压放大倍数等于组成该差分放大器的半边电路的电压放大倍数。

由单管共射放大器的电压放大倍数计算公式,可得

$$A_d=A\approx-\frac{\beta R_C}{R_S+r_{be}} \qquad\qquad (3\text{-}12)$$

当两个集电极接有负载时

$$A_d=-\frac{\beta R_L'}{R_S+r_{be}} \qquad\qquad (3\text{-}13)$$

其中 $R_L'=R_C/\!/(R_L/2)$。

放大器的输入回路信号经过两个管子的发射结和 R_S,故差模输入电阻为

$$r_{id}=2(R_S+r_{be}) \qquad\qquad (3\text{-}14)$$

放大器的输出信号经过两个 R_C,故输出电阻为

$$r_o=2R_C \qquad\qquad (3\text{-}15)$$

> 😊 **小知识**　若两个输入信号电压既非共模又非差模,而是任意的,则可先将它们分解成共模信号和差模信号,然后再去处理。其中差模信号是两个输入信号之差,共模信号是两个输入信号的平均值。

3.2.3　共模抑制比

如上所述,差分放大器的输入信号可以看成差模信号与共模信号的叠加。对于差模

信号,要求放大倍数尽量大;对于共模信号,希望放大倍数尽量小。为了全面衡量一个差分放大器放大差模信号、抑制共模信号的能力,我们用共模抑制比来综合表征这一性质。共模抑制比的定义为放大电路差模信号的电压增益 A_d 与共模信号的电压增益 A_c 之比的绝对值,即

$$K_{CMR} = \left| \frac{A_d}{A_c} \right|$$

有时也用对数形式表示 $\qquad K_{CMR} = 20\lg \left| \frac{A_d}{A_c} \right| \, dB \qquad (3-16)$

这个定义表明,共模抑制比越大,差分放大器放大差模信号(有用信号)的能力越强,抑制共模信号(无用信号)的能力也越强。所以差分放大器的共模抑制比越大越好。理想情况下 $K_{CMR} \to \infty$,一般差分放大器的 K_{CMR} 为 40～60 dB,高质量差分放大器的 K_{CMR} 可达 120 dB。

3.2.4　差分放大器的输入、输出

前面讲到的差分放大器,其信号都是从两管的基极输入,从两管的集电极输出,这种方式称为双端输入、双端输出。此外,根据不同需要,输入信号也可以从一个管的基极和地之间输入(单端输入),输出信号也可以从一个管的集电极和地之间输出(单端输出)。因此,差分放大器可以有以下四种接法。

(1)双端输入、双端输出

如图 3-9(b)所示即这种接法。电压放大倍数按式(3-13)计算,输入、输出电阻按式(3-14)、式(3-15)计算。

(2)双端输入、单端输出

如图 3-10(a)所示,输出只从一个三极管 VT_1 的集电极与地之间引出。u_o 只有双端输出时的一半,电压放大倍数 A_d 也只有双端输出时的一半,即

$$A_d = \frac{1}{2}A = -\frac{\beta R_C}{2(R_S + r_{be})} \qquad (3-17)$$

输入电阻不随输出方式改变,而输出电阻为

$$r_o = R_C \qquad (3-18)$$

(3)单端输入、双端输出

如图 3-10(b)所示,输入信号只从一个三极管 VT_1 的基极引入,另一个三极管 VT_2 的基极接地。因为 R_E 一般很大,其对信号的分流作用可以忽略不计,VT_1、VT_2 的基极信号仍分别为 $u_{i1}/2$ 和 $-u_{i1}/2$,所以两个三极管近似工作于差分状态,这种接法的动态分析与双端输入方式相同。

(4)单端输入、单端输出

如图 3-10(c)所示,这种接法既有图 3-10(a)单端输出的特点,又有图 3-10(b)单端输入的特点。其电压放大倍数、输入电阻、输出电阻的计算,与双端输入、单端输出的情况相同。

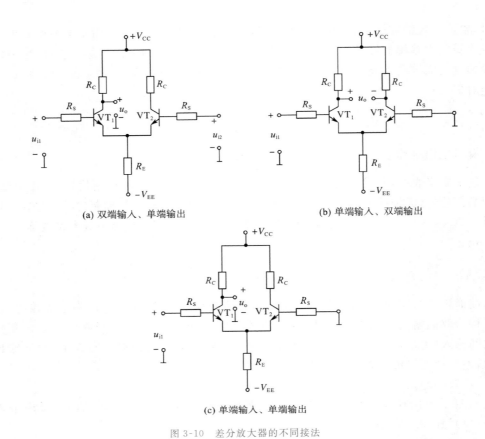

(a) 双端输入、单端输出　　(b) 单端输入、双端输出

(c) 单端输入、单端输出

图 3-10　差分放大器的不同接法

> ☺ **小知识**　不论何种输入方式，只要是双端输出，其差模放大倍数就等于单管放大倍数，输出电阻就等于 $2R_C$；只要是单端输出，差模放大倍数及输出电阻就均减少一半。另外，输入方式对输入电阻没有影响。

3.2.5　差分放大器的改进

　　基本差分放大器是利用电路的对称性来抑制共模信号的。但是它存在两方面不足。其一，各三极管本身工作点的漂移并未受到抑制，若要其单端输出，则"两端对称、互相抵消"的优点就无从体现；其二，若两侧的漂移量都比较大，则要使两侧在大信号范围内做到完全抵消就相当困难。针对上述基本差分放大器的不足，引入了带发射极公共电阻的差分放大器（也称长尾式差分放大器），如图 3-11 所示。

　　接入 R_E 的目的是引入直流负反馈。由于发射极电阻 R_E 的作用，每个三极管的零漂都得到抑制，从而使整个电路的零漂得到抑制。从这个角度看，R_E 越大越好。然而，若 R_E 过大，会使直流压降过大，静态电流减小。为了弥补这一不足，图 3-12 中在 R_E 下端引入了负电源（$-V_{EE}$），用来补偿 R_E 上的直流压降，保证放大器的正常工作。

　　做直流分析时，要注意每个发射极电路中串联接入的电阻不是 R_E 而是 $2R_E$。

做交流分析时，$\Delta i_{E1} = -\Delta i_{E2}$，因而流过 R_E 的总电流不变，R_E 对差模信号不起作用，R_E 的引入不影响差模电压放大倍数。

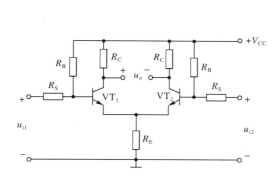

图 3-11　长尾式差分放大器

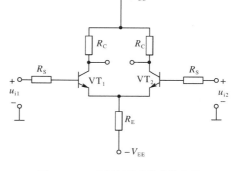

图 3-12　双电源长尾式差分放大器

在实际差分放大电路中，两侧的参数不可能绝对一样。为克服电路不对称的问题，往往在差分电路中引入调零电位器，以电路形式上的不平衡来抵消元件参数的不对称。调零电位器有集电极调零和发射极调零两种，分别如图 3-13(a)、(b)所示。

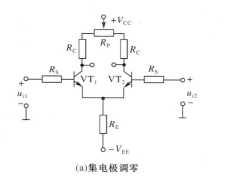

(a)集电极调零

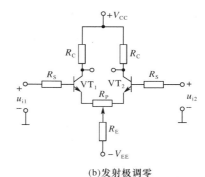

(b)发射极调零

图 3-13　加调零电位器的差分放大器

在长尾式差分电路中，欲提高电路的共模抑制比，发射极电阻 R_E 越大越好，这就必须增大负电源电压（$-V_{EE}$）的值，显然使用过高电源电压或 R_E 过大会造成直流能耗过大。

为了解决这个矛盾，我们用恒流源代替 R_E，如图 3-14 所示。

电路中 VT_3 是一个恒流源，它能维持自身集电极电流恒定，不随共模信号的增减而变化，使共模抑制比大大提高。这种抑制作用相当于用恒流源的内阻（恒流源内阻为无穷大）对共模信号引入了很强的负反馈，此负反馈对差模信号是不起作用的。

思考题

1.什么是零点漂移？什么是差模信号？什么是共模信号？
2.差分放大器是如何抑制零漂的？
3.带恒流源的差分放大器是如何提高共模抑制比的？

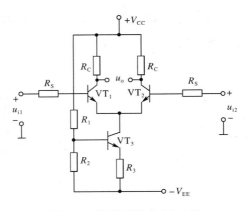

图 3-14 带恒流源的差分放大器

<h2>3.3　集成运算放大器</h2>

<h3>3.3.1　集成运算放大器概述</h3>

集成电路就是将某一功能或单元电路的元器件和连线制作在同一硅片上。随着集成电路制造工艺的日益完善,目前已能将数以千万计的元器件集成在一片面积只有几十平方毫米的硅片上。按照集成度(每一片硅片中所含元器件的数量)的高低,将集成电路分为小规模集成电路(SSI)、中规模集成电路(MSI)、大规模集成电路(LSI)和超大规模集成电路(VLSI)。

运算放大器实质上是高增益的直接耦合放大电路,集成运算放大器是集成电路的一种,简称集成运放。集成运放的基本特点是:电压放大倍数高、输入电阻高、输出电阻低。它常用于各种模拟信号的运算,例如比例运算、微分运算、积分运算等,由于集成运放的高性能、低价位,在模拟信号处理和信号发生电路中几乎完全取代了分立元件放大电路。

集成运放的应用是要重点掌握的内容,此外,本节也介绍集成运放的主要技术指标、性能特点与选择方法。

<h3>3.3.2　集成运算放大器的内部电路组成</h3>

集成运放内部是一个多级直接耦合放大电路,一般由四部分构成:输入级、中间级、输出级和偏置电路,其电路结构框图如图 3-15 所示。

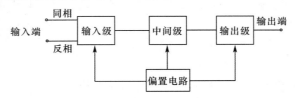

图 3-15 集成运放的电路结构框图

输入级常由双端输入的差分放大电路组成,一般要求输入电阻高,差模放大倍数高,抑制共模信号的能力强,静态电流小,输入级的好坏直接影响运放的输入电阻、共模抑制比等参数。

中间级是一个高放大倍数的放大器,常由多级共发射极放大电路组成,主要作用是提供大的电压放大倍数,该级的放大倍数可达数千甚至数万倍。

输出级常由射极输出器构成的互补对称输出电路组成,具有输出电压线性范围宽、输出电阻小的特点,要求带负载能力强、有一定的功率放大能力。

偏置电路一般采用恒流源电路,它向集成运放各级提供稳定的静态工作点。

集成运放与分立元件电路相比有如下特点:

①硅片上不能制作大容量电容,所以集成运放均采用直接耦合方式。

②运放中大量采用差分放大电路和恒流源电路,这些电路可以抑制零点漂移和稳定工作点。

③电路设计过程中注重电路的性能,而不过分在意元件多一个或少一个。

④用有源元件代替大阻值的电阻。

⑤常用复合晶体管代替单个晶体管,以使运放性能更好。

集成运放的常用符号如图 3-16(a)所示。它有两个输入端 u_+ 和 u_- 及一个输出端 u_o。两个输入端分别称为同相输入端和反相输入端,这里的同相和反相只是代表输入电压和输出电压之间的关系,若正电压从同相输入端输入,则输出端得到正的输出电压,若正电压从反相输入端输入,则输出端得到负的输出电压。

集成运放的外部引脚排列因型号而异。如图 3-16(b)所示为国产集成运放 F007 的引脚功能情况。

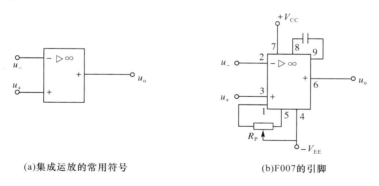

(a)集成运放的常用符号   (b)F007 的引脚

图 3-16 集成运放常用符号及 F007 的引脚

3.3.3 集成运算放大器的主要技术指标

集成运放的主要技术指标,大体上可以分为输入误差特性、开环差模特性、共模特性、输出瞬态特性和电源特性参数。

1. 输入误差特性参数

输入误差特性参数用来表示集成运放的失调特性,描述这类特性的主要是以下几个参数:

(1)输入失调电压 V_{OS}

对于理想运放,当输入电压为零时,输出也应为零。实际上,由于差分输入级很难做到完全对称,零输入时,输出并不为零。在室温及标准电压下,输入为零时,为了使输出电压为零,输入端需加补偿电压,称为输入失调电压 V_{OS}。V_{OS} 的大小反映了运放的对称程度。V_{OS} 越大,说明对称程度越低。一般 V_{OS} 的值为 $1~\mu V \sim 20~mV$,F007 的 V_{OS} 为 $1\sim5~mV$。

(2)输入失调电压温漂 $\dfrac{dV_{OS}}{dT}$

输入失调电压温漂 $\dfrac{dV_{OS}}{dT}$ 是指在指定的温度范围内,V_{OS} 随温度变化的平均变化率,是衡量温漂的重要指标。$\dfrac{dV_{OS}}{dT}$ 不能通过外接调零装置进行补偿,对于低漂移运放,$\dfrac{dV_{OS}}{dT}<1~\mu V/℃$,普通运放为 $(10\sim 20)\mu V/℃$。

(3)输入偏置电流 I_B

输入偏置电流是衡量差分管输入电流绝对值大小的标志,指运放零输入时,两个输入端静态电流 I_{B1}、I_{B2} 的平均值,即

$$I_B = \frac{1}{2}(I_{B1}+I_{B2}) \tag{3-19}$$

差分输入级集电极电流一定时,输入偏置电流反映了差分管 β 值的大小。I_B 越小,表明运放的输入阻抗越大。I_B 太大,不仅会在不同信号源内阻的情况下对静态工作点有较大的影响,而且也会影响温漂和运算精度。

(4)输入失调电流 I_{OS}

零输入时,两输入偏置电流 I_{B1}、I_{B2} 之差的绝对值称为输入失调电流 I_{OS},即 $I_{OS}=|I_{B1}-I_{B2}|$,I_{OS} 反映了输入级差分管输入电流的对称性,一般希望 I_{OS} 越小越好。普通运放的 I_{OS} 为 $1~nA\sim 0.1~\mu A$,F007 的 I_{OS} 为 $50\sim 100~nA$。

(5)输入失调电流温漂 $\dfrac{dI_{OS}}{dT}$

输入失调电流温漂 $\dfrac{dI_{OS}}{dT}$ 是指在规定的温度范围内 I_{OS} 的温度系数,是对放大器电流温漂的量度。它同样不能用外接调零装置进行补偿。典型值为几个纳安每摄氏度(nA/℃)。

2. 开环差模特性参数

开环差模特性参数用来表示集成运放在差模输入作用下的传输特性。描述这类特性的参数有开环差模电压增益、最大差模输入电压、3 dB 带宽、差模输入电阻等。

(1)开环差模电压增益 A_{od}

开环差模电压增益 A_{od} 是指在无外加反馈情况下的直流差模增益,它是决定运算精度的重要指标,通常用分贝(dB)表示,即

$$A_{od} = 20\lg \frac{\Delta V_o}{\Delta V_{i1}-\Delta V_{i2}} \tag{3-20}$$

不同功能的运放,A_{od} 相差悬殊,F007 的 A_{od} 为 $100\sim 106~dB$,高品质的运放可达 140 dB。

(2)最大差模输入电压 V_{idmax}

V_{idmax} 是指集成运放反相和同相输入端所能承受的最大电压值,超过这个值时输入级差分管将会出现反向击穿,甚至损坏。利用平面工艺制成的硅 NPN 管的 V_{idmax} 为 $+5~V$

左右,而横向 PNP 管的 V_{idmax} 可达 ± 30 V。

（3）3 dB 带宽

输入正弦小信号时,A_{od} 是频率的函数,随着频率的增加,A_{od} 下降。当 A_{od} 下降 3 dB 时所对应的信号频率称为 3 dB 带宽。一般运放的 3 dB 带宽为几赫兹到几千赫兹,宽带运放可达到几兆赫兹。

（4）差模输入电阻 R_{id}

$R_{\text{id}} = \dfrac{\Delta V_{\text{id}}}{\Delta I_{\text{i}}}$,是衡量差分管向输入信号源索取电流大小的标志,F007 的 R_{id} 约为 2 MΩ,用场效应管做差分输入级的运放时 R_{id} 可达 10^5 MΩ。

3. 共模特性参数

共模特性参数用来表示集成运放在共模信号作用下的传输特性,这类参数有共模抑制比、最大共模输入电压等。

（1）共模抑制比 K_{CMR}

共模抑制比的定义与差分放大电路中介绍的相同,F007 的 K_{CMR} 为 $80 \sim 86$ dB,高质量的可达 180 dB。

（2）最大共模输入电压 V_{icmax}

V_{icmax} 指运放所能承受的最大共模输入电压,电压超过一定值时,会使输入级工作不正常,因此要加以限制。F007 的 V_{icmax} 为 ± 13 V。

4. 输出瞬态特性参数

输出瞬态特性参数用来表示集成运放输出信号的瞬态特性,描述这类特性的参数主要是转换速率。

转换速率 $S_{\text{R}} = \left| \dfrac{\mathrm{d}v_{\text{o}}}{\mathrm{d}t} \right|_{\max}$ 是指运放在闭环状态下,输入为大信号（如阶跃信号）时,放大器输出电压对时间的最大变化速率。转换速率的大小与很多因素有关,其中主要与运放所加的补偿电容、运放本身各级三极管的极间电容、杂散电容,以及放大器的充电电流等因素有关。只有信号变化曲线斜率的绝对值小于 S_{R} 时,输出才能按照线性的规律变化。

S_{R} 是在大信号和高频工作时的一项重要指标,一般运放的 S_{R} 为 1 V/μs,高速运放可达 65 V/μs。

5. 电源特性参数

电源特性参数主要有静态功耗。静态功耗是指运放零输入情况下的功耗。F007 的静态功耗为 120 mW。

3.4　集成运算放大器的基本运算电路

3.4.1　理想运算放大器的特点

1. 集成运放的理想化条件

由于集成运放具有开环差模电压增益高、输入阻抗高、输出阻抗低及共模抑制比高等

特点,为了分析方便,常将它的各项指标理想化。集成运放的理想化条件为:

(1)开环差模电压增益 $A_{od}\rightarrow\infty$;

(2)差模输入电阻 $R_{id}\rightarrow\infty$;

(3)输出电阻 $R_o\rightarrow0$;

(4)共模抑制比 $K_{CMR}\rightarrow\infty$;

(5)输入失调电压 V_{OS}、输入失调电流 I_{OS} 均为零;

(6)上限频率 $f_H\rightarrow\infty$。

理想运放特性应用
(虚短与虚断)

由于实际运放的技术指标与理想运放比较接近,所以,在分析电路时,用理想运放代替实际运放一般是允许的。本书除特别指出外,均按理想运放考虑。

2.理想运放的工作特性

(1)线性区

当理想运放工作于线性区时

$$u_o=A_{od}(u_+-u_-)$$

而 $A_{od}\rightarrow\infty$,因此 $u_+-u_-=0$,即

$$u_+=u_- \tag{3-21}$$

又由差模输入电阻 $R_{id}\rightarrow\infty$ 可知,流进运放同相输入端和反相输入端的电流

$$i_+=i_-=0 \tag{3-22}$$

可见,当理想运放工作于线性区时,同相输入端与反相输入端的电位相等,流进同相输入端和反相输入端的电流为0。$u_+=u_-$ 就是指 u_+ 和 u_- 两个电位点短路,但是由于没有电流,所以称为虚短路,简称"虚短";而 $i_+=i_-=0$ 表示流过电流 i_+、i_- 的电路断开了,但是实际上没有断开,所以称为虚断路,简称"虚断"。

(2)非线性区

工作于非线性区的理想运放仍然有差模输入电阻 $R_{id}\rightarrow\infty$,因此 $i_+=i_-=0$;但由于 $u_o\neq A_{od}(u_+-u_-)$,不存在 $u_+=u_-$,由电压传输特性可知,其特点为:

当 $u_+>u_-$ 时,$u_o=U_{om}$;当 $u_+<u_-$ 时,$u_o=-U_{om}$。这里 U_{om} 或 $-U_{om}$ 为运放输出电压的正、负向饱和值。$u_+=u_-$ 为正、负两种饱和状态的转折点。

3.4.2 比例运算电路

1.反相比例运算电路

电路如图 3-17 所示,由于运放的同相输入端经电阻 R_2 接地,利用"虚断"的概念,该电阻上没有电流,所以没有电压降,就是说运放的同相输入端是接地的。利用"虚短"的概念,同相输入端与反相输入端的电位相同,所以反相输入端的电位也是地电位,由于没有实际接地,所以称为"虚地"。

利用"虚断"概念,由图 3-17 得

$$i_1=i_f$$

利用"虚地"概念,得

$$i_1=\frac{u_i-u_-}{R_1}=\frac{u_i}{R_1}$$

$$i_f=\frac{u_--u_o}{R_f}=-\frac{u_o}{R_f}$$

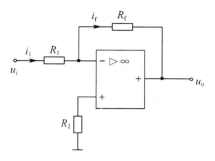

图 3-17　反相比例运算电路

最后得

$$u_o = -\frac{R_f}{R_1}u_i$$

$$A_{uf} = -\frac{R_f}{R_1} \tag{3-23}$$

式(3-23)表明,比例系数仅取决于反馈网络的电阻比 R_f/R_1,而与运放本身的参数无关,式中的负号说明输出电压与输入电压反相。当 $R_f/R_1 = 1$ 时,有

$$A_{uf} = -\frac{R_f}{R_1} = -1$$

此时的反相比例运算电路又称为反相器。

电路中同相输入端与地之间的电阻 R_2 为平衡电阻,大小为 $R_2 = R_1 /\!/ R_f$。

2. 同相比例运算电路

同相比例运算电路如图 3-18 所示。

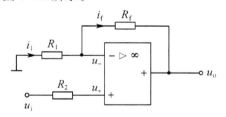

图 3-18　同相比例运算电路

利用"虚断"的概念有

$$i_1 = i_f$$

利用"虚短"的概念有

$$i_1 = \frac{0 - u_-}{R_1} = -\frac{u_i}{R_1}$$

$$i_f = \frac{u_- - u_o}{R_f} = \frac{u_i - u_o}{R_f}$$

最后得到输出电压的表达式

$$u_o = (1 + \frac{R_f}{R_1})u_i$$

电压放大倍数为
$$A_{uf} = 1 + \frac{R_f}{R_1} \tag{3-24}$$

由于这是串联反馈电路,所以输入电阻很大,理想情况下 $r_{id} \to \infty$。由于信号加在同相输入端,而反相输入端和同相输入端的电位一样,所以输入信号对于运放是共模信号,这就要求运放有好的共模抑制能力。

3. 电压跟随器

若将反馈电阻 R_f 和 R_1 去掉,则成为图 3-19 所示的电路,该电路的输出全部反馈到输入端,是电压串联负反馈。由 $R_1 = \infty$、$R_f = 0$ 可知 $u_o = u_i$,就是输出电压跟随输入电压的变化,简称电压跟随器。

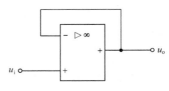

图 3-19　电压跟随器

3.4.3　加法运算电路

1. 反相加法运算电路

反相加法运算电路如图 3-20 所示。可以判别它是一个电压并联负反馈放大器。与前述电路相比,它增加了两个输入端。平衡电阻 $R_4 = R_1 \ // \ R_2 \ // \ R_3 \ // \ R_f$。

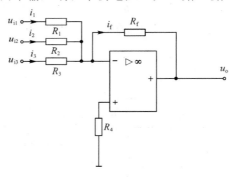

加法运算电路

图 3-20　反相加法运算电路

由图可知

$$i_1 + i_2 + i_3 = i_f$$

其中

$$i_1 = \frac{u_{i1} - u_-}{R_1} = \frac{u_{i1}}{R_1}, i_2 = \frac{u_{i2}}{R_2}, i_3 = \frac{u_{i3}}{R_3}, i_f = \frac{u_- - u_o}{R_f} = -\frac{u_o}{R_f}$$

所以有

$$u_o = -R_f \left(\frac{u_{i1}}{R_1} + \frac{u_{i2}}{R_2} + \frac{u_{i3}}{R_3} \right)$$

若 $R_1 = R_2 = R_3 = R_f = R$,则有

$$u_o = -(u_{i1} + u_{i2} + u_{i3}) \tag{3-25}$$

该电路的特点是便于调节,因为同相输入端接地,反相输入端是"虚地"。

2. 同相加法运算电路

同相加法运算电路如图 3-21 所示。可以判别它是一个电压串联负反馈放大器。与同相比例运算电路相比,它增加了一个输入端。电路中电阻 $R_1 /\!/ R_f = R_2 /\!/ R_3 /\!/ R_4$。

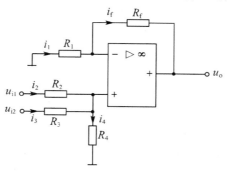

图 3-21　同相加法运算电路

由图 3-21 可知

$$i_3 + i_2 = i_4$$

而

$$i_2 = \frac{u_{i1} - u_+}{R_2},\ i_3 = \frac{u_{i2} - u_+}{R_3},\ i_4 = \frac{u_+}{R_4},\ u_- = \frac{R}{R_1 + R_f} u_o$$

整理后得

$$u_o = (1 + \frac{R_f}{R_1})(\frac{u_{i1}}{R_2} + \frac{u_{i2}}{R_3}) R_P \tag{3-26}$$

其中 $R_P = R_2 /\!/ R_3 /\!/ R_4$。

☺　**小知识**　此电路中的 u_+ 用节点电压法、叠加定理求解时,同样可得上述结论。

3.4.4　减法运算电路

利用差分放大电路实现减法运算的电路如图 3-22 所示。

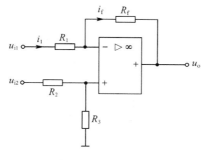

图 3-22　减法运算电路

由图有

$$\frac{u_{i1} - u_-}{R_1} = \frac{u_- - u_o}{R_f}$$

$$\frac{u_{i2} - u_+}{R_2} = \frac{u_+}{R_3}$$

由于 $u_- = u_+$,所以

$$u_o = (1 + \frac{R_f}{R_1})(\frac{R_3}{R_2 + R_3}) u_{i2} - \frac{R_f}{R_1} u_{i1} \tag{3-27}$$

当 $R_1 = R_2, R_3 = R_f$ 时 $\qquad u_o = \dfrac{R_f}{R_1}(u_{i2} - u_{i1})$ $\qquad\qquad$ (3-28)

当 $R_1 = R_2 = R_3 = R_f$ 时 $\qquad u_o = u_{i2} - u_{i1}$ $\qquad\qquad$ (3-29)

可见此电路实现了减法运算。

例 3-1 已知图 3-23 所示电路中，$u_i = -2$ V，$R_f = 2R_1$，试求 u_o。

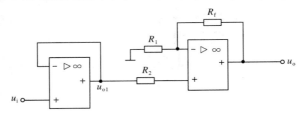

图 3-23　例 3-1 电路

解　此电路为两级运放的串联形式，可以每级单独计算。

第 1 级为电压跟随器，$u_{o1} = u_i = -2$ V。

第 2 级为同相比例运算电路，其输入电压为 u_{o1}，因此

$$u_o = (1 + \frac{R_f}{R_1})u_i = (1 + \frac{R_f}{R_1})u_{o1} = (1 + \frac{2R_1}{R_1})(-2) = -6 \text{ V}$$

3.4.5　积分运算电路与微分运算电路

1. 积分运算电路

如图 3-24 所示为反相积分运算电路，与反相比例运算电路相比，接在输出端与反相输入端之间的反馈电阻 R_f 用电容 C 代替。

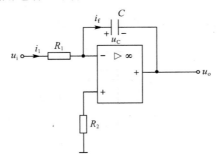

图 3-24　反相积分运算电路

根据"虚地"概念，有 $i_1 = i_f = \dfrac{u_i}{R_1}$，按电路图所示参考方向

$$u_o = -u_C = -\frac{1}{C}\int i_f \mathrm{d}t = -\frac{1}{R_1 C}\int u_i \mathrm{d}t \qquad\qquad (3\text{-}30)$$

式(3-30)表明，电路实现了积分运算功能，式中负号表示反相，$R_1 C$ 为积分时间常数。

当输入电压 u_i 为如图 3-25(a)所示的阶跃电压时，则

$$u_o = -\frac{U_i}{R_1 C}t$$

输出波形如图 3-25(b)所示，即随着时间延长，u_o 最后将达到负向饱和值。这时运放

已经不能正常工作了。

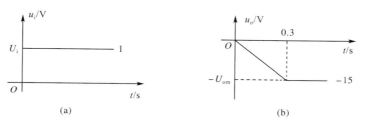

图 3-25　反相积分运算电路 u_i 及 u_o 波形

2.微分运算电路

如图 3-26 所示为反相微分运算电路。微分运算是积分运算的逆运算,在电路结构上只要将反馈电容与输入端电阻的位置互换即可。

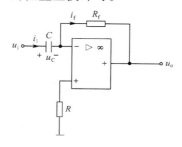

图 3-26　反相微分运算电路

由图可知

$$i_1 = i_f = -\frac{u_o}{R_f} = C\frac{\mathrm{d}u_c}{\mathrm{d}t}$$

而 $u_c = u_i$,所以

$$u_o = -R_f C\frac{\mathrm{d}u_i}{\mathrm{d}t} \qquad (3\text{-}31)$$

即输出电压与输入电压的变化率成正比。此电路工作稳定性较差,所以很少使用。

思考题

1.理想运放的主要条件有哪些?

2.什么是"虚短""虚断""虚地"? 同相输入电路是否存在"虚地"?

3.理想运放工作在线性区或非线性区时,各有什么特点?

4.画出集成运放实现加法、减法、积分、微分运算的基本电路,写出对应的运算关系式。

3.5 正弦波振荡器

3.5.1 自激振荡

1.自激振荡条件

一个放大器的输入端不接外界输入信号,而在输出端却能获得幅度较大的正弦或非正弦的振荡信号,这种现象称为放大器的自激振荡。正常情况下,放大电路用来放大输入信号,要消除自激振荡,而波形产生电路则利用自激振荡产生输出信号。

用图 3-27 的正反馈放大器框图来讨论正弦波振荡器的振荡条件。

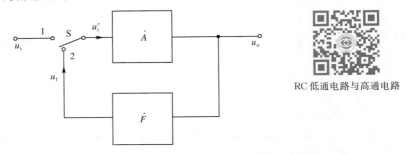

RC 低通电路与高通电路

图 3-27　正反馈放大器框图

图 3-27 中 $\dot{A}$ 是放大电路的电压放大倍数, $\dot{F}$ 是反馈电路的反馈系数。当开关 S 在 "1"端时,放大电路加入输入信号,该信号经放大后输出。若将输出信号的一部分通过反馈电路反馈至输入端,而反馈电压的大小和相位又与原有输入信号完全一致,则当开关 S 由"1"端拨至"2"端时,反馈放大器就成为一个自激振荡器。振荡器稳定持续的振荡输出信号是由它本身反馈至输入端而得以维持的。

振荡电路的自激振荡条件包含幅值平衡和相位平衡两个条件。

(1)幅值平衡条件

$$|\dot{A}\dot{F}|=1 \tag{3-32}$$

指出放大倍数和反馈系数的乘积的模等于1。

(2)相位平衡条件

$$\varphi_A+\varphi_B=2n\pi \tag{3-33}$$

指出放大电路的相位移与反馈电路的相位移之和等于 $2n\pi$,其中 n 为整数。

2. 自激振荡的建立过程

按图 3-27 分析,振荡器的输入应先由外来信号激励,经放大、正反馈后替代外来信号。实际的正弦波振荡器在其接通电源瞬间,其输入端接收了含有各种频率分量的电冲击。当其中某一频率 f_0 分量满足振荡条件时, f_0 分量的信号经放大、正反馈,再放大、正反馈……不断地增幅,这就是振荡器的 $|\dot{A}\dot{F}|$ 自激起振过程。如果振荡器的 $|\dot{A}\dot{F}|$ 始终为 1,输出信号就不可能逐步增大,因此振荡器必须在起振过程中满足一个条件,即 $|\dot{A}\dot{F}|>1$ 。

3.5.2　变压器反馈式LC振荡电路

如图 3-28 所示是变压器反馈式 LC 振荡电路,它由放大电路、变压器反馈电路和 LC 选频电路三部分组成。电路中三个线圈做变压器耦合,线圈 L_1 与电容 C 组成选频电路, L_2 是反馈线圈, L_3 线圈与负载相连。

由图 3-28 可以看出,集电极输出信号与基极信号的相位差为 180°,通过变压器的适当连线,从 L_2 两端引回的交流电压又产生 180°的相位移,所以满足相位条件。当产生并联谐振时,谐振频率为

$$f_0 = \frac{1}{2\pi \sqrt{LC}} \qquad (3-34)$$

当振荡电路接通电源时,在集电极选频电路中激起一个很小的电流变化信号,只有频率与谐振频率 f_0 相同的那部分电流变化信号能通过,其他分量都被阻止,通过的信号经反馈、放大再通过选频电路,就可以产生振荡。当改变 LC 电路的参数 L 或 C 时,振荡频率也相应地改变。

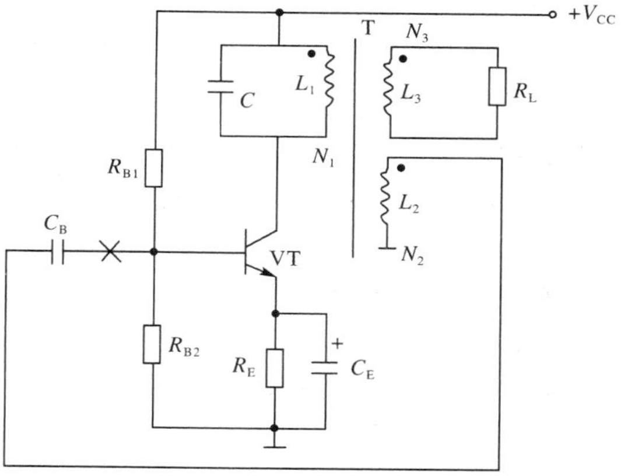

3.5.3 RC 振荡电路

1.RC 串、并联网络的选频特性

图 3-28 变压器反馈式 LC 振荡电路

可以证明,当 RC 串、并联网络中的 $R = \frac{1}{\omega C}$ 时,即 $f = \frac{1}{2\pi RC}$ 时,$\dot{U}_f$ 与 $\dot{U}_o$ 同相,且 $U_f = \frac{1}{3} U_o$。工程上用频率特性来表征选频网络的选频性能,图 3-29(b)就是图 3-29(a)中 RC 串、并联网络的频率特性。$f = f_0$ 处,幅频特性显示 $\left| \frac{\dot{U}_f}{\dot{U}_o} \right| = \frac{1}{3}$,即反馈系数 $|\dot{F}| = \frac{1}{3}$;相频特性显示 $\varphi = 0$,表示 $\dot{U}_f$ 与 $\dot{U}_o$ 同相。

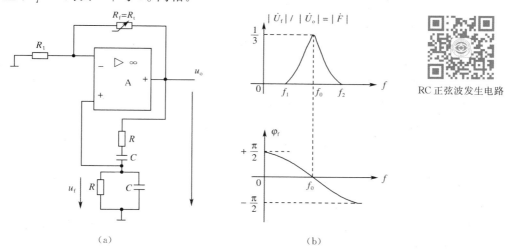

RC 正弦波发生电路

(a) (b)

图 3-29 桥式 RC 正弦波振荡电路

由频率特性可知,只有当频率为 f_0 时,才有以上特点,当 $f_1 < f_0 < f_2$ 时,偏离 f_0 后幅值之比明显下降,而且产生相位移。RC 网络($R = \frac{1}{\omega C}$)具有选频特性,称为选频网络。

2.桥式 RC 正弦波振荡电路

如图 3-29(a)所示为由运放组成的桥式 RC 正弦波振荡电路。

(1)电路构成及特点

A 为同相比例放大器,RC 串、并联网络既是选频电路又是反馈电路,它将输出电压在 RC 并联电路上的分压 U_f 反馈到放大器的同相输入端而起正反馈作用。放大电路中的反馈电阻 $R_f = R_1$ 是一个稳幅环节,能自动地改变同相比例系数,而使 $|\dot{A}\dot{F}|$ 由大于 1 自动趋近于 1,保证振荡器的稳定输出。

RC 串、并联网络和 R_1 及 R_f 构成电桥的四臂,放大电路的输出端接在电桥的对角上,而电桥的另一对角分别接放大电路的同相和反相输入端,故名桥式 RC 正弦波振荡器。

(2)选频特性

RC 正弦波振荡电路中的选频网络就是 RC 串、并联网络,所以该电路的振荡频率为

$$f = f_0 = \frac{1}{2\pi RC} \tag{3-35}$$

$\dot{U}_f$ 与 $\dot{U}_o$ 同相,$f = f_0$ 处,幅频特性显示 $\dfrac{|\dot{U}_f|}{|\dot{U}_o|} = \dfrac{1}{3}$,即反馈系数 $|\dot{F}| = \dfrac{1}{3}$,所以 $A = 3$。

3.5.4 石英晶体振荡器简介

1.石英晶体的特性、符号及等效电路

石英晶体振荡电路

(1)石英晶体的特性、压电效应

石英晶体是二氧化硅结晶体,具有各向异性的物理特性。从石英晶体上按一定方位切割下来的薄片叫石英晶片,不同切向的晶片其特性不同。将晶片装在支架上,经引线、封装,做成实用的石英晶体元件。

石英晶体谐振器是基于压电效应而工作的。若在晶片两面施加机械力,沿受力方向将产生电场,晶片两面产生异种电荷,这种现象称为正压电效应;若在晶片两面施加电场,晶片会产生机械变形,这种现象称为逆压电效应。实际上,正压电效应和逆压电效应同时存在,即电场产生机械变形,机械变形也产生电场,两者互相限制,最后达到平衡状态。

在石英谐振器两极板上加交变电压,晶片将随交变电压产生周期性的机械振荡,当交变电压频率与晶片固有谐振频率相等时,振荡电流最大,这种现象称为压电谐振。

(2)石英晶体的电路符号、等效电路

石英晶体的电路符号如图 3-30(a)所示,等效电路如图 3-30(b)所示,图 3-30(c)是石英晶体谐振器忽略 R 后的电抗频率特性。

由等效电路可见,石英晶体谐振器有两个谐振频率。当 RLC 串联支路发生谐振时,它的等效阻抗最小,串联谐振频率为

$$f_s = \frac{1}{2\pi LC} \tag{3-36}$$

当频率高于 f_s 时,RLC 支路呈感性,可与电容 C_0 发生并联谐振,并联谐振频率为

$$f_P = f_s \sqrt{1 + \frac{C}{C_0}} \tag{3-37}$$

通常 C_0 远大于 C,比较以上两式可见,两个谐振频率非常接近,且 f_P 稍大于 f_s。

由图 3-30(c)可知,频率很低时,两个支路的容抗起主要作用,电路呈容性;随着频率增大,容抗减小;当 $f = f_s$ 时,LC 串联谐振,阻抗最小,呈电阻性;当 $f > f_s$ 时,LC 支路电

感起主要作用,呈感性;当 $f = f_P$ 时,并联谐振,阻抗最大且呈纯电阻性;当 $f > f_P$ 时,C_0 支路起主要作用,电路又呈容性。石英晶体振荡器的振荡频率稳定性很高。

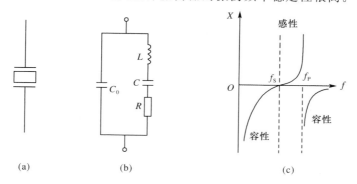

图 3-30   石英晶体的电路符号、等效电路和电抗频率特性

2. 石英晶体振荡器的类型

石英晶体振荡器简称晶振,按电路类型可分为两种:

(1)并联型晶振;

(2)串联型晶振。

思考题

1. 自激振荡的平衡条件是什么?

2. 什么是振荡器的起振条件?

3. 桥式振荡器的起振条件是什么?

3.6 非正弦波振荡器

3.6.1 电压比较器

电压比较器(简称比较器)的功能是比较两个电压的大小。比较器中的运放都在开环或正反馈情况下工作。电压比较器有两个输入电压,一个是参考电压,用 U_R 表示,另一个就是被比较的输入信号电压 u_i。当 u_i 与 U_R 进行比较时,比较器的输出有两个稳定状态:

当 u_i 与 U_R 的比较结果导致 $u_+ > u_-$ 时,比较器的输出为正向饱和值,称为高电平,用 $+U_{om}$ 表示(或用 U_{OH} 表示)。

当 u_i 与 U_R 的比较结果导致 $u_+ < u_-$ 时,比较器的输出为负向饱和值,称为低电平,用 $-U_{om}$ 表示(或用 U_{OL} 表示)。

比较器的输出处于上述两个稳定状态时,运放工作在非线性区,此时分析运放在线性区工作时的概念已不再适用。分析比较器的关键是找出比较器输出发生跃变时的门限电压。门限电压是指 u_i 与 U_R 在比较时,使比较器的 $u_+ = u_-$ 从而使比较器输出发生跃变时的 u_i 值。门限电压用 U_T 表示。

过零电压比较器

迟滞电压比较器

1. 单限比较器

如图 3-31(a)所示是一个简单的单限比较器。图中运放的同相输入端接参考电压 U_R，被比较信号由反相输入端输入。集成运放处于开环状态。由图可见，当 $u_i = U_R$ 时，$u_+ = u_-$，所以门限电压 $U_T = U_R$，此时比较器的输出电压发生跃变。

当 $u_i > U_T$ 时，$u_+ < u_-$，$u_o = -U_{om}$；

当 $u_i < U_T$ 时，$u_+ > u_-$，$u_o = +U_{om}$。

根据以上分析，可做出其传输特性曲线如图 3-31(b)所示。

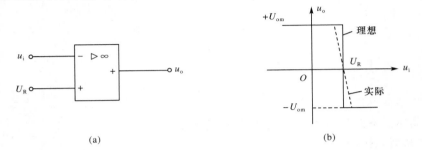

(a)   (b)

图 3-31 单限比较器

作为特殊情况，若 $U_R = 0$，即参考电压为零，门限电压也为零，这时的比较器称为过零比较器。

单限比较器的缺点：其一，当集成运放的开环放大倍数不是非常大时，其传输特性曲线见图 3-31(b)，高低电平转换部分的斜率减小；其二，这种比较器抗干扰能力差。

2. 迟滞比较器

如图 3-32(a)所示为迟滞比较器，输入电压 u_i 加在反相输入端，参考电压 U_R 加在同相输入端，图中 DZ 是一对反向串联的稳压管，其在两个方向的稳压值 U_{DZ} 相等，都等于一个稳压管的稳压值加上另一个稳压管的导通电压，这样，便把比较器的输出电压钳位在 $\pm U_{DZ}$ 值。

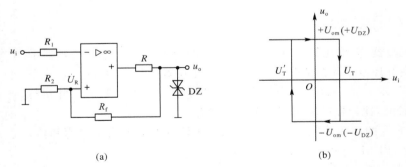

(a)   (b)

图 3-32 迟滞比较器

当输出电压为正最大值 $+U_{DZ}$ 时，同相输入端电压为

$$u_+ = \frac{R_2}{R_2 + R_f}(+U_{DZ})$$

当 $u_i = u_+ = \dfrac{R_2}{R_2 + R_f}(+U_{DZ})$ 时，$u_+ = u_-$，电路输出在此瞬间反转，因此门限电压为

$$U_T = u_+ = \frac{R_2}{R_2 + R_f}(+U_{DZ})$$

当 $u_i < U_T$ 时，$u_+ > u_-$，输出电压保持 $+U_{DZ}$ 不变。一旦 u_i 从小逐渐增大到刚刚大于 U_T，则输出电压迅速从 $+U_{DZ}$ 跃变到 $-U_{DZ}$。

当输出电压为负最大值 $-U_{DZ}$ 时，同相输入端电压为

$$u_+ = \frac{R_2}{R_2 + R_f}(-U_{DZ})$$

当 $u_+ = \frac{R_2}{R_2 + R_f}(-U_{DZ})$ 时，$u_+ = u_-$，电路输出在此瞬间反转，因此门限电压为

$$U_T' = u_+ = \frac{R_2}{R_2 + R_f}(-U_{DZ})$$

当 $u_i > U_T'$ 时，$u_+ < u_-$，输出电压保持 $-U_{DZ}$ 不变。一旦 u_i 从大逐渐减小到刚刚小于 U_T'，则输出电压迅速从 $-U_{DZ}$ 跃变到 $+U_{DZ}$。

可见此电路有两个门限值，其中 U_T 是输出电压从正最大值到负最大值跃变时的门限电压，而 U_T' 是输出电压从负最大值到正最大值跃变时的门限电压。这使比较器的传输特性曲线具有迟滞回线的形状，见图 3-32(b)。我们将这两个门限电压之差称为回差。显然，改变 R_2 的值可以改变回差的大小。

> ☺ 小知识　迟滞比较器的两个门限电压不一定是大小相等、符号相反的一对值。只要改变参考电压 U_R 的值，迟滞回线可沿横轴平移。

3.6.2　矩形波发生器

1. 电路结构

矩形波发生电路

如图 3-33(a)所示为矩形波发生器，它是在迟滞比较器的基础上增加了一条 RC 负反馈支路。其中 R_f 和 C 构成负反馈支路，R_1 和 R_2 组成正反馈支路，R_3 为限流电阻。电容 C 的端电压 u_C 为运放的反相输入端电压，而同相输入端电压(比较器的参考电压 U_R)为电阻 R_2 的端电压 U_{R2}。输出电压 u_o 的极性变化则由 u_C 与 U_R 比较后的结果来决定。

2. 工作原理

设通电后，运放输出电压为正值 $+U_{DZ}$，则门限电压为

$$U_{T+} = U_{R2} = \frac{R_2}{R_1 + R_2}(+U_{DZ})$$

此时 $u_C < U_{T+}$，u_o 经 R_f 向 C 充电，充电电流方向如图 3-33(a)中实线所示，u_C 按指数规律增大。充电期间，只要 $u_C < U_{T+}$，输出电压就保持 $+U_{DZ}$ 不变。当 $u_C = U_{T+}$ 时，输出电压便开始翻转，由 $+U_{DZ}$ 跃变为 $-U_{DZ}$，由于正反馈的存在，翻转过程非常迅速且翻转后得以保持。与此对应，U_{R2} 也变为负值 U_{T-}，即门限电压为

$$U_{T-} = U_{R2} = \frac{R_2}{R_1 + R_2}(-U_{DZ})$$

由于输出为负值，电容 C 通过 R_f 放电，放电电流方向如图 3-33(a)中虚线所示，u_C 按指数规律减小。放电期间，只要 $u_C > U_{T-}$，输出电压就保持 $-U_{DZ}$ 不变。当 $u_C = U_{T-}$ 时，输出电压又开始翻转，由 $-U_{DZ}$ 跃变为 $+U_{DZ}$，此后电容又充电，到 $u_C = U_{T+}$ 时，输出电压

再一次翻转。这样,电容反复充电、放电,其端电压 u_C 在 $\dfrac{R_2}{R_1+R_2}(+U_{DZ})$ 与 $\dfrac{R_2}{R_1+R_2}(-U_{DZ})$ 之间来回渐变,形成三角波电压;而比较器的输出电压 u_o 在 $+U_{DZ}$ 与 $-U_{DZ}$ 两值间来回翻转,形成矩形波电压,如图 3-33(b)所示。

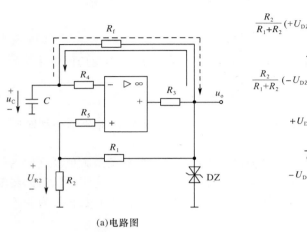

(a)电路图

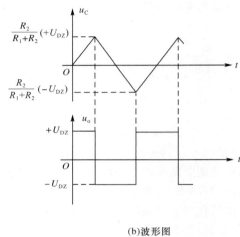

(b)波形图

图 3-33　矩形波发生器

3. 矩形波的周期和频率

可以证明,矩形波的周期为

$$T = 2R_fC\ln\left(1 + 2\,\frac{R_2}{R_1}\right)$$

矩形波的频率为

$$f = \frac{1}{T} = \frac{1}{2R_fC\ln\left(1 + 2\,\dfrac{R_2}{R_1}\right)}$$

可见,矩形波的频率和周期只与 R_fC 及 R_2/R_1 有关,而与输出电压幅度无关。通常用调节 R_f 的方法来改变频率和周期。

思考题

1. 电压比较器工作在哪种反馈状态?
2. 为什么迟滞比较器抗干扰能力强?
3. 桥式振荡器的起振条件是什么?

3.7 工程应用——正弦波发生器的设计与制作

3.7.1 设计制作要求

1.利用集成运放制作一个 RC 低频正弦波发生器。

2.输出信号频率为 10 Hz～100 kHz。

3.输出信号电压幅度可调。

3.7.2 单元电路设计原理

采用集成运放构成正弦波发生器的电路原理图如图 3-34 所示,电路中使用 TL082 集成运算放大器。

该信号发生器由两级构成。第一级是一个 RC 文氏桥式振荡电路,通过双刀四掷开关 S 切换电容完成信号频率的粗调,每挡频率相差 10 倍。通过双联电位器 RP_1 完成信号频率的细调,在该挡频率范围内频率连续可调。RP_2 是一个多圈电位器,调节它可以改善波形失真,若将 R_4 改为 3 kΩ,则调节 RP_2 时,将看到 RC 文氏桥式振荡电路的起振条件和对波形失真的改善过程(想一想为什么)。

电路的第二级是一个反相比例放大电路,调节 RP_3 可改变输出信号的幅度,本级的电压放大倍数最大为 5 倍,最小可调节到 1 倍,调节 RP_3 将会明显看到正弦波信号从无到有幅度逐渐增大的情况。

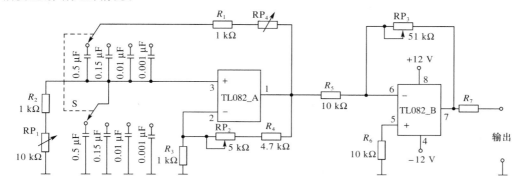

图 3-34　正弦波发生器电路原理图

RC 文氏桥式振荡电路的振荡频率由公式 $f_0 = \dfrac{1}{2\pi RC}$ 决定。通过计算可知,这个电路可以产生的信号频率范围是 10 Hz～100 kHz(请读者自行计算验证)。

3.7.3 电路的安装制作

在装配元器件时应注意以下事项:

1.确保双刀四掷开关上的各个引脚与 RC 串并联网络中的电容之间的连接正确。

2.正确识别集成运放的引脚,TL082是高速精密双运放,采用双列直插式封装,其表面的圆点标志为1号引脚,引脚号按逆时针排序。

3.直流稳压电源与信号发生器电路板之间要用3根导线进行连接,保证12 V直流电压供电。

3.7.4 电路的调试

电路装配完成并检查无误后即可进行调试。首先将直流电源与电路板连接,用万用表分别测量集成运放 TL082 的 8 脚和 4 脚对地有无 12 V 直流电压,若电压正常,则可以将信号发生器的输出端连接到示波器,选择好示波器的频率和幅度范围,再仔细调节 RP$_2$,即可看到正弦波的波形,要将此正弦波的失真调至最小,方法如下:

转动双刀四掷开关,信号频率应有明显变化(此时注意调节示波器的扫描时间),再仔细调节多圈电位器 RP$_2$,保证在任一频段上都有基本不失真的正弦波输出。在每个频段调节 RP$_1$ 时,可以看到信号频率的缓慢变化,调节 RP$_3$ 可以明显看到信号幅度的变化,若幅度增大时有信号失真,则应仔细调节 RP$_2$,直至信号不失真。

本 章 小 结

1.输入引起的输出通过某种途径返回输入端,此过程称为反馈。反馈放大器的性能取决于反馈的方式。负反馈在减小增益的同时提高了增益的稳定性。

2.不同类型的反馈对放大电路产生的影响不同,电压负反馈使输出电压保持稳定,因而减小了输出电阻;电流负反馈稳定了输出电流,因而增大了输出电阻;串联负反馈增大了输入电阻;并联负反馈减小了输入电阻;直流负反馈具有稳定静态工作点的作用。

3.直接耦合放大电路的主要问题是零点漂移,差分放大电路利用对称的电路结构抑制零点漂移。

4.分析理想运放时主要运用"虚断"和"虚短"两个基本概念,具体分析了比例、加法、减法、微分、积分运算电路。

5.正弦波振荡器的主要问题是确定自激振荡条件,介绍了 RC 振荡器和 LC 振荡器。

6.非正弦波振荡器中,介绍了单限比较器、迟滞比较器及其原理和应用,以及矩形波发生器。

自我检测题

一、填空题

1.在深度负反馈放大电路中,净输入信号约为_____,_____约等于输入信号。

2.将_____信号的一部分或全部通过某种电路_____端的过程称为反馈。

3.负反馈放大电路中,若反馈信号取样于输出电压,则引入的是_____反馈;若反馈信号取样于输出电流,则引入的是_____反馈;若反馈信号与输入信号以电压方式进行比较,则引入的是_____反馈;若反馈信号与输入信号以电流方式进行比较,则引入的是_____反馈。

4.引入_____反馈可增大电路的增益,引入_____反馈可提高电路增益的稳定性。

5._____反馈主要用于振荡电路中,_____反馈主要用于改善放大电路的性能。

6.电压负反馈能稳定输出_____,电流负反馈能稳定输出_____。

7.负反馈对输出电阻的影响取决于_____端的反馈类型,电压负反馈能够_____输出电阻,电流负反馈能够_____输出电阻。

8.负反馈虽然使放大器的增益减小,但能_____增益的稳定性,_____通频带,_____非线性失真,_____放大器的输入、输出电阻。

9.题图 3-1 所示电路中集成运放是理想的,其最大输出电压幅度为 ±14 V。由图可知:电路引入了_____(填入反馈组态)交流负反馈,电路的输入电阻趋近于_____,电压放大倍数 $A_{uf}=u_O/u_1=$_____。设 $u_1=1$ V,则 $u_O=$_____V;若 R_1 开路,则 u_O 变为_____V;若 R_1 短路,则 u_O 变为_____V;若 R_2 开路,则 u_O 变为_____V;若 R_2 短路,则 u_O 变为_____V。

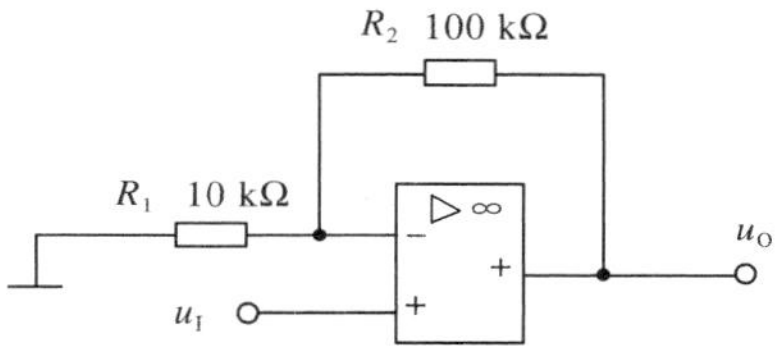

题图 3-1

10.某负反馈放大电路的闭环增益为 40 dB,当基本放大器的增益变化 10% 时,反馈放大器的闭环增益相应变化 1%,则电路原来的开环增益为_____。

11.负反馈对输入电阻的影响取决于_____端的反馈类型,串联负反馈能够_____输入电阻,并联负反馈能够_____输入电阻。

12.串联负反馈在信号源内阻_____时反馈效果显著;并联负反馈在信号源内阻_____时反馈效果显著。

13.在深度负反馈放大电路中,基本放大电路的两个输入端具有_____和_____的特点。

14.为提高放大电路的输入电阻,应引入交流_____反馈_____,为提高放大电路的输出电阻,应引入交流_____反馈_____。

15.理想集成运放的开环差模电压增益为_____,差模输入电阻为_____,输出电阻为_____,共模抑制比为_____,输入失调电压、输入失调电流以及它们的温度系数均为_____。

16.在具有发射极电阻 R_E 的典型差分放大电路中,负电源($-V_{EE}$)的作用是补偿 R_E 两端的_____,使电路获得_____。

二、选择题

1.为了抑制零漂,应引入(　　)负反馈。

A.直流　　　　B.交流　　　　C.串联　　　　D.并联

2.理想集成运放具有以下特点:(　　　)。

A.开环差模电压增益 $A_{od}=\infty$,差模输入电阻 $R_{id}=\infty$,输出电阻 $R_o=\infty$

B.开环差模电压增益 $A_{od}=\infty$,差模输入电阻 $R_{id}=\infty$,输出电阻 $R_o=0$

C.开环差模电压增益 $A_{od}=0$,差模输入电阻 $R_{id}=\infty$,输出电阻 $R_o=\infty$

D.开环差模电压增益 $A_{od}=0$,差模输入电阻 $R_{id}=\infty$,输出电阻 $R_o=0$

3.交流负反馈是指(　　　)。

A.只存在于阻容耦合电路中的负反馈

B.交流通路中的负反馈

C.放大正弦波信号时才有的负反馈

D.变压器耦合电路中的负反馈

4.为了稳定放大倍数,应引入(　　　)负反馈。

A.直流　　　　　B.交流　　　　　C.串联　　　　　D.并联

5.放大电路引入负反馈是为了(　　　)。

A.提高放大倍数　　　　　　　　　B.稳定输出电流

C.稳定输出电压　　　　　　　　　D.改善放大电路的性能

6.深度负反馈的条件是(　　　)。

A.$1+AF\ll1$　　　B.$1+AF\gg1$　　　C.$1+AF\ll0$　　　D.$1+AF\gg0$

7.为了减小放大电路从信号源索取的电流并提高带负载能力,应引入(　　　)负反馈。

A.电压串联　　　　B.电压并联　　　　C.电流串联　　　　D.电流并联

8.欲将正弦波电压叠加上一个直流量,应选用(　　　)运算电路。

A.比例　　　　　B.加减　　　　　C.积分　　　　　D.微分

9.集成运放存在失调电压和失调电流,所以在小信号高精度直流放大电路中必须进行(　　　)。

A.虚地　　　　　B.虚短　　　　　C.虚断　　　　　D.调零

10.深度电流串联负反馈放大器相当于一个(　　　)。

A.压控电压源　　　　　　　　　　B.压控电流源

C.流控电压源　　　　　　　　　　D.流控电流源

11.(　　　)运算电路可实现函数 $Y=aX_1+bX_2+cX_3$,a、b 和 c 均小于零。

A.同相比例　　　　B.反向比例　　　　C.同相求和　　　　D.反向求和

12.负反馈能抑制(　　　)。

A.输入信号所包含的干扰和噪声　　　B.反馈环内的干扰和噪声

C.反馈环外的干扰和噪声　　　　　　D.输出信号中的干扰和噪声

13.对于放大电路,所谓开环是指(　　　)。

A.无信号源　　　　B.无反馈通路　　　　C.无电源　　　　D.无负载

14.为了将输入电流转换成与之成比例的输出电压,应引入深度(　　　)负反馈。

A.电压串联　　　　B.电压并联　　　　C.电流串联　　　　D.电流并联

15.欲将方波电压转换成尖脉冲电压,应选用(　　　)运算电路。

A.比例　　　　　B.加减　　　　　C.积分　　　　　D.微分

16.用恒流源取代长尾式差分放大电路中的发射极电阻 R_E,将使单端电路的( )。

A.差模放大倍数数值增大　　　　　B.抑制共模信号能力增强

C.差模输入电阻阻值增大　　　　　D.以上各项都不是

三、判断题

1.某比例运算电路的输出始终只有半周期波形,但元器件未损坏,这可能是由运放的电源接法不正确引起的。 （ ）

2.深度负反馈放大电路中,由于开环增益很大,所以在高频段因附加相移变成正反馈时容易产生高频自激。 （ ）

3.运算电路中一般应引入正反馈。 （ ）

4.某学生做放大电路实验时发现输出波形有非线性失真,后引入负反馈,发现失真被消除了,这是因为负反馈能消除非线性失真。 （ ）

5.在放大电路中引入反馈,可使其性能得到改善。 （ ）

6.在运算电路中,集成运放的反相输入端均为"虚地"。 （ ）

7.引入负反馈可以消除输入信号中的失真。 （ ）

8.可以利用运放构成积分电路将三角波变换为方波。 （ ）

9.负反馈放大电路的闭环增益可以利用"虚短"和"虚断"的概念求出。 （ ）

10.反馈放大电路基本关系式 $A_f = \dfrac{A}{1+AF}$ 中的 A、A_f 指电压放大倍数。 （ ）

11.放大电路的级数越多,引入的负反馈越强,电路的放大倍数也就越稳定。 （ ）

12.从结构上看,正弦波振荡电路是一个没有输入信号的带选频网络的正反馈放大电路。 （ ）

四、分析计算题

1.设题图 3-2 中各运放均为理想器件,试写出各电路的电压放大倍数 A_{uf} 的表达式。

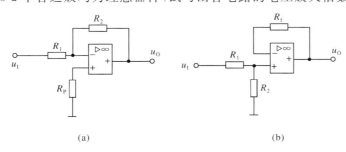

(a)　　　　　　　　　　　　　　(b)

题图 3-2

2.题图 3-3 所示电路的电压放大倍数可由开关 S 控制,设运放为理想器件,试分别求出开关 S 闭合和断开时的电压放大倍数 A_{uf}。

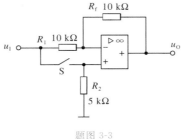

题图 3-3

3.题图 3-4 所示电路中运放为理想器件,试求输出电压 U_O 的值,并估算平衡电阻 R_P 的阻值。

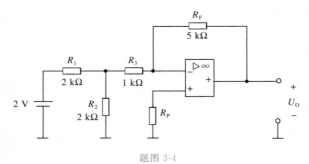

题图 3-4

4.题图 3-5 所示电路为一电压测量电路,电阻 r_i 为表头内阻,已知表头流过 $100\ \mu A$ 电流时指针满刻度偏转,现要求该电路输入电压 $u_i = 10\ V$ 时指针满刻度偏转,则电阻 R 的取值应为多少?

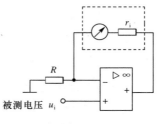

题图 3-5

5.电路如题图 3-6 所示。设运放具有理想特性,且已知其最大输出电压为 $\pm 15\ V$,当将 m、n 两点接通时,$V_I = 1\ V$,$V_O =$ _____ V;当 m 点接地时,$V_I = -1\ V$,$V_O =$ _____ V。

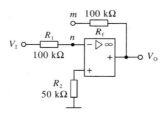

题图 3-6

6.画出实现如下运算的运算放大器,确定各电阻之间的关系。

(1)$U_O = -3U_I$;

(2)$U_O = U_{I2} - U_{I1}$。

直流稳压电源

第4章

本 章 导 读

电子电路通常需要直流电源供电。在小功率的场合,可将电池作为直流电源。但是更多的电子及电气设备,都是将 220 V 交流电源(称市电)转换成直流电而工作的。本章主要讨论以下内容:

1. 直流稳压电源的基本电路及其工作原理。
2. 集成稳压器的特点、性能指标及其应用电路。
3. 开关型稳压电路。
4. 稳压电源的实际应用。

4.1 直流稳压电源的组成

直流稳压电源一般由电源变压器、整流电路、滤波电路和稳压电路等构成,如图 4-1 所示。电源变压器将交流电网 220 V 的电压 u_1 变成所需的交流电压 u_2,整流电路将交流电压 u_2 变成单向脉动电压 u_{L1}。由于 u_{L1} 含有较大的脉动成分(称为纹波),需要通过滤波电路加以滤除,得到比较平滑的整流电压 u_{L2}。考虑到电网电压的波动、负载变化、环境温度的影响将使滤波后的电压发生变化,在滤波后还要经稳压电路,使输出直流电压 U_O 保持稳定。

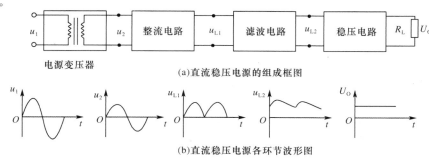

(a)直流稳压电源的组成框图

(b)直流稳压电源各环节波形图

图 4-1　直流稳压电源的构成和各环节波形

4.2 整流电路

利用二极管的单向导电性,将交流电变成单向脉动直流电的电路,称为整流电路。根据交流电的相数,整流电路分为单相整流电路、三相整流电路等。在小功率电路(功率在 1 kVA 以下)中一般采用单相整流电路。常见的单相整流电路有半波、全波和桥式整流三种。

为简化分析,假设二极管为理想器件,即当二极管承受正向电压时,可视其为短路;当二极管承受反向电压时,可视其为开路。

4.2.1 单相半波整流电路

1.电路组成及工作原理

单相半波整流电路由二极管 VD、单相变压器 Tr 和负载 R_L 组成,如图 4-2(a)所示。VD 为整流二极管,是电路的核心元件,R_L 为纯电阻负载。当 u_2 为正半周时,即变压器次级上正下负,二极管 VD 正偏导通,其两端电压 $u_D=0$,输出电压 $u_L=u_2$,通过负载的电流 $i_L=u_L/R_L$;当 u_2 为负半周时,即变压器次级上负下正,二极管 VD 反偏截止,负载上几乎没有电流,负载上电压 $u_L=0$。

图 4-2(b)为波形图。由此可见,在交流电压 u_2 变化一个周期时,负载 R_L 上得到单相脉动电压。

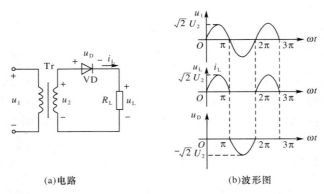

(a)电路　　　　　　　　(b)波形图

图 4-2　单相半波整流电路

2.主要参数

若变压器次级电压 $u_2=\sqrt{2}U_2\sin\omega t$,其中 U_2 为有效值,半波整流电路的输出电压

$$u_L=\begin{cases}\sqrt{2}U_2\sin\omega t, & 2n\pi\leqslant\omega t\leqslant(2n+1)\pi \\ 0, & (2n+1)\pi\leqslant\omega t\leqslant(2n+2)\pi\end{cases} \tag{4-1}$$

式中,$n=0,1,2,3\cdots\cdots$

(1)整流输出电压的平均值 $U_{L(AV)}$

整流输出的电压和电流是用一个周期内的平均值表示的。把式(4-1)按傅立叶级数

展开,可求得半波整流电路的直流分量(平均值)为

$$U_{L(AV)}=\sqrt{2}U_2/\pi\approx0.45U_2 \tag{4-2}$$

（2）纹波系数 K_γ

这是描述整流输出电压 u_L 脉动情况的指标,它的定义为 u_L 的交流分量总的有效值 $U_{L\gamma}$ 与直流分量(平均值)$U_{L(AV)}$ 之比。由式(4-1)、式(4-2)可求得半波整流电路的纹波系数

$$K_\gamma=U_{L\gamma}/U_{L(AV)}\approx1.21 \tag{4-3}$$

$K_\gamma>1$,表明半波整流电路输出电压的脉动成分大(比直流分量还大)。

（3）二极管的正向平均电流 $I_{D(AV)}$

$I_{D(AV)}$ 指一个周期内通过二极管的平均电流。在半波整流电路中,有

$$I_{D(AV)}=I_{L(AV)}=0.45U_2/R_L \tag{4-4}$$

（4）二极管的最大反向峰值电压 U_{RM}

U_{RM} 指二极管截止时其两端承受的最大反向电压。对于半波整流电路,有

$$U_{RM}=\sqrt{2}U_2 \tag{4-5}$$

显然,在选择整流二极管时,必须满足以下两个条件:

① 二极管的额定反向电压 U_R 应大于其承受的最高反向电压 U_{RM},即

$$U_R>U_{RM}$$

② 二极管的额定整流电流 I_D 应大于通过二极管的平均电流 $I_{D(AV)}$,即

$$I_D>I_{D(AV)}$$

例 4-1　图 4-3 是电热用具(例如电热毯)的温度控制电路。整流二极管的作用是使保温时的耗电量仅为升温时的一半。如果此电热用具在升温时耗电 100 W,试计算对整流二极管的参数要求,并选择整流二极管的型号。

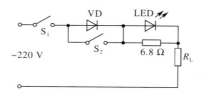

图 4-3　电热用具温度控制电路

解　保温时(S_1 闭合,S_2 断开)负载 R_L 上的平均电压为

$$U_{L(AV)}=0.45U_2=0.45\times220=99\text{ V}$$

由于升温时耗电 100 W,可算出其 R_L 值为

$$R_L=U_2^2/P=220^2/100=484\ \Omega$$

因此有

$$I_{D(AV)}=U_{D(AV)}/R_L=99/484\approx0.2\text{ A}$$

$$U_{RM}=\sqrt{2}U_2\approx1.414\times220\approx311\text{ V}$$

对整流二极管的参数要求是 $U_R>311$ V,$I_D>0.2$ A,查询手册可知,可以选用 2CZ53F(或 1N4004)($U_R=400$ V,$I_D=0.3$ A)。

通过上面分析可知,半波整流电路结构简单,但输出直流分量较小,输出纹波大,且只有交流电半个周期,电源变压器利用率低。为克服上述缺点可采用单相桥式整流电路。

4.2.2 单相桥式全波整流电路

1.电路组成及工作原理

纯电阻负载的单相桥式整流电路如图 4-4(a)所示,其电源变压器与半波整流电路相同,4 个二极管作为整流元件,接成电桥形式,所以称为桥式整流电路。其中 VD_1、VD_4 的负极接在一起,作为输出直流电压的正极性端。同时 VD_2、VD_3 的正极接在一起,作为输出直流电压的负极性端。电桥的另外两端是交流电压输入端。图 4-4(b)是桥式整流电路的一种简化画法。

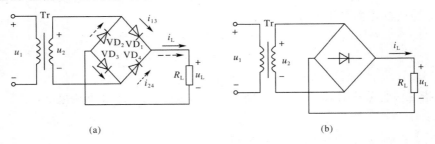

(a)   (b)

图 4-4 单相桥式整流电路

单相桥式整流电路是一种全波整流电路。当 u_2 的波形为正半周时,VD_1、VD_3 正向导通而 VD_2、VD_4 反向截止,电流 i_{13} 由正极出发,经 VD_1、R_L、VD_3 回到负极,这时负载 R_L 上获得一个与 u_2 正半周相同的电压 u_L($u_L = u_2$);当 u_2 的波形为负半周时,VD_2、VD_4 正向导通而 VD_1、VD_3 反向截止,电流 i_{24} 由正极出发,经 VD_4、R_L、VD_2 回到负极,这时负载 R_L 上获得一个与 u_2 正半周相同的电压 u_L($u_L = -u_2$),因此,$u_L = |u_2|$,$i_L = i_{13} + i_{24}$,波形如图 4-5 所示。

2.主要参数

(1)整流输出电压平均值 $U_{L(AV)}$

$$U_{L(AV)} = 0.9U_2 \qquad (4\text{-}6)$$

(2)纹波系数 K_γ

$$K_\gamma = 0.483 \qquad (4\text{-}7)$$

(3)二极管正向平均电流 $I_{D(AV)}$

每一个二极管上流过的平均电流都是流过负载的平均电流的一半,即

$$I_{D(AV)} = i_L/2$$

$$I_{D(AV)} = 0.45U_2/R_L \qquad (4\text{-}8)$$

(4)二极管最大反向峰值电压 U_{RM}

$$U_{RM} = \sqrt{2}U_2 \qquad (4\text{-}9)$$

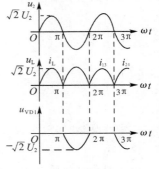

图 4-5 单相桥式整流电路波形

综上所述,单相桥式整流电路的直流输出电压较高,输出电压的脉动程度较小,而且变压器在正负半周都有电流供给负载,其效率高。因此该电路获得广泛的应用。

例 4-2 有一个单相桥式整流电路,要求输出 40 V 的直流电压和 2 A 的直流电流,交流电源电压为 220 V,试选择整流二极管。

解　变压器次级电压的有效值为

$$U_2 = U_L/0.9 = 40/0.9 \approx 44.4 \text{ V}$$

二极管承受的最高反向电压为

$$U_{RM} = 1.414 U_2 \approx 62.8 \text{ V}$$

二极管的平均电流为

$$I_{D(AV)} = i_L/2 = 2/2 = 1 \text{ A}$$

查阅半导体手册,可选择 2CZ56C(或 1N5401)型硅整流二极管。该管的最高反向工作电压是 100 V,最大整流电流为 3 A。

为使用方便,也可以选择桥式整流组合器件——硅整流桥,即硅整流组合管,它是将桥式整流电路的四个二极管集中制成一个整体,有四个引脚,标有"～"的一对引脚为交流电源输入端,标有"＋""－"的另一对引脚为直流电源输出端,接负载即可。

思考题

1. 半波整流电路与桥式整流电路有哪些不同点?
2. 桥式整流电路中的整流二极管在选择时对参数有何要求?

4.3　滤波电路

经整流电路输出的直流电压纹波较大,不能满足大多电子仪器对电源的要求,必须经过滤波,使其波形平滑接近直流波形。滤波电路常由电容、电感等电抗元件构成,利用电容两端电压和流过电感的电流不能突变的特点,把电容与负载电阻并联或把电感与负载电阻串联,都能使输出电压波形平滑而实现滤波的功能。

4.3.1　电容滤波器

1. 电路组成及工作原理

桥式整流电容滤波电路如图 4-6 所示,其中 C 为大容量的滤波电容。在下面的分析中,均忽略二极管的导通电压,而用 R_D 表示导通时各二极管的正向电阻和变压器损耗电阻之和,一般 $R_D \ll R_L$。

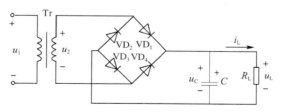

电容滤波电路

图 4-6　桥式整流电容滤波电路

(1)空载时的情况

若初始电容电压 $u_C = 0$, $t = 0$ 时接通电源,则 u_2 分别通过 VD$_1$、VD$_3$(u_2 的正半周)和

VD_2、VD_4（u_2 的负半周）给 C 充电。由于无放电回路，故 C 上电压很快充到 u_2 的峰值，即 $u_L = u_C = \sqrt{2}U_2$，且保持不变，无脉动。

（2）负载时的情况

若初始电容电压 $u_C = 0$，$t = 0$ 时接通电源，这时 u_2 为正半周，则 u_2 通过 VD_1、VD_3 给 C 充电，充电时间常数 $\tau_1 = R_D C$ 较小，则电容两端的电压 u_C 曲线快速上升。当 u_C 曲线上升到图 4-7 中 a 点时，$u_C = u_2$，过了 a 点后 $u_C > u_2$，各二极管因反偏均截止，C 通过 R_L 放电，放电时间常数 $\tau_2 = R_L C$ 较大，于是 u_C 缓慢减小。直至 u_2 为负半周的某一时刻，如 b 点处，$u_C = -u_2$，过了 b 点后 $u_C < -u_2$，二极管 VD_2、VD_4 导通（VD_1、VD_3 截止），于是 C 再次以时间常数 $\tau_1 = R_D C$ 充电，u_C 又很快增大。当 u_C 曲线上升到图中 c 点后，各二极管又截止，C 又以 $\tau_2 = R_L C$ 放电，u_C 又缓慢减小。直到 u_2 曲线经第二个正半周的 d 点后，重复上述过程。

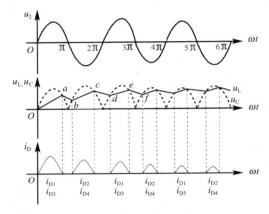

图 4-7 电容滤波电路的波形

由于 $\tau_1 < \tau_2$，C 的充电速度大于放电速度，所以开始时充电电荷量多于放电电荷量，$u_L = u_C$ 不断增大。与此同时，充电时间（二极管 VD_1、VD_3 和 VD_2、VD_4 的导通时间）逐步减小，放电时间（各二极管的截止时间）逐步增大，因此在 u_C 曲线上升的过程中，C 的充电电荷量逐渐减小，放电电荷量逐渐增大，直到一个周期内充、放电电荷量相等，达到动态平衡。此后，电路工作在稳定状态，u_L 曲线就在平均值 U_L 上下做微小波动，波形如锯齿状。由图 4-7 中 u_L 的波形可以看出，其纹波大为减小，接近直流电压。

2. 主要参数

（1）输出电压的平均值 U_L

经过滤波后输出电压的平均值 U_L 大幅度升高，纹波大为减小，且 $R_L C$ 越大，电容放电速度越慢，U_L 越大。

若忽略 U_L 上的小锯齿状波动，则

$$U_L \approx 1.2 U_2 \tag{4-10}$$

（2）二极管的额定电流 I_F

二极管的导通角很小（小于 $180°$），流过二极管的瞬时电流很大。在接通电源瞬间存在很大的冲击尖峰电流，选择二极管时要求

$$I_F \geqslant (2 \sim 3) U_L / 2 R_L \tag{4-11}$$

总之,电容滤波电路简单,输出直流电压较大,纹波较小,但外特性较差,适用于负载电压较大、负载电流较小且负载变动不大的场合,作为小功率直流电源。

4.3.2 电感滤波器

桥式整流电感滤波器的电路如图 4-8 所示。由于电感 L 的交流感抗大,直流感抗为零,当电流变化时,L 产生反向电动势以阻止其变化,因此输出电压 u_L 中的纹波大大减小,u_L 曲线就比较平滑。当忽略 L 的损耗电阻时,L 上的直流电压为零,输出直流电压 U_L 与整流电路的 $U_{L(AV)}$ 相同,即 $U_L=U_{L(AV)}=0.9U_2$。因此 U_L 与 L 无关,电感 L 的作用是抑制纹波。由于 R_L 与 L 串联使整流后输出的纹波分压,所以 R_L 越小(或输出直流电流越大),电感滤波器的输出纹波越小。当 $\omega L \gg R_L$ 时,输出纹波近似为零。

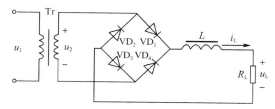

图 4-8　桥式整流电感滤波器

电感滤波器的特点是,二极管的导通角较大(等于 $180°$,这是反电势作用的结果),电源启动时无冲击电流但有反向电动势产生,输出电流大时滤波效果好,外特性较好,其外特性曲线如图 4-9 所示,因此带负载能力强。但是电感 L 较笨重,易产生电磁干扰,因此电感滤波器适用于低电压、大电流的场合。

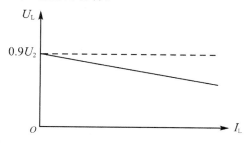

图 4-9　电感滤波器的外特性曲线

4.3.3 复式滤波器

为进一步改善滤波效果,可将电感、电容、电阻组合起来,构成复式滤波器。在此介绍其中的两种:LC 倒 L 型滤波器和 RC-π 型滤波器。

由于电感滤波器适用于负载电流大的场合,而电容滤波器适用于负载电流小的场合,为综合二者优点,可在电感 L 后接电容 C 构成 LC 倒 L 型滤波器,如图 4-10(a)所示。显然,LC 倒 L 型滤波器的滤波效果较好,由于整流输出先经过电感滤波,所以其性能和应用场合与电感滤波器相似。

无论是电感滤波器还是复式滤波器,都含有体积大且容易产生电磁干扰的电感,在负载电流不大时,可以用电阻 R 代替电感 L。图 4-10(b)为 RC-π 型滤波器,其整流输出电

压先经过电容 C_1 滤波,再经过 R、C_2 组成的 RC 倒 L 型滤波器滤波,因此也称为复式滤波器。两次滤波使纹波大为减小,而输出直流电压

$$U_L = U_{L(AV)} = [R_L/(R+R_L)]U_{C1(AV)} = [R_L/(R+R_L)]U_{C1} \qquad (4\text{-}12)$$

式中 $U_{C1(AV)} = U_{C1}$,为电容 C_1 两端的直流电压。可见,电阻 R 上的直流压降使 RC-π,型滤波器的输出直流电压减小,故 R 取值要小。但从滤波效果上看,R 越大,R_L 上的纹波越小,滤波效果越好,因此 R 的选择要兼顾两方面的要求。

显然,RC-π 型滤波器的性能和应用场合与电容滤波器相似。如果负载电流较大,可用 L 取代 R,这就是 LC-π 型滤波器。

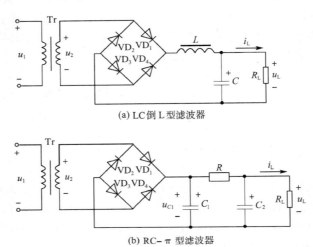

(a) LC 倒 L 型滤波器

(b) RC-π 型滤波器

图 4-10 两种复式滤波器

例 4-3 在图 4-10(a)所示的复式滤波电路中,$R_L = 500\ \Omega$,$U_2 = 25\ V$:

(1)求整流输出电压平均值 $U_{L(AV)}$,并选择二极管;

(2)若在该电路的 R_L 两端并联大电容进行滤波,求输出电压平均值 U_L;

(3)若在该电路的 R_L 前面串联一个大的电感进行滤波,求输出电压平均值 U_L。

解:

(1) $$U_{L(AV)} \approx 0.9U_2 = 0.9 \times 25 = 22.5\ V$$

对二极管的要求是:

$$I_F \geqslant 0.45U_2/R_L = 0.45 \times 25/500 = 22.5\ mA$$

$$U_R > \sqrt{2}U_2 \approx 35\ V$$

因此可选择 2CZ51D(或 1N4001)整流二极管(其中 $I_F = 50\ mA$,$U_R = 100\ V$)。

(2) $$U_{L(AV)1} \approx 1.2U_2 = 1.2 \times 25 = 30\ V$$

(3) $$U_{L(AV)2} \approx 0.9U_2 = 0.9 \times 25 = 22.5\ V$$

思考题

1.电容滤波电路和电感滤波电路有何不同?

2.复式滤波电路有何特点?

4.4 稳压电路

经过整流滤波后的直流电压,受电网电压波动、负载和环境温度变化的影响,将产生变化,因此必须经过稳压电路以获得稳定的直流电压。根据稳压电路中的电压调整器件与负载 R_L 是并联关系还是串联关系,可分为并联型稳压电路和串联型稳压电路。

4.4.1 稳压电路的主要指标

稳压电路的指标分为两大类。一类为特性指标,用来表示稳压电路的规格,有输入电压、输出电压和输出功率等;另一类为质量指标,用来表示稳压性能,主要有以下几种指标:

1. 稳压系数 S_r

稳压系数定义为在负载不变的条件下,稳压电路的输出电压相对变化量与输入电压相对变化量之比,即

$$S_r = \frac{\Delta U_O / U_O}{\Delta U_I / U_I}\bigg|_{\Delta I_O = 0} \times 100\% \tag{4-13}$$

它反映了电网电压波动对稳压电路输出电压稳定性的影响。S_r 一般在 $0.1\% \sim 1\%$。

由于电网电压将 220 V$\pm 10\%$ 作为其变化范围,所以将此时($\Delta U_I / U_I = 10\%$ 时)输出电压的相对变化量的百分数作为衡量的指标,称为电压调整率 S_U。

2. 输出电阻(或内阻)R_O

R_O 定义为在输入电压 U_I 和环境温度 T 均不变时,输出电压的变化量和输出电流的变化量之比的相反数,即

$$R_O = -\frac{\Delta U_O}{\Delta I_O}\bigg|_{\Delta U_I = 0, \Delta T = 0} \tag{4-14}$$

R_O 反映了负载(或输出电流)变化的影响。式中负号表示 ΔU_O 与 ΔI_O 变化的趋势相反。类似的指标还有电流调整系数 S_I,它表示输出电流 I_O 由零变到最大额定值时,输出电压相对变化量的百分比。

3. 温度系数 S_T

S_T 定义为在输入电压 U_I 和负载 R_L 均不变时,环境温度每变化 1 ℃所引起的输出电压变化量(单位是 mV/℃),即

$$S_T = \frac{\Delta U_O}{\Delta T}\bigg|_{\Delta U_I = 0, R_L = 常数} \tag{4-15}$$

4.4.2 稳压管稳压电路

如图 4-11 所示电路是由硅稳压管组成的稳压电路,R 起限流作用,稳压管 VZ 为调整器件。由于负载 R_L 与稳压管 VZ 并联,称该电路为并联型稳压电路。

1. 硅稳压管

硅稳压管是一种特殊二极管,它主要工作在反向击穿区,只要反向击穿电流不超过极

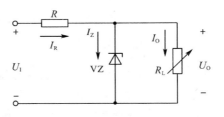

图 4-11 硅稳压管稳压电路

限电流 I_{ZM} 和极限功率 P_{ZM}，稳压管就不会损坏。从反向特性可知，反向电流 I_Z（$I_{Zmin} \leqslant I_Z \leqslant I_{Zmax}$）在较大范围内变化时，稳压管电压变化量 ΔU_Z 很小，所以具有稳压作用。稳压管的伏安特性曲线见第 1 章。

2. 稳压原理

从稳压管的特性可知，电路中若能保持稳压管始终工作在 $I_{Zmin} \leqslant I_Z \leqslant I_{Zmax}$ 的区域内，则输出电压 U_O 基本稳定。图 4-11 中 R 为限流电阻，$I_R = I_Z + I_O$，I_O 为输出电流或负载电流。

若负载电阻 R_L 不变而电网电压升高使 U_I 增大，U_O 也会增大，于是 I_Z 增大，I_R 也增大，则 R 两端电压 $I_R R$ 增大，以此来抵消 U_I 的增大，使 $U_O = U_I - I_R R$ 基本不变。上述过程可表示为

$$U_I \uparrow \rightarrow U_O \uparrow \rightarrow I_Z \uparrow \rightarrow I_R \uparrow \rightarrow I_R R \uparrow$$
$$U_O \downarrow \leftarrow$$

在电网电压不变（U_I 不变）而 R_L 减小使 U_O 减小时，下述过程使 U_O 基本不变：

$$R_L \downarrow \rightarrow U_O \downarrow \rightarrow I_Z \downarrow \rightarrow I_R \downarrow \rightarrow I_R R \downarrow$$
$$U_O \uparrow \leftarrow$$

由上述分析可知，硅稳压管稳压电路是利用稳压管两端电压的微小变化调节其电流 I_Z 较大的变化，来改变电阻 R 上的电压降，从而使输出电压 U_O 基本维持稳定。

3. 稳压电路的主要指标

（1）稳压系数 S_r

若稳压管 VZ 的内阻 r_Z 很小，且满足 $r_Z \ll R_L$，则有

$$S_r = \frac{\Delta U_O / U_O}{\Delta U_I / U_I} \approx \frac{r_Z}{R + r_Z} \frac{U_I}{U_O} \qquad (4-16)$$

（2）输出电阻 R_O

由输出电阻的定义可知

$$R_O = r_Z /\!/ R \approx r_Z \qquad (4-17)$$

（3）限流电阻 R

限流电阻 R 的作用是，当电网电压波动或负载电阻变化时，使稳压管始终工作在稳压区，即 $I_{Zmax} \geqslant I_Z \geqslant I_{Zmin}$。若输入电压的最大值为 U_{Imax}，最小值为 U_{Imin}，负载电阻的最大值为 R_{Lmax}，最小值为 R_{Lmin}（负载电流的最小值为 $I_{Omin} = U_Z / R_{Lmax}$，最大值为 $I_{Omax} = U_Z / R_{Lmin}$），则限流电阻 R 的取值应满足

$$\frac{U_{Imax} - U_Z}{I_{Zmax} + I_{Omin}} \leqslant R \leqslant \frac{U_{Imin} - U_Z}{I_{Zmin} + I_{Omax}} \qquad (4-18)$$

即 R 的取值范围是 $R_{min} \leqslant R \leqslant R_{max}$，如果出现 $R > R_{max}$ 的情况，就说明已经超出稳压管的工作范围了，需要更换稳压管。

例 4-4 在图 4-11 所示的电路中，稳压管 VZ 的参数为：$U_Z = 6$ V，$I_Z = 10$ mA，$P_{ZM} = 200$ mW，$r_Z \leqslant 15$ Ω；整流滤波后输出电压 $U_1 = 15$ V。若 U_1 变动 $\pm 10\%$，负载电阻由开路变为 0.5 kΩ，试选择限流电阻 R 并计算电路的 S_r 和 R_O。

解 一般把工作电流 I_Z 视为稳压管的 I_{Zmin}，即 $I_{Zmin} = 10$ mA。而
$$I_{Zmax} = P_{ZM}/U_Z = 200/6 \approx 33 \text{ mA}$$
由题意可知，$I_{Omax} = 6/0.5 = 12$ mA，$I_{Omin} = 0$，故
$$R_{min} = 10^3 (15 \times 1.1 - 6)/(33 + 0) \approx 318 \text{ Ω}$$
$$R_{max} = 10^3 (15 \times 0.9 - 6)/(10 + 12) \approx 341 \text{ Ω}$$
则 318 Ω $\leqslant R \leqslant$ 341 Ω，选择 $R = 330$ Ω。于是
$$S_r = [15/(330 + 15)] \times (15/6) \approx 0.109 = 10.9\%$$
$$R_O = R /\!/ r_Z = (330 \times 15)/(330 + 15) \approx 14.3 \text{ Ω}$$

4.4.3 串联型稳压电路

稳压管稳压电路虽然结构简单，但输出电压不能调节，输出电流的变化范围小，稳压精度不高（输出电阻不够小），使得它只能用于小电流和负载基本不变、电网电压波动较小的场合。在要求较高时，可以采用串联型稳压电路。

1. 电路及稳压原理

串联型稳压电路是目前较为通用的稳压电路类型，电路如图 4-12 所示。

电路由取样、基准电压、比较放大和调整管四部分组成。输出电压的变化通过取样电路反映出来，并与基准电压进行比较。将比较结果放大后，送到调整管去控制输出电压，使之稳定。

电阻 R_1、R_w、R_2 构成取样电路，对负载 R_L 上的输出电压进行取样。稳压管 VZ 和限流电阻 R 构成基准环节，VZ 上的稳定电压作为基准电压，R 为限流电阻。三极管 VT_2 和电阻 R_{C2} 构成比较放大电路，R_{C2} 的作用是为 VT_2 提供集电极的直流偏置。输出电压变化量 ΔU_O 的一部分加到 VT_2 管的基极并与基准电压 U_{REF} 进行比较，经放大后去控制调整管的基极电位。

VT_1 管作为调整管，是整个稳压电路的核心器件。它利用输出电压的变化量来控制其基极电流的变化，进而控制其管压降 U_{CE1} 的变化，起到调整作用。由于 R_L 和 VT_1 管串联，故称为串联型稳压电路。同时由于输出电压 U_O 是从 VT_1 管的射极电阻 R_L 上取得的，故 VT_1 为射极输出器电路结构，构成电压串联负反馈电路，具有输出电压稳定的特点。

不论何种原因引起输出电压 U_O 变化，其稳压过程都如下所示：
$$U_O \uparrow \rightarrow U_{R2} \uparrow \rightarrow I_{C2} \uparrow \rightarrow (U_{C2} = U_{B1}) \downarrow \rightarrow I_{C1} \downarrow \rightarrow U_{CE1} \uparrow \rightarrow U_O = (U_1 - U_{CE1}) \downarrow$$

当输出电压 U_O 增大时，经过一个负反馈的过程，使 U_O 又减小，最后接近原值，信号曲线趋于平稳。

当输出电压 U_O 减小时，其分析过程与上述过程相反。

2. 输出电压的调节范围

由图 4-12(b) 可知，输出电压是通过调节电位器 R_w 实现的，设 $U_Z = U_{REF}$，VT_2 管的基极电压为 U_{B2}，则

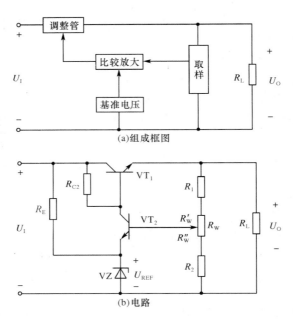

图 4-12　串联型稳压电路

$$U_{BE2}+U_Z=U_{B2}=\frac{R_2+R_w''}{R_2+R_w+R_1}U_O \tag{4-19}$$

一般 $U_Z \gg U_{BE2}$，忽略 U_{BE2}，则有

$$U_O=\frac{R_2+R_w+R_1}{R_2+R_w''}U_Z \tag{4-20}$$

可见，调节电位器的滑动触头位置，可改变输出电压 U_O 的大小。

当调节电位器使滑动触头的位置在最上端时，$R_w''=R_w$，输出电压最小，有

$$U_{Omin}=\frac{R_2+R_w+R_1}{R_2+R_w}U_Z \tag{4-21}$$

当调节电位器使滑动触头的位置在最下端时，$R_w''=0$，输出电压最大，有

$$U_{Omax}=\frac{R_2+R_w+R_1}{R_2}U_Z \tag{4-22}$$

另外，实际稳压电路中，调整管常使用复合管。因为调整管承受了全部负载电流，这样可以在负载电流很大的情况下，减小比较放大器的负载。同时复合管的 β 值大，可减小稳压电路的输出电阻，提高电路的稳压性能。

4.4.4　集成稳压器

随着半导体集成电路工艺的迅速发展，已经把调整管、比较放大器、基准电源等做在一块硅片内，成为集成稳压组件。目前生产的集成稳压组件形式很多，它与线性集成组件一样，具有体积小、重量轻、外围元器件少、性能可靠、使用调整方便等一系列优点，因此获得了广泛的应用。

集成稳压电路的类型很多，按结构形式分为串联型、并联型和开关型；按输出电压类型可分为固定式和可调式。作为小功率的稳压电源，以三端式串联型稳压器的应用最为普遍。

1. 三端电压固定式集成稳压器

三端电压固定式集成稳压器有正电压输出的 78XX 和负电压输出的 79XX 两个系列,按输出电压的不同(指绝对值)又有 5 V、6 V、9 V、12 V、15 V、18 V 和 24 V 等系列。它们型号的后两位数字表示输出电压值,如 7805 表示输出电压为 +5 V,7912 表示输出电压为 −12 V。这类稳压器的最大输出电流可达 1.5 A(需装散热片)。同类产品还有 W78M00 系列、W79M00 系列,输出电流为 0.5 A;此外还有 W78L00 系列、W79L00 系列,输出电流为 100 mA。

(1)性能指标

三端电压固定式集成稳压器的原理框图如图 4-13 所示,它由启动、基准电压、取样、比较放大、调整及热保护等部分组成。全部元器件集成在很小的硅片上,故称单片稳压器。跟分立元件稳压器、多端可调式集成稳压器的工作原理和电路结构基本相同。

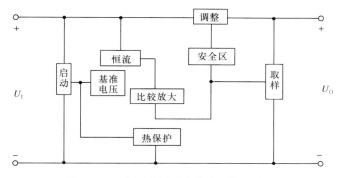

图 4-13　三端电压固定式集成稳压器原理框图

主要性能指标:

①最大输入电压 U_{Imax},即保证稳压器安全工作时,所允许的最大输入电压。

②最小输入、输出电压差值 $(U_I - U_O)_{min}$,即保证稳压器正常工作时所需的最小输入、输出电压之间的差值。

③输出电压 U_O。

④最大输出电流 I_{Omax},即保证稳压器安全工作时允许的最大电流。

⑤输出电阻 R_O,它表示输出电流从零到某一规定值时,输出电压的下降量 ΔU_O。它反映负载变化时的稳压性能。R_O 越小,稳压性能越好。

(2)应用

如图 4-14 所示电路是 W78XX 系列作为固定输出时的典型接线图。为保证稳压器正常工作,最小输入、输出电压差值为 2～3 V。电容 C_1 在输入线较长时抵消电感效应,以防止产生自激振荡;C_2 是为了消除电路的高频噪声,改善负载的瞬态响应。若需要负电源,可采用图 4-15 所示电路。

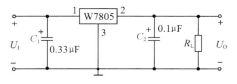

图 4-14　正电压输出电路

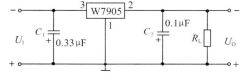

图 4-15　负电压输出电路

2. 三端电压可调式集成稳压器

三端电压可调式集成稳压器,是指输出电压可调节的稳压器,分为:正电压稳压器,如 W117 系列(有 W117、W217、W317);负电压稳压器,如 W137 系列(有 W137、W237、W337)。其特点是电压调整率和负载调整率指标均优于固定式集成稳压器,且同样具有过热、限流和安全工作区保护。其内部电路与固定式 78XX 系列相似,所不同的是三个端子分别为输入端、输出端和调整端,如图 4-16 所示。在输出端与调整端之间为 $U_{\text{REF}}(U_Z)$ = 1.25 V 的基准电压。调整端输出的电流为 I_A = 50 μA。

常见的基本稳压电路如图 4-17 所示。为保证稳压器在空载时也能正常工作,流过电阻 R 的电流不能太大,一般取 I_R = 5~10 mA,故 $R = U_{\text{REF}}/I_R$ = (120~240) Ω。由图可知,调节 R_W 可改变输出电压大小,输出电压为

$$U_O = U_{\text{REF}}(1 + R_W/R)$$

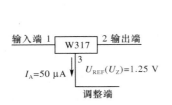

图 4-16　三端电压可调式集成稳压器符号

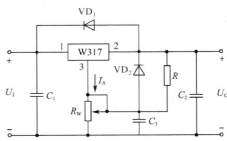

图 4-17　基本稳压电路

电路中的电容 C_2 用来提高纹波抑制比,可达 80 dB。C_3 用来抑制容性负载时的阻尼振荡,C_1 用来消除输入长线引起的自激振荡。

W317 的基准电压是 1.25 V,使得输出电压只能从 1.25 V 向上调节。在实际应用中,有时要求稳压电源从 0 V 起调。如果电位器 R_W 不接地,而接一个 -1.25 V 的电压,便可做到集成稳压器的输出电压从 0 V 开始向上调节,如图 4-18 所示为此种形式的电路。稳压管 VZ 的稳定电压值应略高于 1.25 V,R_2 是限流电阻,其阻值由 VZ 来确定。

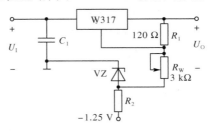

图 4-18　0~30 V 连续可调的集成稳压电源

4.4.5　开关稳压电源

1. 开关稳压电源的特点

由于串联型稳压电路中的调整管工作在线性放大状态,要消耗较大的功率,所以整个电路的效率低,一般仅为 30% 左右,并且需要安装较大面积的散热片。如果让调整管工作在开关状态,利用开和关的时间比例,让调整管在截止与饱和状态之间交替,再进行滤

波,也可得到稳定的直流电压。在这种开关型电路中,当调整管饱和导通时,其电流较大,但饱和压降很小,因而管耗不大。而当调整管截止时,尽管管压降很大,但其电流很小,管耗也很小。如果开关速度很快,经过放大区的时间很短,调整管的管耗就可以很小,电源功率就可以提高到$60\%\sim80\%$甚至更高。此外,调整管也不需要加装散热片,减小了稳压电源的体积和重量。开关稳压电路的结构比串联型稳压电路复杂,成本较高。近年来由于集成开关稳压器件的出现,开关稳压电源的性能和精度进一步提高,电路元器件减少,成本降低,功耗在$50\sim100$ W,其性能价格比具有较大优势。故目前在计算机、航天设备、电视机、通信设备、数字电路系统等装置中广泛使用开关稳压电源。

开关稳压电源的种类很多,按开关管控制信号的调制方式,分为脉冲调宽、调频、调宽调频混合式三种;按电路中的开关控制信号是否由电路自身产生,分为自激式和他激式。

另外,作为直流电源,还有一种将直流变换成交流,由变压器升压后再转换成较高的直流电压的开关稳压电源,称为直流变换型电源。

2. 电路及工作原理

如图 4-19 所示的电路为开关稳压电源的电路原理图。U_1为整流滤波后的直流电压,三极管 VT 为调整器件,工作于开关状态。由运放 A、基准电压U_{REF}和R_1、R_2组成滞回比较器,作为开关控制电路,其输出的方波信号控制调整管的基极信号。调整管 VT 的发射极信号为矩形波,由L、C、VD 组成的储能续流滤波电路变换成平滑的直流电压输出。

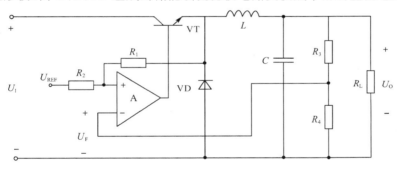

图 4-19 开关稳压电源的电路原理图

工作原理可由图 4-20 所示电路来示意。输入电压通过开关 K 加到 B 点,当开关 K 闭合时,B 点的电位为U_1,二极管截止,负载R_L上有电流流过,同时U_1给L、C充电。当 K 断开时,电感 L 上产生反向电动势,极性是左负右正,在自感电动势作用下,二极管导通使负载R_L上继续有电流流过,当电感上电动势减小时,电容继续给R_L提供电流,此二极管称为续流二极管。忽略二极管的压降,B 点的电压为 0。由此可见,只要周期性地控制开关 K 的通断,B 点的信号波形就为一个脉冲波。

在 B 点的脉冲波中,含有一些高次谐波,可通过 LC 电路进行滤除。LC 的数值越大,频率越高,滤波效果越好,负载R_L上的直流成分越多。在图 4-19 中,开关管 VT 处于导通状态时,图 4-20 中的 B 点为高电平;开关管 VT 处于截止状态时,图 4-20 中的 B 点为低电平。开关管 VT 的导通时间越长,输出电压U_O越大,反之就越小。

稳压过程:在闭环的情况下,电路能自动调节而使输出电压U_O稳定。图 4-19 中,在R_1、R_2和R_3、R_4已确定时,由于U_1不稳定或负载变化,引起输出电压U_O变化,经R_3、R_4的分压作用得到的取样电压 U_F 随之变化,这将导致运放输出高电平的时间也发生变化,进一步影响开关管 VT 的导通时间 T_{on},从而控制输出电压 U_O 自动维持稳定。若 U_O 增大,则

$$U_O \uparrow \rightarrow U_F \uparrow \rightarrow T_{on} \downarrow \rightarrow U_O \downarrow$$

反之,若 U_O 减小,必使 T_{on} 增大,使 U_O 自动回升到稳定值。如图 4-21 所示为开关稳压电路波形图。

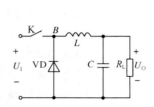

图 4-20 开关稳压电源工作原理

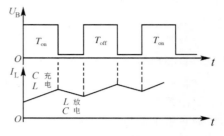

图 4-21 开关稳压电路波形图

由此可见,开关稳压电源是通过自动调节开关管的开关时间实现稳压的,开关频率一般取 $10 \sim 100$ kHz 为宜。这是因为开关频率过高,将使开关管在单位时间内开关转换的次数增加,开关管的管耗也增大,效率降低;若开关频率过低,则会导致输出电压的交流成分增加。

思考题

1. 简述并联型稳压电路的工作原理。
2. 集成稳压电路有哪些优点?
3. 串联型稳压电路与开关稳压电路相比,有哪些优缺点?

☺ 小知识

1. 测试稳压管的稳压作用。

如图 4-22 所示为一个测量 2CW103 稳压管的电路,当输入电压 $U_I = 18$ V 时,调整负载电阻 $R_L = 1$ kΩ 的滑动触头,将发现在 $R_L \neq 0$ 时,U_O 几乎不变。保持 R_L 不变,调整输入电压 U_I 在 18 V 附近变动,输出电压 U_O 几乎不变。

2. 三端集成稳压器可分为 78XX 和 79XX 系列,它们的外形相似,但每个引脚的含义不同,如图 4-23 所示。这两个系列的稳压器在工程中使用非常广泛,如收音机、充电器、有源音箱等小型家用电器中的电源部分常采用这种稳压电源。

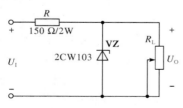

图 4-22 测量 2CW103 稳压管的电路

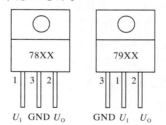

图 4-23 78XX 和 79XX 系列芯片引脚图

4.5 工程应用——计算机电源的设计

4.5.1 计算机电源简介

计算机电源是把 220 V 交流电转换成直流电,并专门为计算机配件如主板、驱动器、显卡等供电的设备,是计算机各部件的供电枢纽。目前个人计算机电源大都采用开关稳压电源。

计算机电源主要由电磁滤波器、保护器、整流滤波电路、开关电路、内部保护电路、功率因数校正电路、散热器及其他部分组成。

电磁滤波技术也称为 EMI(Electromagnetic Interference,电磁干扰)。电磁滤波器一般安装在电源的 220 V 市电接口后面,其主要作用是滤除外界的突发脉冲和高频干扰,同时也会减少开关电源本身对外界的电磁干扰。它的结构虽然简单,大都由电容器和变压器型电感组成,但却是电源中的重要设备,直接影响电源的屏蔽性能。

保护器由压敏电阻组成,它是每个电源必不可少的元件,分布在 PCB 板上,其作用是对电源提供保护。其原理与保险丝基本类似,当过流时用自我熔断方式切断电路。

计算机电源的整流滤波电路通常采用桥式整流、电容滤波电路。根据封装模式的不同,计算机电源中常见的整流滤波电路有两种:一种由独立的四个二极管组成,另一种是将四个二极管封装在一起,称为"全桥"。电路中的整流二极管耐压值应不低于 700 V,最大电流应不小于 1 A。

开关电路包括开关变压器和开关三极管。在电源中,变压器的作用仍然是将高压转换为低压,供计算机使用。变压器体积的大小是分辨优质或低劣电源的观察点之一。开关三极管是电源的枢纽,它主要负责将转换后的高压直流信号输送到开关变压器上进行降压,其耐压值不小于 800 V,输出电流通常不能小于 5 A。开关三极管也是电源的核心部分,其质量与电源的品质息息相关。

内部保护电路监视着电源的一举一动,是电源的大脑。它负责启动电源并进行电压、电流的监控和调整,同时在出现短路、断路、过压、过流、欠压、欠流等情况的时候进行自动保护。根据电路的位置和监控的类型不同,内部保护电路分为输入端过压保护、输入端过流保护、输出端过压保护和输出端过流保护四个类型,俗称"四重保护电路"。此外优质电源通常还具有非常实用的输出端短路保护功能。

功率因数校正简称 PFC,实际上就是电工技术中的功率因数补偿。在国家强制实施的 3C 认证中,电源内部必须增加一个功率因数校正电路,以减少开关电源对外部电网的干扰。常见的 PFC 电路是一个无源电感,体积往往比开关变压器还要大,外观很像开关变压器,一般用黄色胶带封装。还有一些电源产品使用成本略高的有源 PFC 元件,体积小且功率因数补偿效果好。

计算机电源的转换效率通常在 $70\% \sim 80\%$,这就意味着 $20\% \sim 30\%$ 的能量转化为热量。这些热量使电源局部温度过高,因此必须安装散热器,比如通过散热片(往往安装在大功率开关三极管上)将热量散发出去。大功率管的性能和极限参数直接影响电源的安全承载功率和产品成本,也与电源的余量大小密切相关。

4.5.2 计算机电源电路分析

图 4-24 是一个典型的计算机电源电路原理图。

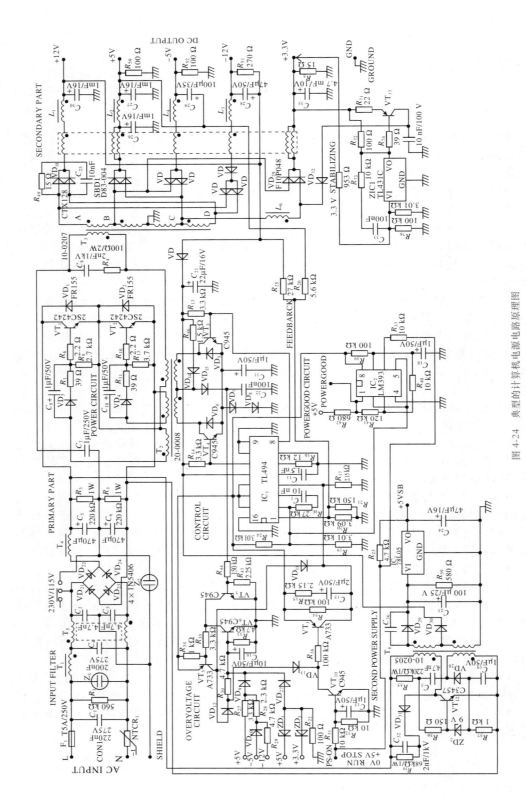

图 4-24 典型的计算机电源电路原理图

整个电路分为输入电路、变换器电路、输出电路及控制电路四个主体部分。

1. 输入电路

电源的输入电路如图 4-25 所示。输入电路从 AC 220 V 电源接入,经过 C_1、R_1、T_1、C_4、T_5、C_2、C_3 等过滤环节,以抑制高频谐波干扰及浪涌。T_1、T_5 还有降压作用。四管全波整流桥进行整流,输出直流电压。经过 T_4 平波,送到变换器电路。C_5、C_6 的中间引出线用作变换器半桥式隔离开关电路的公用主通路,C_5、C_6、R_2、R_3 同时提供半桥式隔离开关交替工作时必需的电流通道。这一部分实际上属于后面的变换器电路。$NTCR_1$ 为负温度系数热敏电阻,用于温度补偿。压敏电阻 Z_1、过流电阻 Z_2 分别用于过压、过流保护。上部开关 230 V/115 V 用于 230 V 和 115 V 进口电源转换。

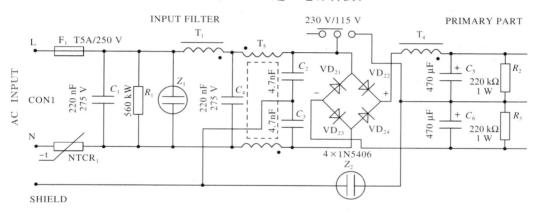

图 4-25 电源输入电路

2. 变换器电路

变换器电路如图 4-26 所示。

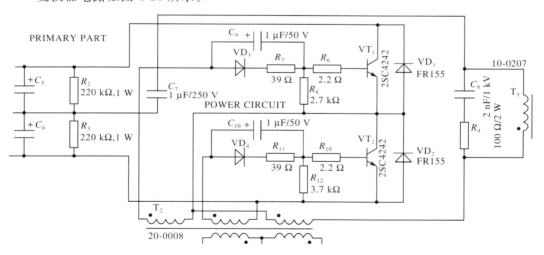

图 4-26 变换器电路

图 4-26 中,实际上是一个半桥式隔离开关变换器,可以参照图 4-27 所示电路进行分析。

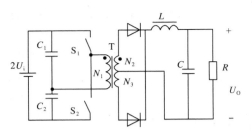

图 4-27　半桥式隔离开关变换器

图 4-26 中的轮换导通过程是：正半周 U_i—VT_1—$T_{2\text{-}3}$—T_3—C_7—C_6—U_i，负半周 U_i—C_5—C_7—T_3—$T_{2\text{-}3}$—VT_2—U_i。由此可知，C_5、C_6、C_7 在两个半周中，轮流处于充放电状态。R_2、R_3 作为 C_5、C_6 的并联电阻，也参与换流过程。

VT_1 和 VT_2 的基极偏置电压由脉冲变压器 $T_{2\text{-}1}$、$T_{2\text{-}2}$ 分别提供，这两个脉冲变压器是由控制电路控制的。脉冲变压器的电压脉冲经过整流，再经 R_6、R_7 和 R_{10}、R_{11} 分压，送到三极管基极。

C_9、C_{10} 用于二极管两侧电压钳位，保护二极管不被损坏。VD_1、VD_2 用于三极管同时关断期间的续流，防止损坏。C_8、R_4 是变压器泄放通路，防止管子全部关断时过压。

3. 输出电路

电源的输出电路如图 4-28 所示。

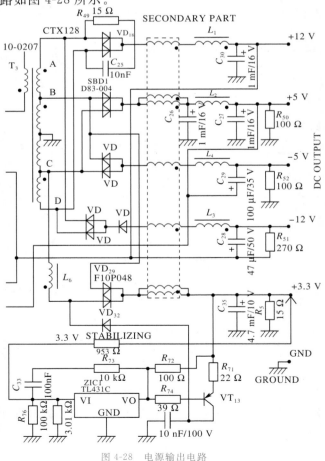

图 4-28　电源输出电路

主输出通路及＋5 V、－5 V、＋12 V、－12 V；T_3 为变压器原边,受半桥式隔离开关变换器控制。变压器中心抽头接地,A、B、C、D 依次提供＋12 V、＋5 V、－5 V、－12 V 的交流输入电源。通过不同变比的隔离变压器副边抽头,可产生＋5 V、－5 V、＋12 V、－12 V、3.3 V 等多等级电源输出。这些电源全部采用双管全波整流方式。虚线内为平波电抗器,L_1—C_{30}、L_2—C_{37}、L_3—C_{28}、L_4—C_{29}、C_{26} 等用于滤波。C_{25}、R_{49} 用于变压器副边去耦。＋12 V、＋5 V 输出被引回,作为电压反馈信号,送回控制电路,构成负反馈,以实现 PWM 调节。

＋3.3 V 电路:＋3.3 V 电源依靠独立的反馈调节电路来实现稳压。L_6 绕组是反向激励的,其整流桥前端交流输入电压为

$$U_{i3.3}=U_{BC}-U_{L6}-U_{f3.3}$$

其中 $U_{f3.3}$ 是 VT_{13} 集电极的反馈信号经隔离二极管 VD_{32} 后获得的。3.3 V 输出信号经过 953 Ω 电阻、R_{76} 分压,控制 TL431(图中型号为 TL431C)基准电源输入。TL431 的输出用于基极电阻 R_{74} 的电平钳位,作为比较基准。R_{72} 提供基准电源及基极偏置电流。R_{73}、C_{33} 用于 TL431 芯片的相位补偿。VT_{13} 集电极电位经过去耦电容(10 nF/100 V)及隔离二极管 VD_{32},送回整流桥前端,正好形成负反馈,达到稳压的目的。

4. 控制电路

这个电路使用了 TL494 和 LM393 两个集成芯片。TL494 是电源控制芯片,LM393 为双比较器芯片。如图 4-29 所示。

(1)启动电路

变压器 T_6 的输入电源为输入电路的输出直流 U_i,变压后,从中心抽头引出,经 VD_{30} 整流,送到 TL494 的 12 脚 V_{CC} 端。同时＋12 V 输出经过隔离二极管 VD、电容 C_{21} 去耦,送回到 TL494 的 12 脚 V_{CC} 端。

T_6、VD_{30} 仅能提供电源启动时的芯片偏置电压。一旦开始工作,电源将由＋12 V 经 VD、C_{21} 供电。因此,这是一个自激启动电路。

(2)振荡电路

通过芯片 TL494 的 5 脚外接电容 C_{11}(1.5 nF)和 6 脚外接电阻 R_{16}(12 kΩ),确定了该电源的振荡频率为

$$f=1/R_T C_T=1/(12\times10^3\times1.5\times10^{-9})\approx55.6\text{ kHz}$$

(3)电压反馈电路

对局部电路加以整理,得到图 4-30 所示电路。

可以看出,系统从＋12 V、＋5 V 电源分别引回反馈信号,做加法运算后送到芯片内部比较器的同相端 1,作为反馈信号。补偿端 3 和反相端 2 之间外接了 R_{18} 和 C_1,构成 PI 调节器。

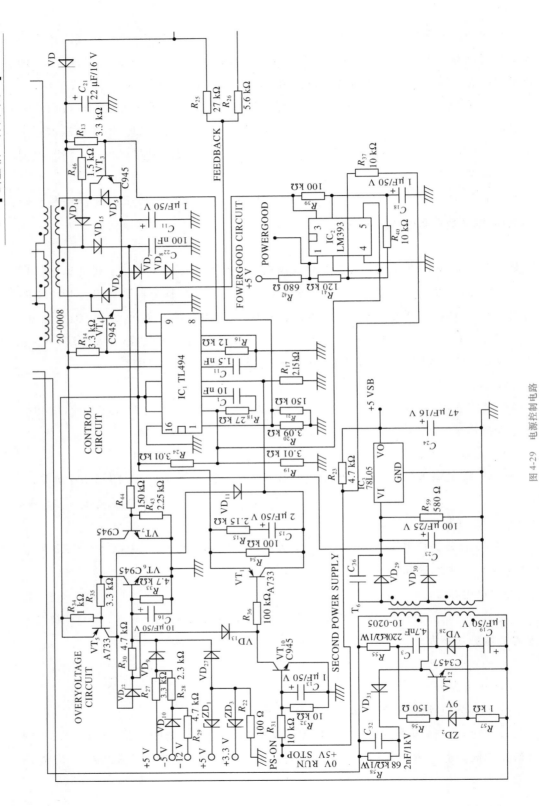

图 4-29 电源控制电路

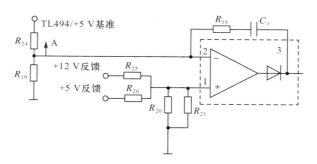

图 4-30　电压反馈电路

　　输出反馈电压越大,补偿端 3 输出电压越大,使得芯片输出死区越宽,从而减小占空比,进而减小电源电压;反之亦然。这样就实现了电源电压的负反馈调节。

　　输出控制电路如图 4-31 所示。

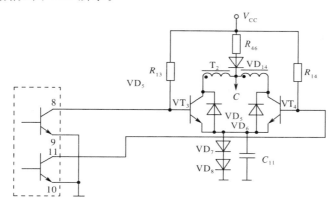

图 4-31　输出控制电路

　　TL494 的 13 脚输出控制端被直接接到芯片 +5 V 参考电源,输出电路工作在双管驱动方式。

　　8、11 脚为芯片内部两个输出三极管的集电极,分别接外部三极管 VT_3、VT_4 的基极。R_{13}、R_{14} 既作为 VT_3、VT_4 的基极偏置,也是芯片内部输出三极管的上拉电阻。VT_3、VT_4 分别驱动脉冲变压器 T_2 的两个原边绕组,对应的两个副边绕组 $T_{2\text{-}1}$、$T_{2\text{-}2}$ 驱动变换器的两个半桥三极管。

　　VT_3、VT_4 的两个并联二极管 VD_5、VD_6 用于电路断电时的续流,防止高压损坏三极管。

　　VD_7、VD_8 构成直流通路,是偏置电路的一部分,并有电平移动作用;由于发射极被垫高,VT_3、VT_4 可以可靠关断。C_{11} 用于构成交流通路,可提高交流增益,同时对二极管两端有电压钳位作用,避免损坏二极管。

　　(4)过压保护电路

　　图 4-32 中,+5 V、-5 V、+3.3 V、-12 V 在左侧构成加法电路结构,经 VD_9、VD_{27} 隔离后,送到三极管 VT_6 基极。ZD_1、ZD_3 用来设置比较门槛电压。如果出现过压,VT_6

将饱和导通,把 VT$_5$ 基极拉到地电位,VT$_5$ 饱和导通。此时,一个高电平(约 4 VDC)通过 VT$_5$ 被送到 TL494 死区时间控制端(4 脚),TL494 的输出因死区接近 100% 而被封锁。

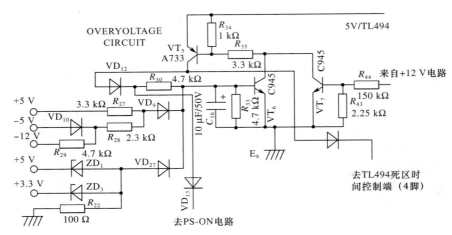

图 4-32 过压保护电路

从图 4-29 可看出,+12 V 经过 VD、R$_{46}$、VD$_{14}$、VD$_{15}$、R$_{44}$ 被送到 VT$_7$ 基极前端,当过压时,VT$_7$ 饱和导通,促使 VT$_5$ 基极为低电平,VT$_5$ 也饱和导通。这样,+5 V 电源就通过 VT$_5$ 送到 TL494 死区时间控制端(4 脚),使芯片输出封锁。

VD$_{12}$、R$_{30}$ 把 VT$_5$ 集电极电位引回 VT$_6$ 基极,有正反馈作用,可以加快三极管电压的翻转速度,使电源在过压时快速反应。

VD$_{13}$ 被用于向 PS-ON 电路提供一个偏置。

第二电源电路如图 4-33 所示。

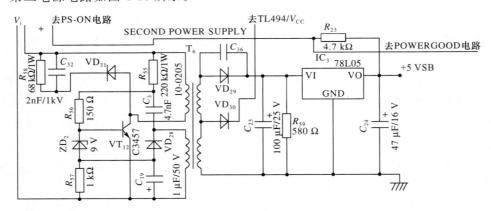

图 4-33 第二电源电路

无论整个电源是否开启,只要有市电输入,第二电源电路就处于工作状态。T$_6$ 的原边电路实际上是一个振荡器,其振荡信号经 T$_6$ 变压器变压后输出。

当送电时,VT$_{12}$ 集电极通过 T$_6$ 原边,基极通过 R$_{55}$、R$_{56}$ 获得偏置,于是 VT$_{12}$ 进入导通状态。T$_6$ 辅助绕组电动势上正下负,电流(向下)逐步增大,并经 C$_3$、R$_{56}$、VT$_{12}$ 基极对

C_3 反向充电。VT_{12} 进入饱和状态。随着 T_6 的电流达到最大值并开始减小,大多数电动势开始反向。这时,T_6 电动势上负下正,与电容反向充电后的上负下正电压叠加,加到 VT_{12} 基极,使其截止。接着,C_3 开始向 T_6 辅助绕组放电,T_6 电流减小逐渐过零,电动势又变成上正下负,VT_{12} 基极电位重新抬高直至饱和导通。

VD_{28}、C_{19}、R_{57} 及 VD_{31}、C_{32}、R_{58} 用作变压器绕组的释放回路,稳压管用于抬高 VT_{12} 基极翻转电压,以调节翻转周期。

输出分两路:一路经过 VD_{30} 整流后送到 TL494 做 V_{cc} 电源,一旦 T494 启动,其本身 5 VDC 开始工作,作为芯片所需的 5 V 偏置。另一路经 VD_{29} 送到后面的三端电源器件 78L05,生成 5 VDC 电源。

C_{36} 用于保护二极管 VD_{29},其后是标准的三端电源电路。

辅助电源如果丢失,计算机休眠后主板将无法唤醒电源重新启动。

(5)PS-ON 电路

这部分用于唤醒计算机,如图 4-34 所示。

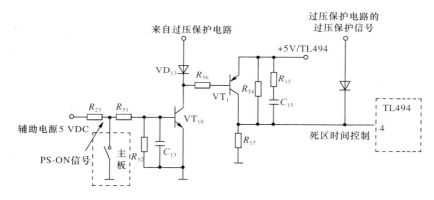

图 4-34　PS-ON 电路

当计算机休眠时,PS-ON 信号为 3.6 V,VT_{10}、VT_1 饱和导通,TL494 的 4 脚电位约为 4.7 V。此时,占空比接近于零,输出被禁止。

当计算机被唤醒时,PS-ON 信号处接地,VT_{10}、VT_1 截止。TL494 的死区时间控制端(4 脚)为地电位,允许占空比接近最大值,电源输出被开放。

POWERGOOD 电路如图 4-35 所示。LM393 是一个双比较器电路。引脚排列如下:

1:比较器 1 输出。　　　2:比较器 1 反相端。　　　3:比较器 1 同相端。

4:接地 GND。　　　5:比较器 2 同相端。　　　6:比较器 2 反相端。

7:比较器 2 输出。　　　8:电源 V_{cc}。

常规情况下,PS-ON 接地,比较器(开环运算放大器)2 的输出端 7 脚被置为高电平。该高电平经 R_{40} 被引回比较器 1(比例放大器)的同相输入端,使其输出 PS-OK 为高电平。这个高电平被送给主板,表示电源系统正常。

在系统待机时,主板 PS-ON 断开,+5 V 信号使得比较器 2 输出低电平,该低电平送到比较器 1 的同相端,比较器 1 也输出低电平。PS-OK 为低,主机停止工作,并进入待命状态。

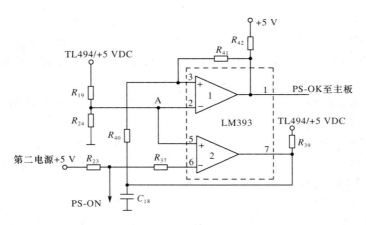

图 4-35 POWERGOOD 电路

在刚唤醒计算机时，C_{18} 的作用是使 PS-OK 的建立滞后于电源系统启动几百毫秒，这样可以保证计算机系统在电源系统先工作正常后，再接收到 PS-OK 信号恢复工作。

（6）其他辅助控制电路

误差放大器 2 的同相输入端被接地，反相输入端接 V_{REF}（+5 VDC），这样 TL494 的误差放大器 2 强制输出低电平。由于片内误差放大器输出端二极管的隔离作用，误差放大器 2 实际上不起作用。

本 章 小 结

1.电子电路的供电，常常是由交流电网电压经过变压、整流、滤波和稳压等电路转换为稳定的直流电压实现的。

2.整流电路利用二极管的单向导电性把交流电压变换成脉动的直流电压，它有半波整流、桥式整流等形式，常用的是桥式整流电路。

3.由于整流电路的输出电压纹波系数太大，故需接滤波电路，以获得平滑的直流电压。滤波电路主要有电容滤波和电感滤波两大类。

4.为了使输出电压不受电网电压、负载和环境温度的影响，还应接入稳压电路，常用的是串联型稳压电路，这是一个带负反馈的闭环自动调节系统。随着集成技术的发展，串联型稳压电路已实现了集成化，这就是三端集成稳压器。

5.在大中型功率稳压电路中，为了减小调整管的功耗，提高电源效率，常采用开关稳压电路。

自我检测题

一、填空题

1.开关稳压电源主要由_____、_____、_____、_____、误差放大器和电压比较器等部分组成。

2.开关稳压电源的主要优点是_____较高，具有很宽的稳压范围；主要缺点是输出电压中含有较大的_____。

3. 直流电源中,除电容滤波电路外,其他形式的滤波电路包括_____、_____等。

4. 桥式整流电容滤波电路中,滤波电容值增大时,输出直流电压_____,负载电阻值增大时,输出直流电压_____。

5. 功率较小的直流电源多数是将交流电经过_____、_____、_____和_____后获得的。

6. 直流电源中的滤波电路用来滤除整流后单相脉动电压中的_____成分,使之成为平滑的_____。

7. CW7805 的输出电压为_____,额定输出电流为_____;CW79M24 的输出电压为_____,额定输出电流为_____。

8. 开关稳压电源的调整管工作在_____状态,脉冲宽度调制型开关稳压电源依靠调节调整管的_____的比例来实现稳压。

9. 串联型稳压电路中比较放大电路的作用是将_____电压与_____电压的差值进行_____。

10. 单相_____电路用来将交流电压变换为单相脉动的直流电压。

11. 串联型稳压电路由_____、_____、_____和_____等部分组成。

12. 直流电源中稳压电路的作用是当_____波动_____、_____变化或_____变化时,维持输出直流电压的稳定。

13. 半波整流与桥式整流相比,输出电压脉动成分较小的是_____电路。

14. 若桥式整流电路中变压器次级单相电压为 10 V,则二极管的最高反向工作电压应不小于_____V;若负载电流为 800 mA,则每个二极管的平均电流应大于_____mA。

15. 在整流电路与负载之间接入滤波电路,可以把脉动直流电中的_____成分滤除。当负载功率较小时,采用_____滤波方式效果最好。而当负载功率较大时,则应改用_____滤波方式较好。

16. 由硅稳压管组成的并联型稳压电路的优点是_____;缺点是_____。

17. 带有放大环节的串联型稳压电源主要由以下四部分组成:①_____;②_____;③_____;④_____。

二、判断题

1. 直流电源是一种将正弦信号转换为直流信号的波形变换电路。 ( )

2. 在变压器副边电压和负载电阻相同的情况下,桥式整流电路的输出电流是半波整流电路输出电流的 2 倍。 ( )

因此,它们的整流管的平均电流比为 2:1。 ( )

3. 直流电源是一种能量转换电路,它将交流能量转换为直流能量。 ( )

4. 若 U_2 为电源变压器副边电压的有效值,则半波整流电容滤波电路和全波整流电容滤波电路在空载时的输出电压均为 U_2。 ( )

5. 当输入电压 U_1 和负载电流 I_L 变化时,稳压电路的输出电压是绝对不变的。 ( )

6. 一般情况下,开关稳压电路比一般稳压电路效率高。 ( )

7.二极管导通时,电流是从其负极流出,从正极流入的。 （　　）

8.二极管的反向漏电流越小,其单向导电性能越好。 （　　）

9.在整流电路中,整流二极管只有在截止时,才可能发生击穿现象。 （　　）

10.整流输出电压加电容滤波后,电压波动性减小,故输出电压也减小。 （　　）

11.稳压二极管正常工作时,其工作点在伏安特性曲线的反向击穿区内。 （　　）

12.串联稳压电路能稳定输出电压,并联稳压电路能稳定输出电流。 （　　）

13.串联稳压电源将硅稳压管作为调整元件。 （　　）

14.三极管串联型稳压电路中,取样可变电阻的功能是调整放大管使其有合适的静态电流。 （　　）

15.由集成稳压电路组成的稳压电源的输出电压是不可调节的。 （　　）

16.开关稳压电源通过调整脉冲的宽度来实现输出电压的稳定。 （　　）

三、分析计算题

1.单相桥式整流电容滤波电路如题图 4-1 所示,已知交流电源频率 $f = 50\ \text{Hz}$,u_2 的有效值 $U_2 = 15\ \text{V}$,$R_L = 50\ \Omega$。试估算:

(1)输出电压 u_O 的平均值;

(2)流过二极管的平均电流;

(3)二极管承受的最高反向电压;

(4)滤波电容 C 的容量大小。

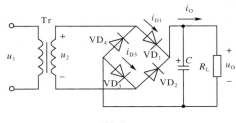

题图 4-1

2.如题图 4-2 所示电路中,已知变压器次级电压 $u_2 = 35\sqrt{2}\sin\omega t\ (\text{V})$,稳压管 VZ 的稳压值 $U_Z = 6.3\ \text{V}$,晶体管均为硅管。

(1)求整流二极管承受的最大反向电压;

(2)说明电容 C 的作用,并求 U_1 的大小;

(3)求 U_O 的可调范围(求出最大值和最小值)。

3.电路如题图 4-3 所示,已知 $I_Q = 5\ \text{mA}$,试求输出电压 U_O。

4.电路如题图 4-4 所示,已知 $I_Q = 5\ \text{mA}$,试求输出电压 U_O。

5.画出单相桥式整流电容滤波电路,若要求 $U_O = 20\ \text{V}$,$I_O = 100\ \text{mA}$,试求:

(1)变压器副边电压有效值 U_2、整流二极管参数 I_F 和 U_{RM};

(2)滤波电容容量和耐压值;

(3)电容开路时输出电压的平均值;

(4)负载电阻开路时输出电压的大小。

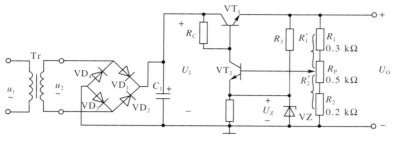

题图 4-2

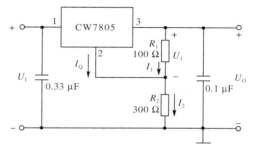

题图 4-3

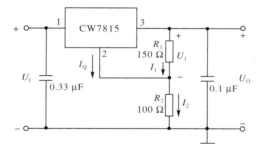

题图 4-4

6. 题图 4-5 所示电路为小功率单相桥式整流、电容滤波电路的组成框图。

（1）画出模块 Ⅰ、Ⅱ 的具体电路；

（2）已知 u_2 的有效值为 20 V，试估算输出电压 U_O 的值；

（3）求电容 C 开路时 U_O 的均值；

（4）求电阻 R_L 开路时 U_O 的值；

（5）欲在点 A 和点 B 之间接入稳压电路，使其输出 ＋15 V 的直流电压，试画出用固定输出三端集成稳压器组成的稳压电路，并标出三端集成稳压器的型号。

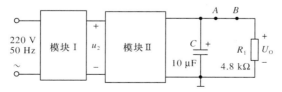

题图 4-5

7. 分析题图 4-6 所示电路:

(1)说明由哪几部分组成,各组成部分包括哪些元器件;

(2)在图中标出 U_I 和 U_O 的极性;

(3)求出 U_I 和 U_O 的大小。

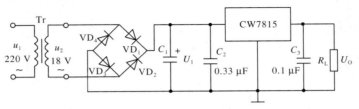

题图 4-6

8. 直流稳压电源电路如题图 4-7 所示:

(1)图中有三处错误,请改正;

(2)若 $u_1 = 220\sqrt{2}\sin100\omega t(V)$,测得 $U_3 = 18$ V,试求 u_2 的表达式、U_{Omin} 和 U_{Omax};

(3)若测得 $U_3 = 13.5$ V,且纹波较大,试分析电路故障。

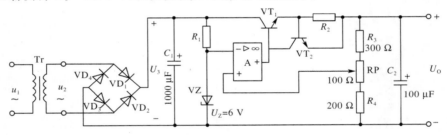

题图 4-7

9. 如题图 4-8 所示的半波整流电路中,已知 $R_L = 100$ Ω,$u_2 = 20\sin\omega t(V)$,试求输出电压的平均值 U_O、流过二极管的平均电流 I_D 及二极管承受的反向峰值电压 U_{RM} 的大小。

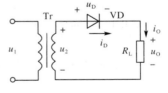

题图 4-8

10. 题图 4-9 所示结构要构成直流电源电路,$u_i = 11\sqrt{2}\sin\omega t(V)$,试求:

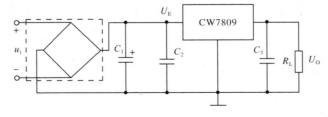

题图 4-9

（1）按正确方向在虚线框内画出四个二极管；

（2）指出 U_O 的大小和极性；

（3）计算 U_E 的大小。

11. 单相桥式整流电容滤波稳压电路如题图 4-10 所示，若 $u_2 = 24\sin\omega t$（V），稳压管的稳压值 $U_Z = 6$ V，试求：

（1）U_O 的值；

（2）若电网电压波动（u_1 增大），说明稳定输出电压的物理过程；

（3）若电容 C 断开，画出 u_1、u_O 的波形，并标出幅值。

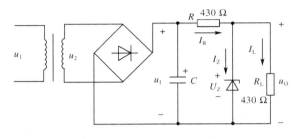

题图 4-10

数字电路基础知识

第5章

本章导读

与模拟电路相比,数字电路有很多优越性,比如具有抗干扰性、易于集成、能完成逻辑运算等。数字电路的应用十分广泛,尤其在诸如信号处理、信息传递、自动控制、测量仪器仪表等领域发挥着越来越大的作用。本章的内容包括数制与码制、逻辑代数、基本逻辑门、集成门电路、逻辑函数及其化简。这些内容是数字电路的基础,为进一步学习数字单元电路做铺垫。

电子电路中电压信号或者电流信号的变化特点通常有两种,一种是随时间做连续的变化,我们称之为在时间和量值上均连续的模拟信号,比如按正弦规律变化的电压或电流;另一种是在时间和量值上均不连续(离散)的数字信号,比如方波信号。

模拟信号和数字信号

在前面章节的电路中,三极管通常工作在放大状态,电路中电压和电流的变化是连续的,我们将处理随时间做连续变化的模拟信号的电路称为模拟电路,同理将处理数字信号的电路称为数字电路。数字电路中三极管通常工作在开关状态(饱和区和截止区),此时需要关注的往往不是电路中电压、电流的量值大小,而是电流的有无和电压的高低,用波形图描述出来就如图 5-1(a)所示。而且一般用数字"1"表示有电流或者高电位,用数字"0"表示无电流或者低电位,也使人更能理解数字电路(也称数字逻辑电路)这个名称。而模拟信号如图 5-1(b)所示。

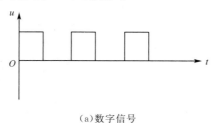

(a)数字信号

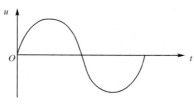

(b)模拟信号

图 5-1　电路信号

5.1 数制与码制

5.1.1 数制

数制:计数的规则,也就是多位数码中每一位的构成方法以及从低位到高位的进位规则。在数字电路中经常使用的数制有二进制、十进制、八进制和十六进制。

进位制:当需要用多位数码计数时,从低位向高位进位的规则。

基数:某数制所用到的数码个数。如十进制用到 0~9 十个数码,所以基数是 10。

位权:计数时某位置上单位数值所表示的数量,比如十进制中十位位置的 1 实际表示 10,百位位置的 1 则表示 100,所以十位位置的权是 10(10^1),百位位置的权是 100(10^2)。

1. 十进制

十进制是日常生活中最常使用的进位计数制。在十进制数中,每一位有 0~9 十个选择,所以十进制的基数是 10。每一位超过 9 时向高位进位,所以低位和相邻高位之间的进位关系是"逢十进一"。

$$(N)_{10} = \sum_{i=-\infty}^{+\infty} k_i 10^{i-1} \tag{5-1}$$

k_i 是第 i 位的系数,可以是 0~9 中的任何一个。

例如:将十进制数 43.21 展开为

$$43.21 = 4 \times 10^1 + 3 \times 10^0 + 2 \times 10^{-1} + 1 \times 10^{-2}$$

2. 二进制

每位数码的取值只能是 0 或 1,所以二进制基数是 2,计数的进位规则是"逢二进一"。

$$(N)_2 = \sum_{i=-\infty}^{+\infty} k_i 2^{i-1} \tag{5-2}$$

例如:$(10101)_2 = 1 \times 2^4 + 0 \times 2^3 + 1 \times 2^2 + 0 \times 2^1 + 1 \times 2^0 = (21)_{10}$

$(101.011)_2 = 1 \times 2^2 + 0 \times 2^1 + 1 \times 2^0 + 0 \times 2^{-1} + 1 \times 2^{-2} + 1 \times 2^{-3} = (5.375)_{10}$

3. 八进制

八进制数的进位规则是"逢八进一",其基数是 8,采用的数码是 0~7 共 8 个,每位的权是 8 的幂。任何一个八进制数 N 可以表示为:$(N)_8 = \sum_{i=-\infty}^{+\infty} k_i 8^{i-1}$ \tag{5-3}

例如:$(123.4)_8 = 1 \times 8^2 + 2 \times 8^1 + 3 \times 8^0 + 4 \times 8^{-1}$

$= 1 \times 64 + 2 \times 8 + 3 + 0.5 = (83.5)_{10}$

4. 十六进制

十六进制数的进位规则是"逢十六进一",基数是 16,采用的 16 个数码为 0、1、2、…、9、A、B、C、D、E、F,符号 A~F 分别代表十进制数的 10~15,每位的权是 16 的幂。

$$(N)_{16} = \sum_{i=-\infty}^{+\infty} k_i 16^{i-1} \tag{5-4}$$

例如:$(B3D.C)_{16} = 11 \times 16^2 + 3 \times 16^1 + 13 \times 16^0 + 12 \times 16^{-1} = (2877.75)_{10}$

可见,任意 N 进制数都可以表示为:$(N)_m = \sum_{i=-\infty}^{+\infty} k_i m^{i-1}$ $\hspace{2cm}$ (5-5)

其中 k_i 是第 i 位的系数;k_i 可以是 $0 \sim (m-1)$ 中的任何一个数;m 称为进制数的基数;m^i 称为第 i 位的权。不同进制数的对照表见表 5-1。

表 5-1 $\hspace{4cm}$ 不同进制数的对照表

十进制	二进制	八进制	十六进制
0	0000	0	0
1	0001	1	1
2	0010	2	2
3	0011	3	3
4	0100	4	4
5	0101	5	5
6	0110	6	6
7	0111	7	7
8	1000	10	8
9	1001	11	9
10	1010	12	A
11	1011	13	B
12	1100	14	C
13	1101	15	D
14	1110	16	E
15	1111	17	F

5.1.2 不同数制间的转换

1. 二-十进制转换

(1)二进制数转换成十进制数:将二进制数按权展开,然后将各项相加即得到转换后的十进制数。

例如:$(1010.101)_2 = 1 \times 2^3 + 0 \times 2^2 + 1 \times 2^1 + 0 \times 2^0 + 1 \times 2^{-1} + 0 \times 2^{-2} + 1 \times 2^{-3} = (10.625)_{10}$

(2)十进制数转换成二进制数:整数部分采取除 2 取余法,即将整数部分依次除 2 直至余数为 0,按照先后顺序将所得到的余数从左到右依次排列而成,即得到转换后的二进制数整数部分;小数部分采取乘 2 取整法,即将十进制数小数部分乘 2 后所得到的积的整数部分(1 或者 0)留下,积的小数部分再乘 2,如此重复直至乘 2 后得到的积的小数部分为 0 或者小数的位数满足要求为止,按照先后顺序将每次乘 2 后所得积的整数从左到右排列就是转换后二进制数的小数部分。

例如,将 $(57.724)_{10}$ 转换为二进制数(小数点后保留 4 位)。

注:将一个带有整数和小数的十进制数转换成二进制数时,必须将整数部分和小数部分分别按除 2 取余法和乘 2 取整法进行转换,然后再将两者的转换结果合并起来。

整数部分　　　　　　　　　小数部分

$$
\begin{array}{r}
0.724 \\
\times\quad 2 \qquad 整数\\
\hline
1.448 \cdots\cdots 1=a_{-1}\\
0.448\\
\times\quad 2\\
\hline
0.896 \cdots\cdots 0=a_{-2}\\
\times\quad 2\\
\hline
1.792 \cdots\cdots 1=a_{-3}\\
0.792\\
\times\quad 2\\
\hline
1.584 \cdots\cdots 1=a_{-4}
\end{array}
$$

$$
\begin{array}{rl}
2 & \underline{57}\qquad 余数\\
2 & \underline{28}\cdots\cdots 1=a_0\\
2 & \underline{14}\cdots\cdots 0=a_1\\
2 & \underline{7}\cdots\cdots 0=a_2\\
2 & \underline{3}\cdots\cdots 1=a_3\\
2 & \underline{1}\cdots\cdots 1=a_4\\
 & 0\ \cdots\cdots 1=a_5
\end{array}
$$

$(57.724)_{10}=(111001.1011)_2$

同理,若将十进制数转换成任意 m 进制数 $(N)_m$,则整数部分转换采用除 m 取余法,小数部分转换采用乘 m 取整法。

2. 二进制数与八进制数、十六进制数之间的相互转换

八进制数和十六进制数的基数分别为 $8=2^3$,$16=2^4$,所以三位二进制数恰好相当于一位八进制数,四位二进制数相当于一位十六进制数,它们之间的相互转换是很方便的。

二进制数转换成八进制数的方法是从小数点开始,分别向左、向右将二进制数按每三位一组进行分组(不足三位时补 0),然后写出每一组等值的八进制数。

例如,求 $(1101111010.1011)_2$ 的等值八进制数:

二进制　　001　101　111　010 . 101　100
八进制　　1　　5　　7　　2 . 5　　4
所以　　　$(1101111010.1011)_2=(1572.54)_8$

二进制数转换成十六进制数的方法和二进制数转换成八进制数的方法相似,从小数点开始分别向左、向右将二进制数按每四位一组进行分组(不足四位时补 0),然后写出每一组等值的十六进制数。

例如,求 $(1101111010.1011)_2$ 的等值十六进制数:

二进制　　0011　0111　1010 . 1011
十六进制　3　　7　　A . B
所以　　　$(1101111010.1011)_2=(37A.B)_{16}$

八进制数、十六进制数转换为二进制数的方法可以采用与前面相反的步骤,即只要按原来顺序将每一位八进制数(或十六进制数)用相应的三位(或四位)二进制数代替即可。

例如,分别求出 $(435.17)_8$、$(1A.C5)_{16}$ 的等值二进制数:

八进制　　4　　3　　5 . 1　　7
二进制　　100　011　101 . 001　111
所以　　　$(435.17)_8=(100011101.001111)_2$

十六进制　1　　A . C　　5
二进制　　0001　1010 . 1100　0101
所以　　　$(1A.C5)_{16}=(11010.11000101)_2$

5.1.3 码　制

如果我们将一个数(无论是二进制数、十进制数、八进制数还是十六进制数)忽略其数值属性,而把它看成表示不同事物的符号,那么这些不再表示数量大小,只是用来表示不同事物的数码称为代码。数字电路中通常用"1"和"0"组成的代码表示十进制数、字母、符号等,将不同的事物用不同的代码表示的过程称为编码,编码时需要遵循一定的规则,这些规则就称为码制。

几种常用的编码:

(1)十进制数的表示

用四位二进制代码的 10 种组合表示十进制数 0～9 的编码,简称BCD 码(Binary Coded Decimal),几种常用的 BCD 码见表 5-2。这种编码至少需要用四位二进制代码,而四位二进制代码可以有 16 种组合。从 16 种组合中选出 10 种组合表示十进制数 0～9 时存在很多种选择方式,常用的有以下几种:

8421BCD 码:它是最基本和最常用的 BCD 码,和四位自然二进制代码相似,各位的权值为 8、4、2、1,故称为有权 BCD 码。和四位自然二进制代码不同的是,它只选用了四位二进制代码中前 10 组代码,即用 0000～1001 分别代表它所对应的十进制数 0～9,余下的6 组代码不用。

5211BCD 码和 2421BCD 码:5211BCD 码和 2421BCD 码也是有权 BCD 码,它们从高位到低位的权值分别为 5、2、1、1 和 2、4、2、1。这两种有权 BCD 码中,有的十进制码存在两种加权方法,例如,5211BCD 码中的数码 7,既可以用 1100 表示,也可以用 1011 表示,2421BCD 码中的数码 6,既可以用 1100 表示,也可以用 0110 表示。这说明 5421BCD 码和 2421BCD 码的编码方案都不是唯一的,表中只列出了其中一种编码方案。

余 3 码:余 3 码是 8421BCD 码的每个码组加 3(0011)形成的。

用 BCD 码可以方便地表示多位十进制数,例如十进制数$(579.8)_{10}$可以分别用8421BCD 码、余 3 码表示为

$$(579.8)_{10} = (0101 \quad 0111 \quad 1001.1000)_{8421BCD码}$$

$$(1000 \quad 1010 \quad 1100.1011)_{余3码}$$

表 5-2　　　　　　　　　　　　几种常用的 BCD 码

十进制数	有权码			无权码
	8421 码	5211 码	2421 码	余 3 码
0	0000	0000	0000	0011
1	0001	0001	0001	0100
2	0010	0100	0010	0101
3	0011	0011	0011	0110
4	0100	0111	0100	0111
5	0101	1000	1011	1000
6	0110	1001	1100	1001
7	0111	1100	1101	1010
8	1000	1101	1110	1011
9	1001	1111	1111	1100

8421BCD 编码器工作原理

（2）美国信息交换标准代码（ASCII 码）

数字系统中，除需要将十进制数编码成二进制代码之外，各种字母和符号也必须按照某种特定规则用二进制代码来表示。目前世界上普遍采用的是 ASCII 码，ASCII 码用 7 位二进制代码来表示，故可表示 $2^7 = 128$ 种不同的字符，这其中包括了 26 个小写英文字母、26 个大写英文字母、10 个十进制数字符号 0～9、7 个标点符号、9 个运算符号以及 50 个其他符号等（ASCII 码对照表见附录）。

5.2 逻辑代数基础与基本逻辑门

逻辑是指事物的因果关系，或者说条件和结果的关系，这些因果关系可以用逻辑运算来表示，也就是用逻辑代数来描述。逻辑代数是由英国科学家乔治·布尔（George·Boole）创立的，故又称布尔代数。逻辑代数是按一定的逻辑关系进行运算的代数，是分析和设计数字电路的数学工具。在逻辑代数中，只有 0 和 1 两种逻辑值，有与、或、非三种基本逻辑运算，还有与或、与非、与或非、异或等几种导出逻辑运算。

5.2.1 与逻辑及与门

在图 5-2 所示电路中，开关 A 和 B 串联控制灯 Y。显然，仅当两个开关均闭合（条件都满足）时，灯才能亮（事件发生）。我们可以将其描述为如果决定某一事件的发生有多个条件，而且只有这些条件都满足时事件才能发生，则称这种因果关系为与逻辑关系。

实现与逻辑关系的电路称为与门电路，如图 5-3 所示是最简单的二极管与门电路。A、B 是它的两个输入端，Y 是输出端。也可以认为 A、B 是它的两个条件（输入变量），Y 是事件（输出变量）。假设输入信号低电平为 0 V（逻辑 0），高电平为 3 V（逻辑 1），按输入信号的不同可有下述几种情况（忽略二极管正向压降）。

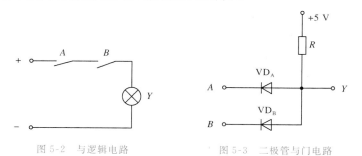

图 5-2　与逻辑电路　　　　图 5-3　二极管与门电路

输入端全为高电平（逻辑 1）时，VD_A、VD_B 均截止，则输出高电平（逻辑 1）。输入端有一个或两个为低电平时，输出低电平（逻辑 0）。

可见，只有当输入端 A、B 全为高电平（逻辑 1）时，才输出高电平（逻辑 1），否则输出端均为低电平（逻辑 0），这合乎与逻辑的要求。

数字电路输出与输入之间的逻辑关系通常用逻辑符号、逻辑表达式、真值表和波形图表示，将数字电路输入变量的所有可能状态和输出变量对应的状态列成的表格称为真值表。

与逻辑关系可用逻辑表达式描述为

$$Y = A \cdot B \qquad (5\text{-}6)$$

式中小圆点"·"表示 A、B 的与运算,也表示逻辑乘。在不致引起混淆的前提下,"·"常被省略。在某些文献中,也有用符号 ∧ 表示与运算的。与逻辑真值表见表 5-3。

表 5-3   与逻辑真值表

A	B	Y
0	0	0
0	1	0
1	0	0
1	1	1

与门电路的逻辑关系也可以用波形图来描述,如图 5-4 所示。两输入端的与门逻辑符号如图 5-5 所示。

图 5-4   与门波形图   图 5-5   两输入端的与门逻辑符号

5.2.2   或逻辑及或门

在图 5-6 所示电路中,开关 A 和 B 并联控制灯 Y。可以看出,开关 A 和 B 只要有一个闭合(条件满足),灯 Y 就能亮(事件发生)。我们可以将其描述为如果决定某一事件的发生有多个条件,只要这些条件中有一个条件满足事件就能发生,则称这种因果关系为或逻辑关系。因此,灯 Y 与开关 A、B 之间的关系是或逻辑关系。

实现或逻辑关系的电路称为或门电路。如图 5-7 所示是最简单的二极管或门电路。A、B 是它的两个输入变量,Y 是输出变量。采用跟与逻辑同样的分析方法,针对不同的输入组合,不难得出或逻辑真值表,见表 5-4。

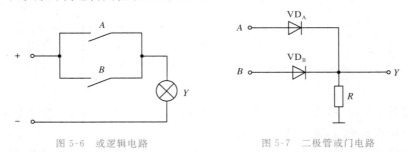

图 5-6   或逻辑电路   图 5-7   二极管或门电路

或逻辑关系可用逻辑表达式描述为

$$Y = A + B \qquad (5\text{-}7)$$

式中,"+"表示逻辑或而不是算术运算中的加号。某些文献中也用 ∨ 表示或运算。

表 5-4   或逻辑真值表

A	B	Y
0	0	0
0	1	1
1	0	1
1	1	1

如图 5-8 所示为或门的波形图,如图 5-9 所示为两输入端的或门逻辑符号。

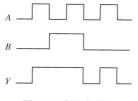

图 5-8   或门波形图   图 5-9   两输入端的或门逻辑符号

5.2.3   非逻辑及非门

在逻辑问题中,如果某一事件的发生取决于条件的否定,即事件与事件发生的条件之间构成矛盾,则这种因果关系称为非逻辑。

在图 5-10 所示电路中,当开关 A 断开(条件不满足)时,灯 Y 亮(事件发生);当开关 A 闭合(条件满足)时,灯 Y 不亮(事件不发生)。我们可以将其描述为某一事件当条件满足时事件不能发生,而当条件不满足时事件发生,则称这种因果关系为非逻辑关系。因此,灯 Y 与开关 A 之间的关系属于非逻辑关系。

如图 5-11 所示为三极管非门电路。非门又称反相器,当输入端 A 为高电平(逻辑 1)时三极管饱和导通,集电极输出端 Y 为低电平(逻辑 0)。而当输入端 A 为低电平(逻辑 0)时三极管截止,集电极输出端 Y 为高电平(逻辑 1)。非逻辑真值表见表 5-5。

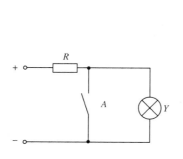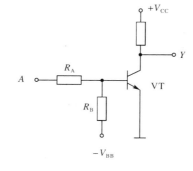

图 5-10   非逻辑电路   图 5-11   三极管非门电路

表 5-5   非逻辑真值表

A	Y
0	1
1	0

非逻辑表达式为

$$Y = \overline{A} \qquad\qquad (5-8)$$

如图 5-12、图 5-13 所示为非门的波形图和逻辑符号。

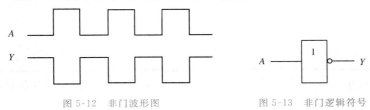

图 5-12　非门波形图　　　　　　　图 5-13　非门逻辑符号

5.2.4　复合门

1. 与非门

(1)在与门后面接一个非门,就构成了与非门,与非门的逻辑表达式为

$$Y = \overline{A \cdot B} \qquad\qquad (5-9)$$

(2)真值表见表 5-6。

(3)逻辑功能:与非门的逻辑功能描述为"有 0 出 1,全 1 出 0"。

(4)逻辑符号如图 5-14 所示。

表 5-6　　　　　与非门真值表

A	B	Y
0	0	1
0	1	1
1	0	1
1	1	0

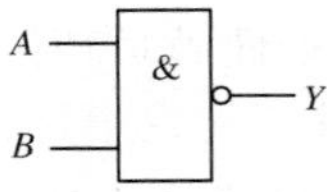

图 5-14　与非门逻辑符号

2. 或非门

(1)在或门后面接一个非门,就构成了或非门,或非门的逻辑表达式为

$$Y = \overline{A + B} \qquad\qquad (5-10)$$

(2)真值表见表 5-7。

(3)逻辑功能:或非门的逻辑功能描述为"有 1 出 0,全 0 出 1"。

(4)逻辑符号如图 5-15 所示。

表 5-7　　　　　或非门真值表

A	B	Y
0	0	1
0	1	0
1	0	0
1	1	0

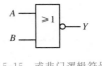

图 5-15　或非门逻辑符号

3. 与或非门

(1)把两个(或两个以上)与门的输出端接到一个或非门的各个输入端,就构成了与或非门。与或非门的电路逻辑图和逻辑符号如图 5-16 所示。

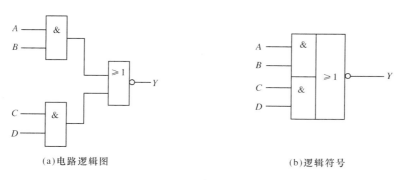

| (a)电路逻辑图 | (b)逻辑符号 |

图 5-16　与或非门电路逻辑图与逻辑符号

（2）与或非门的逻辑表达式为：

$$Y=\overline{AB+CD} \tag{5-11}$$

（3）真值表见表 5-8。

表 5-8　　　　　　　　　　　　　　　　与或非门真值表

A	B	C	D	Y	A	B	C	D	Y
0	0	0	0	1	1	0	0	0	1
0	0	0	1	1	1	0	0	1	1
0	0	1	0	1	1	0	1	0	1
0	0	1	1	0	1	0	1	1	0
0	1	0	0	1	1	1	0	0	0
0	1	0	1	1	1	1	0	1	0
0	1	1	0	1	1	1	1	0	0
0	1	1	1	0	1	1	1	1	0

（4）逻辑功能：当输入端上有任何一组输入全为 1 时，输出为 0；只有各组输入中都至少有一个为 0 时，输出才为 1。

4. 异或门

（1）异或门的电路逻辑图和逻辑符号如图 5-17 所示。

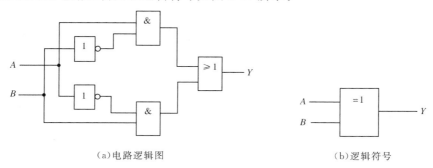

| (a)电路逻辑图 | (b)逻辑符号 |

图 5-17　异或门电路逻辑图与逻辑符号

（2）逻辑表达式：

异或门的逻辑表达式为：

$$Y=\overline{A}B+A\overline{B} \tag{5-12}$$

式（5-12）通常也写成：

$$Y=A\oplus B \tag{5-13}$$

（3）真值表见表 5-9。

表 5-9 异或门真值表

A	B	Y
0	0	0
0	1	1
1	0	1
1	1	0

（4）逻辑功能：当两个输入端的状态相同（都为 0 或都为 1）时输出为 0；反之，当两个输入端的状态不同（一个为 0，另一个为 1）时，输出为 1。

5. 三态门

三态门：在门电路上加一个使能端，输出状态有高电平、低电平和高阻状态。

三态门的逻辑符号如图 5-18 所示。

EN：使能端，控制输出状态。

逻辑功能：

图 5-18（a）中，使能端高电平有效。当 EN 为 0 时，三态门呈高阻状态，即输出端与门电路之间相当于开路；EN 为 1 时，门电路恢复与非逻辑，即 $Y = \overline{A \cdot B}$，可以输出高电平或者低电平。

图 5-18（b）中，使能端低电平有效。当 $\overline{EN}$ 为 1 时，三态门呈高阻状态；$\overline{EN}$ 为 0 时，门电路恢复与非逻辑，即 $Y = \overline{A \cdot B}$。

利用三态门的高阻特性可实现总线结构分时轮换传输信号而不至于互相干扰。控制信号 $EN_1 \sim EN_3$ 在任何时间内只能有一个为"1"，即只能使一个门工作，其余门处于高阻状态。三态门用于总线传输如图 5-19 所示。

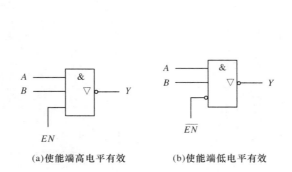

(a)使能端高电平有效　　(b)使能端低电平有效

图 5-18　三态门的逻辑符号

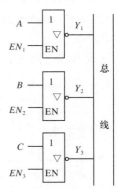

图 5-19　三态门用于总线传输

6. OC 门

OC 门：输出晶体管集电极开路的"与非门"电路。

OC 门逻辑功能同与非门一样，特点是驱动能力强，带负载能力强。使用时要外接负载电阻，即在电源与输出端之间接负载电路。OC 门电路结构、逻辑符号及使用如图 5-20 所示。

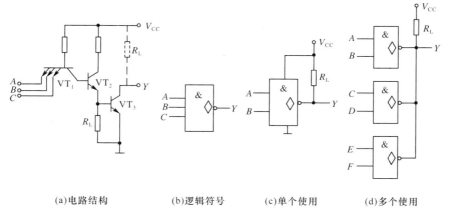

(a)电路结构　　　　　(b)逻辑符号　　　　(c)单个使用　　　　　(d)多个使用

图 5-20　OC 门电路结构、逻辑符号及使用

5.3　逻辑函数及其化简

逻辑函数:如果在输入逻辑变量 $A,B,C,\cdots$ 的取值确定后,输出逻辑变量 Y 的取值也相应地唯一确定,那么称变量 Y 是变量 $A,B,C,\cdots$ 的逻辑函数,记作

$$Y=F(A,B,C,\cdots) \tag{5-14}$$

5.3.1　逻辑代数的基本定律和常用公式

逻辑代数具有基本的运算定律,运用这些定律可以把复杂的逻辑函数式恒等化简。

1.基本定律

交换律　　　　　　　　$A+B=B+A;A \cdot B=B \cdot A$

结合律　　　　　　　　$A+(B+C)=(A+B)+C$

　　　　　　　　　　　$A \cdot (B \cdot C)=(A \cdot B) \cdot C$

分配律　　　　　　　　$A+B \cdot C=(A+B) \cdot (A+C)$

　　　　　　　　　　　$A+\overline{A}=1;A \cdot \overline{A}=0$

反演律(又称摩根定律)

$$\overline{A+B}=\overline{A} \cdot \overline{B};\overline{A \cdot B}=\overline{A}+\overline{B}$$

$$\overline{A+B+C+\cdots}=\overline{A} \cdot \overline{B} \cdot \overline{C} \cdots$$

$$\overline{A \cdot B \cdot C \cdots}=\overline{A}+\overline{B}+\overline{C}+\cdots$$

注意:逻辑函数式表示等号两边的函数式代表的逻辑电路所具有的逻辑功能是相同的。

2. 常用公式

逻辑代数常用公式见表 5-10。

表 5-10　　　　　　　　　　逻辑代数常用公式

序号	公式	序号	公式
1	$0 \cdot A = 0$	11	$0 + A = A$
2	$1 \cdot A = A$	12	$1 + A = 1$
3	$A \cdot A = A$	13	$A + A = A$
4	$A \cdot \overline{A} = 0$	14	$A + \overline{A} = 1$
5	$A \cdot B = B \cdot A$	15	$A + B = B + A$
6	$A \cdot (B \cdot C) = (A \cdot B) \cdot C$	16	$A + (B + C) = (A + B) + C$
7	$A \cdot (B + C) = A \cdot B + A \cdot C$	17	$A + B \cdot C = (A + B) \cdot (A + C)$
8	$\overline{A \cdot B} = \overline{A} + \overline{B}$	18	$\overline{A + B} = \overline{A} \cdot \overline{B}$
9	$\overline{\overline{A}} = A$	19	$A + \overline{A} \cdot B = A + B$
10	$A + A \cdot B = A$		

5.3.2　逻辑函数的化简

1. 逻辑函数的最简形式

逻辑函数"最简"的标准与函数本身的类型有关。类型不同,"最简"的标准也有所不同。这里以最常用的"与或"表达式为例来介绍"最简"的标准。一般而言,"与或"逻辑函数需要同时满足下列两个条件,方可称为"最简":

(1)与项最少;

(2)每个与项中的变量数最少。

2. 逻辑函数的化简(代数法)

代数法是指运用逻辑代数的基本定律和一些恒等式化简逻辑函数式的方法,化简的目的是使表达式是最简式。需要指出的是,同一类型的逻辑函数式有时候可能会有简单程度相同的多个最简式,这与化简时所使用的方法有关。

化简方法:

(1)并项法

利用 $A + \overline{A} = 1$ 的关系,将两项合并为一项,并消去一个变量。

(2)吸收法

利用 $A + AB = A$ 的关系,消去多余的项。

(3)消去法

利用 $A + \overline{A}B = A + B$ 的关系,消去多余的因子。

(4)配项法

利用 $A = A(B + \overline{B})$ 的关系,将其配项,然后消去多余的项。

例 5-1　求证 $\overline{A\,\overline{B}+\overline{A}B}=AB+\overline{A}\,\overline{B}$

证明　$\overline{A\,\overline{B}+\overline{A}B}=\overline{A\,\overline{B}}\cdot\overline{\overline{A}B}=(\overline{A}+B)(A+\overline{B})=(\overline{A}+B)(A+\overline{B})=AB+\overline{A}\,\overline{B}$

例 5-2　求证 $\overline{AB+\overline{A}C}=A\,\overline{B}+\overline{A}\,\overline{C}$

证明　$\overline{AB+\overline{A}C}=(\overline{AB})(\overline{\overline{A}C})=(\overline{A}+\overline{B})(A+\overline{C})=A\,\overline{B}+\overline{A}\,\overline{C}+\overline{B}\,\overline{C}$
$\qquad\qquad=A\,\overline{B}+\overline{A}\,\overline{C}+(A+\overline{A})\overline{B}\,\overline{C}=A\,\overline{B}+\overline{A}\,\overline{C}$

例 5-3　化简 $AD+A\overline{D}+AB+\overline{A}C+BD$

解　$AD+A\overline{D}+AB+\overline{A}C+BD=(AD+A\overline{D})+AB+\overline{A}C+BD$
$\qquad=(A+AB)+\overline{A}C+BD=(A+\overline{A}C)+BD=A+C+BD$

5.3.3　卡诺图化简法

1. 逻辑函数的最小项

(1)最小项的定义

n 个变量的逻辑函数中,若 m 为包含 n 个因子的乘积项,而且这几个变量均以原变量或反变量的形式在 m 中出现一次,则称 m 为该组变量的最小项。n 个变量的最小项应为 2^n 个。输入变量的每一组取值,都使一个对应的最小项的值等于 1。把与最小项对应的变量取值当成二进制数,与之对应的十进制数,就是该最小项编号的下标,最小项编号用 m_i 表示。三变量函数最小项见表 5-11。

表 5-11　　　　　　　　　　　三变量函数最小项

最小项	$\overline{A}\,\overline{B}\,\overline{C}$	$\overline{A}\,\overline{B}C$	$\overline{A}B\overline{C}$	$\overline{A}BC$	$A\overline{B}\,\overline{C}$	$A\overline{B}C$	$AB\overline{C}$	ABC
变量取值	000	001	010	011	100	101	110	111
对应的十进制数	0	1	2	3	4	5	6	7
最小项编号	m_0	m_1	m_2	m_3	m_4	m_5	m_6	m_7

(2)最小项的性质

①对应输入变量的任何取值,都会有一个最小项,且仅有一个最小项的值为 1;

②全体最小项之和为 1;

③任意两个最小项之积为 0;

④两个逻辑相邻的最小项可合并成一项,且消去一对因子;

⑤相邻性:若两个最小项只有一个因子不同,则这两个最小项具有相邻性。

若一个或逻辑式中的每一个与项都是最小项,则该逻辑式叫作标准与或式,又称为最小项表达式,并且标准与或式是唯一的。

例 5-4　写出函数 $Y=AB+\overline{A}C$ 的最小项表达式。

解

$Y=AB+\overline{A}C$
$\quad=AB(C+\overline{C})+\overline{A}C(B+\overline{B})$
$\quad=ABC+AB\overline{C}+\overline{A}BC+\overline{A}\,\overline{B}C$
$\quad=\sum m(1,3,6,7)$

2. 用卡诺图表示逻辑函数

(1)逻辑变量卡诺图

n 个输入变量对应 2^n 个最小项,将最小项画成矩形表格,遵循的原则是逻辑相邻的最小项在卡诺图上对应的小方格要几何位置相邻。处在任何一列或一行两端的最小项也具有相邻性。卡诺图中最小项一般用最小项编号形式表示，图 5-21 是二变量、三变量和四变量的卡诺图。

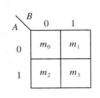

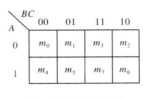

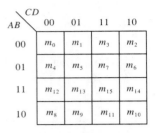

A \ B	0	1
0	$\overline{A}\,\overline{B}$	$\overline{A}B$
1	$A\overline{B}$	AB

(a)二变量最小项

A \ B	0	1
0	m_0	m_1
1	m_2	m_3

(b)二变量最小项编号

A \ BC	00	01	11	10
0	m_0	m_1	m_3	m_2
1	m_4	m_5	m_7	m_6

(c)三变量最小项编号

AB \ CD	00	01	11	10
00	m_0	m_1	m_3	m_2
01	m_4	m_5	m_7	m_6
11	m_{12}	m_{13}	m_{15}	m_{14}
10	m_8	m_9	m_{11}	m_{10}

(d)四变量最小项编号

图 5-21 二变量、三变量和四变量的卡诺图

(2)逻辑函数卡诺图

用卡诺图表示逻辑函数时，先写出逻辑函数的最小项表达式，表达式中出现的最小项在卡诺图中对应的位置需要填 1，其余位置填 0 或者空着，这样的卡诺图就表示一个逻辑函数。

例 5-5 画出函数 $Y(A,B,C)=AB+\overline{A}C$ 的卡诺图。

解

$$
\begin{aligned}
Y(A,B,C)&=AB+\overline{A}C\\
&=AB(C+\overline{C})+\overline{A}C(B+\overline{B})\\
&=\overline{A}\,\overline{B}C+\overline{A}BC+AB\overline{C}+ABC\\
&=\sum m(1,3,6,7)
\end{aligned}
$$

画出卡诺图如图 5-22 所示。

A \ BC	00	01	11	10
0	0	1	1	0
1	0	0	1	1

图 5-22 例 5-5 卡诺图

(3)真值表卡诺图

逻辑函数真值表和逻辑函数的最小项是一一对应的关系，所以可以直接根据真值表填卡诺图。

3. 用卡诺图化简逻辑函数

用卡诺图化简的过程可分为三步：

(1)首先将逻辑函数用卡诺图表示出来。

(2)合并卡诺图中为 1 的最小项：将所有相邻的 1 按 2 的整数次方个为一组圈成若干个矩形圈，所有圈中必须至少有一个 1 方格没有被圈过，并且所有的圈尽可能大。

(3)写出最简的函数表达式。卡诺图中最小项合并规律：两个相邻最小项合并可以消去一个因子，四个相邻最小项合并可以消去两个因子，即 2^n 个相邻最小项合并可以消去 n 个因子。

用卡诺图化简逻辑函数的例子，如图 5-23、图 5-24 所示。

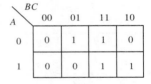

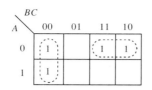

$$\overline{A}\,\overline{B}\,\overline{C}+A\,\overline{B}\,\overline{C}=\overline{B}\,\overline{C}$$

$$\overline{A}BC+\overline{A}B\overline{C}=\overline{A}B$$

图 5-23　用卡诺图化简逻辑函数(一)

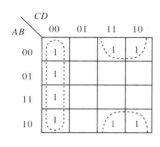

$$m_0+m_4+m_{12}+m_8$$
$$=\overline{A}\,\overline{B}\,\overline{C}\,\overline{D}+\overline{A}B\,\overline{C}\,\overline{D}+AB\,\overline{C}\,\overline{D}+A\,\overline{B}\,\overline{C}\,\overline{D}$$
$$=\overline{C}\,\overline{D}$$

$$m_2+m_3+m_{10}+m_{11}$$
$$=\overline{A}\,\overline{B}\,C\,\overline{D}+\overline{A}\,\overline{B}\,CD+A\,\overline{B}\,C\,\overline{D}+A\,\overline{B}\,CD$$
$$=\overline{B}\,C$$

图 5-24　用卡诺图化简逻辑函数(二)

例 5-6　用卡诺图化简逻辑函数 $Y=\overline{B}CD+B\,\overline{C}+\overline{A}\,\overline{C}D+A\,\overline{B}C$

解　(1)画函数的卡诺图。

(2)合并最小项:画包围圈。如图 5-25 所示。

(3)写出最简与或表达式:

$$Y=B\,\overline{C}+\overline{A}\,\overline{B}D+A\,\overline{B}C$$

4. 具有无关项的逻辑函数的化简

(1)约束的概念和约束条件

约束:输入变量取值所受的限制。

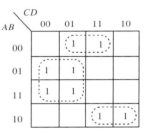

图 5-25　例 5-6 卡诺图

例如,逻辑变量 A、B、C,分别表示电梯的升、降、停命令;$A=1$ 表示升,$B=1$ 表示降,$C=1$ 表示停。

ABC 的可能取值:001　010　100

ABC 的不可能取值:000　011　101　110　111

约束项:不会出现的变量取值所对应的最小项。

约束条件:由约束项相加所构成的值为 0 的逻辑表达式。

约束条件的表示方法:在真值表和卡诺图上用叉号(×)表示;在逻辑表达式中,用等于 0 的条件等式表示。

例如上述 ABC 的不可能取值为:000　011　101　110　111

它们对应的约束项:$\overline{A}\,\overline{B}\,\overline{C}$　$\overline{A}BC$　$A\,\overline{B}C$　$AB\,\overline{C}$　ABC

约束条件:$\overline{A}\,\overline{B}\,\overline{C}+\overline{A}BC+A\,\overline{B}C+AB\,\overline{C}+ABC=0$

或者:$\qquad\qquad\qquad \sum m_d(0,3,5,6,7)=0$

(2)具有约束的逻辑函数的化简

例 5-7　化简逻辑函数

$$F(A,B,C,D)=\sum m(1,7,8)+\sum m_d(3,5,9,10,12,14,15)$$

解　(1)画函数的卡诺图,顺序为:先填 1,再填 ×,最后填 0。如图 5-26 所示。

(2)合并最小项,画圈时 × 既可以当 1,又可以当 0。

(3)写出最简与或表达式。

$$\begin{cases} Y = \overline{A}D + A\,\overline{D} \\ \sum m_d(3,5,9,10,12,14,15) = 0 \end{cases}$$

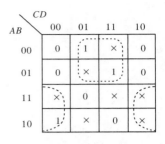

图 5-26　例 5-7 卡诺图

5.4　集成门电路

5.4.1　TTL 集成门电路

TTL(Transistor-Transistor Logic)集成门电路又称为晶体管-晶体管逻辑门,其输入级和输出级均采用晶体管,属于双极型集成电路。

1. 常用的 TTL 集成门

(1)TTL 与非门:74LS00 内含 4 个 2 输入与非门,互换型号有 SN7400、SN5400、MC7400、MC5400、T1000、CT7400、CT5400 等。74LS20 内含 2 个 4 输入与非门,互换型号有 SN7420、SN5420、MC7420、MC5420、CT7420、CT5420、T1020 等。如图 5-27 所示。

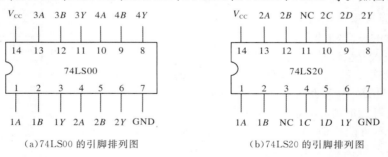

(a)74LS00 的引脚排列图　　　　　(b)74LS20 的引脚排列图

图 5-27　TTL 与非门引脚排列图

(2)TTL 与门:74LS08 内含 4 个 2 输入与门,互换型号有 SN7408、SN5408、MC7408、MC5408、CT7408、CT5408、T1008 等。如图 5-28 所示。

(3)TTL 非门:74LS04 内含 6 个非门,互换型号有 SN7404、SN5404、MC7404、MC5404、CT7404、CT5404、T1004 等。如图 5-29 所示。

逻辑表达式为　　　　　　　　　　　　$Y = \overline{A}$

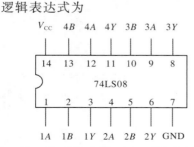

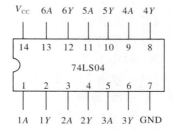

图 5-28　TTL 与门 74LS08 引脚排列图　　　　图 5-29　TTL 非门 74LS04 引脚排列图

（4）TTL 或非门：74LS02 内含 4 个 2 输入或非门，互换型号有 SN7402、SN5402、MC7402、MC5402、CT7404、CT5402、T1002 等。如图 5-30 所示。

$$Y = \overline{A + B}$$

（5）TTL 异或门：74LS86 内含 4 个 2 输入异或门，互换型号有 SN7486、SN5486、HD7486、T1086、CT7486、CT5486、MC7486 等。如图 5-31 所示。

$$Y = A \oplus B = \overline{A}B + A\overline{B}$$

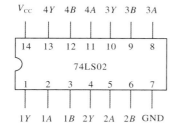

图 5-30　TTL 或非门 74LS02 引脚排列图

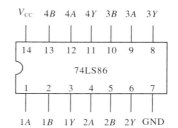

图 5-31　TTL 异或门 74LS86 引脚排列图

（6）TTL OC 门：74LS03 内含 4 个 2 输入 TTL OC 门。其引脚排列和逻辑符号如图 5-32 所示。

逻辑表达式为

$$Y = \overline{A \cdot B}$$

OC 门的应用：

①实现"线与"

②驱动显示

③电平转换

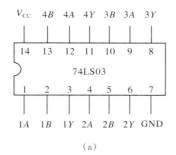

（a）

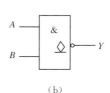

（b）

图 5-32　TTL OC 门 74LS03 引脚排列和逻辑符号

（7）三态输出门（TSL 门）：其逻辑符号如图 5-33 所示。

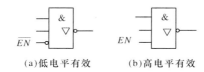

（a）低电平有效　　　（b）高电平有效

图 5-33　TSL 门的逻辑符号

结论：电路的输出有高阻态、高电平和低电平三种状态，又称三态门。

2. TTL 系列集成电路主要参数

TTL 与非门主要参数:

(1)输出高电平 U_{OH} :TTL 与非门的一个或几个输入为低电平时的输出电平。产品规范值 $U_{OH} \geqslant 2.4$ V,标准高电平 $U_{SH} = 2.4$ V。

(2)高电平输出电流 I_{OH} :输出为高电平时,提供给外接负载的最大输出电流,超过此值会使输出高电平变小。I_{OH} 表示电路的拉电流负载能力。

(3)输出低电平 U_{OL} :TTL 与非门的输入全为高电平时的输出电平。产品规范值 $U_{OL} \leqslant 0.4$ V,标准低电平 $U_{SL} = 0.4$ V。

(4)低电平输出电流 I_{OL} :输出为低电平时,外接负载的最大输出电流,超过此值会使输出低电平增大。I_{OL} 表示电路的灌电流负载能力。

(5)扇出系数 N_O :指一个门电路能带同类门的最大数目,它表示门电路的带负载能力。一般 TTL 门电路 $N_O \geqslant 8$,功率驱动门的 N_O 可达 25。

(6)最大工作频率 f_{max} :超过此频率电路就不能正常工作。

(7)输入开门电平 U_{ON} :是在额定负载下使与非门的输出电平达到标准低电平 U_{SL} 的输入电平。它表示使与非门开通的最小输入电平。一般 TTL 门电路的 $U_{ON} \approx 1.8$ V。

(8)输入关门电平 U_{OFF} :使与非门的输出电平达到标准高电平 U_{SH} 的输入电平。它表示使与非门关断所需的最大输入电平。一般 TTL 门电路的 $U_{OFF} \approx 0.8$ V。

(9)高电平输入电流 I_{IH} :输入为高电平时的输入电流,即当前级输出为高电平时,本级输入电路产生的前级拉电流。

(10)低电平输入电流 I_{IL} :输入为低电平时的输入电流,即当前级输出为低电平时,本级输入电路产生的前级灌电流。

(11)平均传输时间 t_{pd} :信号通过与非门时所需的平均延迟时间。在工作频率较高的数字电路中,信号经过多级传输后造成的时间延迟,会影响电路的逻辑功能。

(12)空载功耗:与非门空载时电源总电流 I_{CC} 与电源电压 V_{CC} 的乘积。

3. TTL 集成电路使用注意事项

(1)电源电压(V_{CC})应满足在标准值 5 V($1 \pm 10\%$)的范围内。

(2)TTL 电路的输出端接负载后,不能超过规定的扇出系数。

(3)多余输入端的处理方法如图 5-34、图 5-35 所示。

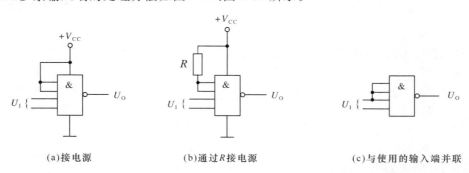

(a)接电源　　　　　　(b)通过 R 接电源　　　　　　(c)与使用的输入端并联

图 5-34　与非门多余输入端的处理方法

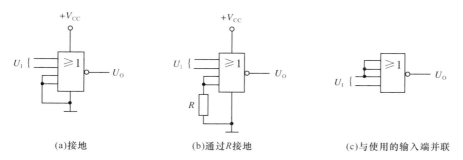

(a)接地　　　　　　　　(b)通过R接地　　　　　　　(c)与使用的输入端并联

图 5-35　或非门多余输入端的处理方法

5.4.2　CMOS 集成门电路

MOS 集成逻辑门是采用 MOS 管作为开关元件的数字集成电路。它具有工艺简单、集成度高、抗干扰能力强、功耗低等优点，MOS 门有 PMOS、NMOS 和 CMOS 三种类型，CMOS 电路又称互补 MOS 电路，它突出的优点是静态功耗低、抗干扰能力强、工作稳定性好、开关速度快，是性能较好且应用较广泛的一种电路。

1. CMOS 集成门电路举例

（1）CMOS 与门：CC4081 内含 4 个 2 输入与门，互换型号有 CD4081B、MC14081B、CH4081 等；CC4082 内含 2 个 4 输入与门，互换型号有 CD4082B、MC4082B 等。如图 5-36 所示。

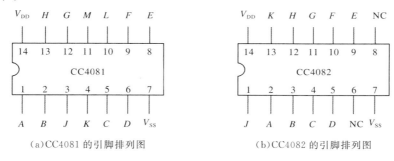

（a）CC4081 的引脚排列图　　　　　　　　　（b）CC4082 的引脚排列图

图 5-36　CMOS 与门引脚排列图

（2）CMOS 或门：CC4071 内含 4 个 2 输入或门，互换型号有 CD4071B、MC14071B、CH4071 等；CC4072 内含 2 个 4 输入或门，互换型号有 CD4072B、MC14072B 等。如图 5-37 所示。

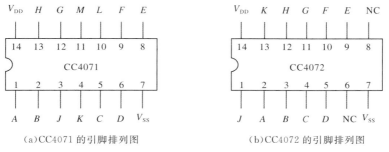

（a）CC4071 的引脚排列图　　　　　　　　　（b）CC4072 的引脚排列图

图 5-37　CMOS 或门引脚排列图

（3）CMOS 非门：CC4069 内含 6 个非门，互换型号有 CD4069UB、MC14069UB、C033、C063 等。如图 5-38 所示。

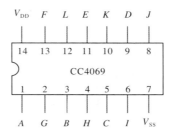

图 5-38 CMOS 非门引脚排列图

（4）CMOS 与非门：CC4093 内含 4 个 2 输入与非门，互换型号有 CD4093B、MC14093B 等；CC4012 内含 2 个 4 输入与非门，互换型号有 CD4012B、MC14012B 等。如图 5-39 所示。

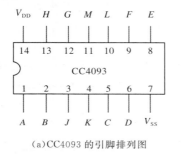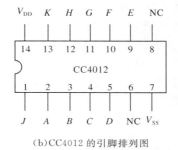

（a）CC4093 的引脚排列图 　　（b）CC4012 的引脚排列图

图 5-39 CMOS 与非门引脚排列图

（5）CMOS 或非门：CC4001 内含 4 个 2 输入或非门，互换型号有 CD4001B、MC14001B 等；CC4002 内含 2 个 4 输入或非门，互换型号有 CD4002B、MC14002B 等。如图 5-40 所示。

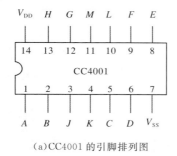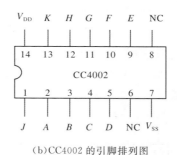

（a）CC4001 的引脚排列图 　　（b）CC4002 的引脚排列图

图 5-40 CMOS 或非门引脚排列图

2. CMOS 数字电路的特点

（1）CMOS 电路的功耗比 TTL 电路小得多。门电路的功耗只有几个微瓦（μW），中规模集成电路的功耗也不会超过 100 μW。

（2）CMOS 电路的电源电压允许范围较大，在 3～18 V，抗干扰能力比 TTL 电路强。

（3）噪声容限大。

（4）输出幅度大。

（5）输入阻抗高。

（6）扇出系数大。CMOS 电路带负载的能力比 TTL 电路强。

（7）CMOS 电路的工作速度比 TTL 电路慢。

（8）CMOS 电路的集成度比 TTL 电路高。

（9）CMOS 电路适合在特殊环境下工作。

（10）CMOS 电路容易受静电感应影响而击穿,在使用和存放时应注意静电屏蔽,焊接时电烙铁应接地良好,尤其是 CMOS 电路中多余不用的输入端不能悬空,应根据需要接地或接高电平。

3. CMOS 电路使用注意事项

TTL 电路的使用注意事项,一般对 CMOS 电路也适用。因 CMOS 电路容易发生栅极击穿问题,所以要特别注意以下两点:

（1）避免静电损失。存放 CMOS 电路时不能用塑料袋,要用金属将引脚短接起来或用金属盒屏蔽。工作台应当用金属材料覆盖并良好接地。焊接时,电烙铁外壳应接地。

（2）多余输入端的处理方法。CMOS 电路的输入阻抗高,易受外界干扰的影响,所以 CMOS 电路的多余输入端不允许悬空。多余输入端应根据逻辑要求或接电源 V_{DD}（与非门、与门）,或接地（或非门、或门）,或与其他输入端连接。

本 章 小 结

本章内容可以概括成以下几点:

1. 模拟信号与数字信号以及模拟电路与数字电路的定义。

2. 数制与码制的定义,计数制中权和基数的概念;常用数制之间的相互转换;数制与码制间的转换。

3. 基本的逻辑特征,基本的逻辑运算特征,基本逻辑门和复合逻辑门的逻辑符号、逻辑表达式和真值表。

4. 逻辑函数的表示方法和化简方法。

5. 常见的集成门电路。

由于本章内容是数字电路课程教授的基础,所以熟练地掌握该内容对接下来的学习起着很重要的作用,尤其是数码概念、二-十进制间关系、数码间关系。对于数字逻辑的概念,在理解的基础上重点掌握三种基本逻辑的含义、逻辑运算关系,尤其是这些逻辑的表达方式以及对应门电路的组成与原理。而对于复合逻辑门电路、卡诺图以及逻辑函数的其他表示方法和逻辑函数的化简这些难度稍大的内容,对前面内容的理解和掌握将对它们的学习起到很大的帮助。

自我检测题

一、填空题

1. 模拟信号是在时间上和数值上都_____的信号；数字信号是指在时间上和数值上都_____的信号。在模拟电路中，三极管主要工作在_____区；在数字电路中，三极管主要工作在_____区和_____区。

2. 逻辑电路的正逻辑是指 1 表示_____，0 表示_____。

3. 最基本的逻辑门电路有_____、_____、_____。

4. 三态门的三态是指_____、_____和_____。与非门的多余引脚可接_____电平，或非门的多余引脚可接_____电平。

5. 与门电路只要有一个输入信号为"0"，输出就为_____；或门电路只要有一个输入信号为_____，输出就为_____。

6. 数制、码制转换：

(1) $(1001001)_B = ($ _____ $)_D$

(2) $(49)_D = ($ _____ $)_B$

(3) $(1001\ 0010)_{8421BCD} = ($ _____ $)_D$

二、选择题

1. 若逻辑表达式 $F = \overline{A+B}$，则下列表达式中与 F 相同的是（ ）。

A. $F = \overline{A}\,\overline{B}$ B. $F = \overline{AB}$ C. $F = \overline{A} + \overline{B}$

2. 若一个逻辑函数由三个变量组成，则最小项共有（ ）个。

A. 3   B. 4   C. 8

3. 如题图 5-1 所示是三个变量的卡诺图，则最简的与或表达式为（ ）。

A. $AB + AC + BC$

B. $A\overline{B} + \overline{B}C + AC$

C. $AB + B\overline{C} + A\overline{C}$

A\BC	00	01	11	10
0	0	0	1	0
1	0	1	1	1

题图 5-1

4. 下列各式中哪个是三变量 A、B、C 的最小项？（ ）

A. $A + B + C$ B. $A + BC$ C. ABC

5. 模拟电路与数字电路的不同之处在于（ ）。

A. 模拟电路的晶体管多工作在开关状态，数字电路的晶体管多工作在放大状态

B. 模拟电路的晶体管多工作在放大状态，数字电路的晶体管多工作在开关状态

C. 模拟电路的晶体管多工作在截止状态，数字电路的晶体管多工作在饱和状态

D. 模拟电路的晶体管多工作在饱和状态，数字电路的晶体管多工作在截止状态

6. 对于下述卡诺图化简的说法，正确的叙述是（ ）。

A. 包围圈越大越好，个数越少越好，同一个"1"方块只允许圈一次

B. 包围圈越大越好，个数越少越好，同一个"1"方块允许圈多次

C. 包围圈越小越好，个数越多越好，同一个"1"方块只允许圈一次

D. 包围圈越小越好，个数越多越好，同一个"1"方块允许圈多次

7. 对于 n 个变量的最小项的性质,正确的叙述是(　　)。

A. 任何两个最小项的乘积值为 0,n 个变量全体最小项之和值为 1

B. 任何两个最小项的乘积值为 0,n 个变量全体最小项之和值为 0

C. 任何两个最小项的乘积值为 1,n 个变量全体最小项之和值为 1

D. 任何两个最小项的乘积值为 1,n 个变量全体最小项之和值为 0

8. 下列式子中写法错误的是(　　)。

A. $(10.01)_2 = 2.05$ 　　　　　　　　B. $(11.1)_2 = (1 \times 2^1 + 1 \times 2^0 + 1 \times 2^{-1})_2$

C. $(1011)_2 = (B)_{16}$ 　　　　　　　D. $(17F)_{16} = (000101111111)_2$

三、判断题

1. 逻辑运算 $L = A + B$ 的含义是:L 等于 A 与 B 的和,而当 $A = 1$,$B = 1$ 时,$L = A + B = 1 + 1 = 2$。 　　　　　　　　　　　　　　　　　　　　　　　(　　)

2. 逻辑函数式 $L_1 = (A + B) \cdot C$,$L_2 = A \cdot (B + C)$,则 $L_1 = L_2$。　　(　　)

3. 若 $A \cdot B \cdot C = A \cdot D \cdot C$,则 $B = D$。　　　　　　　　　　　(　　)

4. 逻辑运算是 0 和 1 逻辑代码的运算,二进制运算是 0、1 数码的运算。这两种运算实际上是一样的。　　　　　　　　　　　　　　　　　　　　　　　　　(　　)

5. 数字电路处理的是数字信号,模拟电路处理的是模拟信号。　　　　(　　)

6. 与逻辑的特征是只有条件都满足,事件才发生。　　　　　　　　(　　)

四、综合题

1. 绘出题图 5-2 所示或门电路的输出波形。

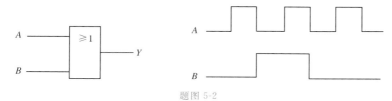

题图 5-2

2. 用公式法化简逻辑函数: $Y = A + ABC + BC + B\overline{C}$。

3. 用卡诺图法化简逻辑函数: $Y(A, B, C, D) = \sum m(0, 1, 2, 4, 5, 10, 12)$。

组合逻辑电路

第6章

本 章 导 读

利用基本的门电路或者复合门电路可以构成很多功能电路,通常将这些功能电路分成组合逻辑电路和时序逻辑电路两类。组合逻辑电路是任意时刻电路的输出只取决于该时刻的输入,与电路原来的状态无关;时序逻辑电路是任意时刻电路的输出不仅取决于该时刻的输入,而且与电路原来的状态有关。本章首先讲解组合逻辑电路的分析与设计,接下来讲解常见的组合逻辑电路如编码器、译码器、数据选择器、数据分配器、加法器、数值比较器等的电路与工作原理,并对这些组合逻辑电路的集成化芯片的功能与应用加以分析。

6.1 组合逻辑电路的分析与设计

6.1.1 组合逻辑电路的分析

逻辑电路的分析是根据已经给定的逻辑电路来获得其逻辑功能的过程。组合逻辑电路的输出变量是输入变量的逻辑函数,所以组合逻辑电路的分析以写组合逻辑电路的逻辑表达式为核心,其一般步骤如下:

1. 根据给定的组合逻辑电路的逻辑图,逐级写出组合逻辑电路中各个门的输出表达式。
2. 简化输出表达式。
3. 列出真值表。
4. 通过真值(功能)表或输出逻辑函数表达式获知组合逻辑电路的逻辑功能。

以下通过几个例子来说明组合逻辑电路的分析方法。

例 6-1 组合逻辑电路的逻辑图如图 6-1 所示,分析该电路的逻辑功能。

解 ①由逻辑图逐级写出逻辑表达式(为了写表达式方便,借助中间变量 P):

$$P = \overline{ABC}$$
$$L = AP + BP + CP$$
$$= A\,\overline{ABC} + B\,\overline{ABC} + C\,\overline{ABC}$$

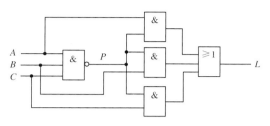

图 6-1　例 6-1 逻辑图

②化简与变换。因为下一步要列真值表,所以要通过化简与变换,使表达式有利于列真值表,一般应变换成与或式或者最小项表达式。

$$L = \overline{\overline{ABC}(A+B+C)} = \overline{\overline{ABC}} + \overline{A+B+C} = ABC + \overline{A}\,\overline{B}\,\overline{C}$$

③由表达式列出真值表,见表 6-1。

表 6-1　　　　　　　　　　　　　　例 6-1 真值表

A	B	C	L
0	0	0	0
0	0	1	1
0	1	0	1
0	1	1	1
1	0	0	1
1	0	1	1
1	1	0	1
1	1	1	0

④分析逻辑功能:由真值表可知,当 A、B、C 三个变量不完全一致时,电路输出为"1",所以这个电路称为"不一致电路"。

上例中输出变量只有一个,对于多输出变量的组合逻辑电路,分析方法完全相同。

例 6-2　试分析图 6-2 所示双输入端、双输出端的组合逻辑电路的逻辑功能。

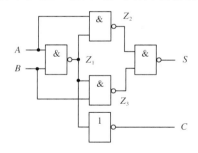

图 6-2　例 6-2 逻辑图

解　①写逻辑表达式:$Z_1 = \overline{AB}$;$Z_2 = \overline{AZ_1}$;$Z_3 = \overline{BZ_1}$;$S = \overline{Z_2 Z_3}$;$C = AB$

②化简逻辑表达式:

$$S = \overline{Z_2 Z_3} = \overline{\overline{A\,\overline{AB}}\;\overline{B\,\overline{AB}}} = A\,\overline{AB} + B\,\overline{AB} = A(\overline{A}+\overline{B}) + B(\overline{A}+\overline{B}) = A\overline{B} + \overline{A}B$$

即:$S = A\overline{B} + \overline{A}B$;$C = AB$

③列出真值表,见表 6-2。

表 6-2　　　　　　　　　　　　　　例 6-2 真值表

输　入		输　出	
A	B	S	C
0	0	0	0
0	1	1	0
1	0	1	0
1	1	0	1

④逻辑功能:符合两个一位二进制数相加的原则,即 A、B 为两个加数,S 是它们的和,C 是向高位的进位。这种电路可用于实现两个一位二进制数的相加,实际上它是运算器中的基本单元电路,称为半加器。

6.1.2　组合逻辑电路的设计

组合逻辑电路的设计是从对电路的逻辑要求出发,设计出满足要求的逻辑电路的过程。组合逻辑电路设计的一般步骤如下:

1.根据逻辑要求,确定输入(变量)、输出(函数)的个数,变量以及函数的逻辑值,列出组合逻辑电路的真值表。

2.根据所得的真值表,得到逻辑函数的最简与或表达式。

3.根据所用门电路类型,将最简与或表达式转换成与门电路类型相对应的表达式。

4.根据所得逻辑表达式,画逻辑(原理)图。

下面通过几个例子来说明组合逻辑电路的设计方法。

例 6-3　设计一个三人表决电路,结果按"少数服从多数"的原则决定。

解　①根据设计要求建立该逻辑函数的真值表,见表 6-3。

设三人的意见为变量 A、B、C,表决结果为函数 L。对变量及函数进行如下状态赋值:对于变量 A、B、C,设同意为逻辑"1",不同意为逻辑"0";对于函数 L,设事情通过为逻辑"1",没通过为逻辑"0"。

②由真值表写出逻辑表达式:

$$L = \overline{A}BC + A\overline{B}C + AB\overline{C} + ABC$$

③化简。由于卡诺图化简法较方便,故一般用卡诺图进行化简;经过化简,得最简与或表达式:$L = AB + BC + AC$。

④画出逻辑图,如图 6-3 所示。

表 6-3　　例 6-3 真值表

A	B	C	L
0	0	0	0
0	0	1	0
0	1	0	0
0	1	1	1
1	0	0	0
1	0	1	1
1	1	0	1
1	1	1	1

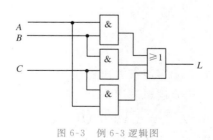

图 6-3　例 6-3 逻辑图

例 6-4 设计一个电话机信号控制电路。电路有 I_0（火警）、I_1（盗警）和 I_2（日常业务）三种输入信号，通过排队电路分别从 L_0、L_1、L_2 输出，在同一时间只能有一个信号通过。如果同时有两个或两个以上信号出现，应首先接通火警信号，其次为盗警信号，最后是日常业务信号。试按照上述要求设计该信号控制电路。要求用集成门电路 74LS00（每片含 4 个 2 输入与非门）实现。

解 ①列真值表（表 6-4）：

对于输入端，设有信号为逻辑"1"，没信号为逻辑"0"。

对于输出端，设允许通过为逻辑"1"，不允许通过为逻辑"0"。

表 6-4   例 6-4 真值表

输　　入			输　　出		
I_0	I_1	I_2	L_0	L_1	L_2
0	0	0	0	0	0
1	×	×	1	0	0
0	1	×	0	1	0
0	0	1	0	0	1

②由真值表写出各输出的逻辑表达式：

$$L_0 = I_0 \quad L_1 = \overline{I_0} I_1 \quad L_2 = \overline{I_0}\, \overline{I_1} I_2$$

这三个表达式已最简，不需化简。但需要用非门和与门实现，且 L_2 需用 3 输入与门才能实现，故此表达式不符合设计要求。

③根据要求，将上式转换为与非表达式：

$$L_0 = I_0 \quad L_1 = \overline{\overline{\overline{I_0} I_1}} \quad L_2 = \overline{\overline{\overline{I_0}\, \overline{I_1} I_2}} = \overline{\overline{\overline{I_0}\, \overline{I_1} \cdot \overline{I_2}}}$$

④画出逻辑图如图 6-4 所示，可用两片集成与非门 74LS00 来实现。

可见，在实际设计逻辑电路时，有时并不是表达式最简单就能满足设计要求，还应考虑所使用集成器件的种类，将表达式转换为能用所要求的集成器件实现的形式，并尽量使所用集成器件数量最少，即所说的"最合理表达式"。

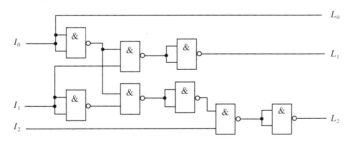

图 6-4 例 6-4 逻辑图

6.2 编码器和译码器

在实际应用中,为解决一些逻辑问题而设计的逻辑电路不胜枚举,但其中有些逻辑电路经常、大量地出现在各种数字电路中。这些电路包括编码器、译码器、数据选择器、数据分配器、加法器、数值比较器等。为了使用方便,这些逻辑电路已被制成了中小规模的标准化集成电路产品。下面就分别分析一下这些常用器件,以便掌握它们的工作原理和使用方法。

6.2.1 编码器

用文字、符号或者数码表示特定信息的过程称为编码,能够实现编码功能的电路称为编码器。根据被编码信号的不同特点和要求,编码器可以分为二进制编码器、二-十进制编码器和优先编码器。

在数字系统中,是采用若干个二进制代码 0 和 1 来进行编码的,要表示的信息越多,二进制代码的位数越多。n 位二进制代码有 2^n 个状态,可以表示 2^n 个信号。对 N 个信号进行编码时,应按公式 $2^n \geqslant N$ 来确定需要使用的二进制代码的位数。编码器逻辑图如图 6-5 所示。

1. 二进制编码器

二进制编码器是由 n 位二进制数表示 2^n 个信号的编码电路。以如图 6-6 所示的 8-3 线编码器为例说明其工作原理。

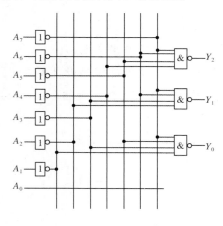

图 6-5 编码器逻辑图

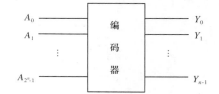

图 6-6 8-3线编码器(令 $n=3$)

该编码器使用 3 位二进制数分别代表 8 种输出信号,3 位输出分别为 Y_2、Y_1、Y_0,8 位输入分别为 $A_0 \sim A_7$。真值表见表 6-5。当某一个输入端为高电平时,就输出与该输入端相对应的代码。

表 6-5 　　　　　　　　　　3 位二进制编码器真值表

A_7	A_6	A_5	A_4	A_3	A_2	A_1	A_0	Y_2	Y_1	Y_0
0	0	0	0	0	0	0	1	0	0	0
0	0	0	0	0	0	1	0	0	0	1
0	0	0	0	0	1	0	0	0	1	0
0	0	0	0	1	0	0	0	0	1	1
0	0	0	1	0	0	0	0	1	0	0
0	0	1	0	0	0	0	0	1	0	1
0	1	0	0	0	0	0	0	1	1	0
1	0	0	0	0	0	0	0	1	1	1

由图 6-6 可知 3 个输出信号的逻辑函数显然符合表 6-5,它们是:

$$\begin{cases} Y_2 = \overline{\overline{A_4}\,\overline{A_5}\,\overline{A_6}\,\overline{A_7}} \\ Y_1 = \overline{\overline{A_2}\,\overline{A_3}\,\overline{A_6}\,\overline{A_7}} \\ Y_0 = \overline{\overline{A_1}\,\overline{A_3}\,\overline{A_5}\,\overline{A_7}} \end{cases}$$

8 个被编码的对象可以是十进制数中的 8 个,也可以是任意其他 8 个开关量。

2. 二-十进制编码器

二-十进制编码器也称为 8421BCD 码编码器,它的功能是将十进制数(或其他十个开关量)转换为 8421BCD 码。它是 10-4 线编码器,即有 10 个输入端,4 个输出端。逻辑图如图 6-7 所示。其真值表见表 6-6。

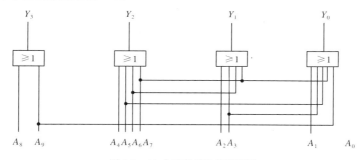

图 6-7　二-十进制编码器逻辑图

表 6-6 　　　　　　　　　　二-十进制编码器真值表

输　入										输　出			
A_9	A_8	A_7	A_6	A_5	A_4	A_3	A_2	A_1	A_0	Y_3	Y_2	Y_1	Y_0
0	0	0	0	0	0	0	0	0	1	0	0	0	0
0	0	0	0	0	0	0	0	1	0	0	0	0	1
0	0	0	0	0	0	0	1	0	0	0	0	1	0
0	0	0	0	0	0	1	0	0	0	0	0	1	1
0	0	0	0	0	1	0	0	0	0	0	1	0	0
0	0	0	0	1	0	0	0	0	0	0	1	0	1
0	0	0	1	0	0	0	0	0	0	0	1	1	0
0	0	1	0	0	0	0	0	0	0	0	1	1	1
0	1	0	0	0	0	0	0	0	0	1	0	0	0
1	0	0	0	0	0	0	0	0	0	1	0	0	1

当编码器的某一个输入信号为 1 而其他输入信号都为 0 时,有一组对应的数码输出,如 $A_5=1$ 时,$Y_3Y_2Y_1Y_0=0101$。输出数码各位的权从高位到低位分别为 8、4、2、1。因此,如图 6-7 所示的二-十进制编码器电路亦称为 8421BCD 码编码器。根据图 6-7 与表 6-6 都能得出它的逻辑表达式为

$$Y_3 = A_8 + A_9$$
$$Y_2 = A_4 + A_5 + A_6 + A_7$$
$$Y_1 = A_2 + A_3 + A_6 + A_7$$
$$Y_0 = A_1 + A_3 + A_5 + A_7 + A_9$$

如果用与非门实现,输入为低电平有效。

3. 优先编码器

当同时有多个信号输入编码电路时,电路只对其中优先级别最高的信号进行编码,这种编码电路称为优先编码器。优先编码器分为二进制优先编码器和二-十进制(8421BCD 码)优先编码器,集成编码器多为优先编码器,常见的集成二进制优先编码器如 74LS148、CC40147、T1148 等,常见的集成二-十进制(8421BCD 码)优先编码器如 74LS147、C340、T340 等。下面以 74LS148 为例分析优先编码器。

二进制优先编码器 74LS148(8-3 线优先编码器)的引脚排列如图 6-8 所示,编码器功能表见表 6-7。

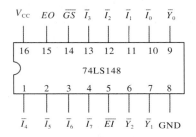

图 6-8　74LS148 引脚排列

表 6-7　　　　　　　　　　　　　　　　**74LS148 功能表**

输　入									输　出				
$\overline{EI}$	$\overline{I_7}$	$\overline{I_6}$	$\overline{I_5}$	$\overline{I_4}$	$\overline{I_3}$	$\overline{I_2}$	$\overline{I_1}$	$\overline{I_0}$	$\overline{Y_2}$	$\overline{Y_1}$	$\overline{Y_0}$	$\overline{GS}$	EO
1	×	×	×	×	×	×	×	×	1	1	1	1	1
0	1	1	1	1	1	1	1	1	1	1	1	1	0
0	0	×	×	×	×	×	×	×	0	0	0	0	1
0	1	0	×	×	×	×	×	×	0	0	1	0	1
0	1	1	0	×	×	×	×	×	0	1	0	0	1
0	1	1	1	0	×	×	×	×	0	1	1	0	1
0	1	1	1	1	0	×	×	×	1	0	0	0	1
0	1	1	1	1	1	0	×	×	1	0	1	0	1
0	1	1	1	1	1	1	0	×	1	1	0	0	1
0	1	1	1	1	1	1	1	0	1	1	1	0	1

$\overline{EI}$ 为使能(允许)输入端,低电平有效,在 $\overline{EI}=1$ 时,电路禁止编码,所有的输出端均

被封锁在高电平,只有在$\overline{EI}=0$的条件下编码器才能正常工作,此时如果$\overline{I_7}\sim\overline{I_0}$中有低电平(有效信号)输入,则$\overline{Y_2}$、$\overline{Y_1}$、$\overline{Y_0}$是申请编码级别最高的输入信号所对应的编码输出(注意是反码)。

选通输出端EO和扩展端$\overline{GS}$用于扩展编码功能,EO的低电平输出信号表示"电路允许编码,但无编码信号输入,即无码可编";$\overline{GS}$的低电平输出信号表示"电路允许编码,且有编码输入,即正在编码";当EO和$\overline{GS}$均输出高电平时,表示"该电路禁止编码,即无法编码"。

编码信号输入端$\overline{I_7}\sim\overline{I_0}$输入低电平有效,输入低电平逻辑"0"表示有编码请求,输入高电平逻辑"1"表示无编码请求;$\overline{I_7}$的优先级别最高,$\overline{I_0}$的优先级别最低,其余依次类推;当$\overline{I_7}=0$时,其余输入信号不论是0还是1都不起作用,电路只对$\overline{I_7}$进行编码,并且以反码形式输出,即$\overline{Y_2}\,\overline{Y_1}\,\overline{Y_0}=000$(原码为111),其余类推。

3-8 线译码器
工作原理

6.2.2 译码器

译码是编码的反过程,即将表示特定意义的信息的二进制代码翻译成对应输出有效的电平信号。能完成译码功能的电路称为译码器。译码器按其功能特点分为通用译码器和显示译码器两类,通用译码器又可分为二进制译码器和二-十进制译码器,如果通用译码器有 n 个输入端和 m 个输出端,那么必有$m\leqslant 2^n$,且当 $m=2^n$ 时称为完全译码器,当 $m<2^n$ 时称为不完全译码器。

1.二进制译码器

二进制译码器属于完全译码器,即输入 n 位二进制代码对应输出 2^n 个信号,是完全译码。常用的译码器有双 2-4 线译码器 74LS139、CC74HC139 等;3-8 线译码器 74LS138、CC74HC138 等;4-16 线译码器 T1154、CC4154 等。如图 6-9 所示是 3-8 线译码器 74LS138 的逻辑符号和逻辑图,功能表见表 6-8。

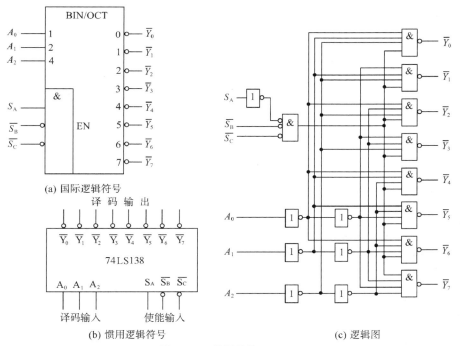

(a) 国际逻辑符号

(b) 惯用逻辑符号

(c) 逻辑图

图 6-9 3-8 线译码器 74LS138

表 6-8					3-8 线译码器 74LS138 功能表							
输　入					输　出							
S_A	$\overline{S_B}+\overline{S_C}$	A_2	A_1	A_0	$\overline{Y_7}$	$\overline{Y_6}$	$\overline{Y_5}$	$\overline{Y_4}$	$\overline{Y_3}$	$\overline{Y_2}$	$\overline{Y_1}$	$\overline{Y_0}$
0	×	×	×	×	1	1	1	1	1	1	1	1
×	1	×	×	×	1	1	1	1	1	1	1	1
1	0	0	0	0	0	1	1	1	1	1	1	1
1	0	0	0	1	1	0	1	1	1	1	1	1
1	0	0	1	0	1	1	0	1	1	1	1	1
1	0	0	1	1	1	1	1	0	1	1	1	1
1	0	1	0	0	1	1	1	1	0	1	1	1
1	0	1	0	1	1	1	1	1	1	0	1	1
1	0	1	1	0	1	1	1	1	1	1	0	1
1	0	1	1	1	1	1	1	1	1	1	1	0

3-8 线译码器 74LS138 除了有三个代码输入端之外，还有三个控制输入端 S_A、$\overline{S_B}$ 和 $\overline{S_C}$，这三个输入端也称为片选端，具有扩展功能或在级联时使用，该译码器的有效输出电平为低电平。由表 6-8 可知，片选控制端 S_A ＝0 时，译码器停止译码，输出端全部为高电平；当 S_A＝×、$\overline{S_B}+\overline{S_C}$＝1 时，译码器也不工作；只有当 S_A＝1，$\overline{S_B}+\overline{S_C}$＝0 时，译码器才进行译码。

二-十进制译码器
工作原理

2. 二-十进制译码器

二-十进制译码器是将 4 位二-十进制代码（BCD 码）的十组代码翻译成十进制数相对应的十个输出信号的电路。它有 4 个输入端，10 个输出端，因此称为 4-10 线译码器，又因为 $2^4 > 10$，所以二-十进制译码器是不完全译码器。常用的二-十进制译码器如 74LS42、CC4028 等。74LS42 的逻辑符号和逻辑图如图 6-10 所示，功能表见表 6-9。

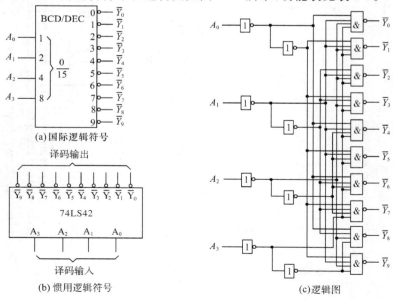

(a) 国际逻辑符号

(b) 惯用逻辑符号

(c) 逻辑图

图 6-10　二-十进制译码器 74LS42

表 6-9　　　　　　　　　　　二-十进制译码器 74LS42 的功能表

序号	输入				输出									
	A_3	A_2	A_1	A_0	$\overline{Y_0}$	$\overline{Y_1}$	$\overline{Y_2}$	$\overline{Y_3}$	$\overline{Y_4}$	$\overline{Y_5}$	$\overline{Y_6}$	$\overline{Y_7}$	$\overline{Y_8}$	$\overline{Y_9}$
0	0	0	0	0	0	1	1	1	1	1	1	1	1	1
1	0	0	0	1	1	0	1	1	1	1	1	1	1	1
2	0	0	1	0	1	1	0	1	1	1	1	1	1	1
3	0	0	1	1	1	1	1	0	1	1	1	1	1	1
4	0	1	0	0	1	1	1	1	0	1	1	1	1	1
5	0	1	0	1	1	1	1	1	1	0	1	1	1	1
6	0	1	1	0	1	1	1	1	1	1	0	1	1	1
7	0	1	1	1	1	1	1	1	1	1	1	0	1	1
8	1	0	0	0	1	1	1	1	1	1	1	1	0	1
9	1	0	0	1	1	1	1	1	1	1	1	1	1	0
伪码	1	0	1	0	1	1	1	1	1	1	1	1	1	1
	1	0	1	1	1	1	1	1	1	1	1	1	1	1
	1	1	0	0	1	1	1	1	1	1	1	1	1	1
	1	1	0	1	1	1	1	1	1	1	1	1	1	1
	1	1	1	0	1	1	1	1	1	1	1	1	1	1
	1	1	1	1	1	1	1	1	1	1	1	1	1	1

由 74LS42 的真值表可知,输入为 8421BCD 码,输出低电平有效,代码 1010～1111 没有使用,被称作伪码。对于 BCD 代码的伪码(1010～1111 六个代码),$\overline{Y_0}$～$\overline{Y_9}$ 均无低电平信号产生,译码器拒绝"翻译",所以这个电路结构具有拒绝伪码的功能。

3. 显示译码器

在数字系统中经常要将数字或运算结果显示出来,以便人们查看。这时需要由数码显示电路来完成。数码显示电路包括显示译码器和显示器两部分,如图 6-11 所示。用来驱动各种显示器件,从而将用二进制代码表示的数字、文字、符号翻译成人们习惯的形式并直观地显示出来的电路,称为显示译码器。显示译码器主要由译码器和驱动器组成,常集成在一块芯片上,输入一般为二-十进制代码,输出经过译码和放大后用来驱动显示器并使之显示相应数字或者字符的驱动信号。

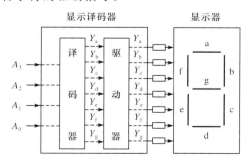

LED 数码管内部结构与工作原理

图 6-11　数码显示电路示意图

显示译码器因显示器的类型而异，常见的显示器有辉光数码管、发光二极管（LED）数码显示器（简称 LED 数码管）、液晶数码管和荧光数码管等。与辉光数码管匹配的是 BCD 十进制译码器，而常用的 LED 数码管、液晶数码管、荧光数码管等是由七个或八个字段构成字形的，因而与之匹配的有 BCD 七段或八段显示译码器。如图 6-12 所示为由七个发光二极管组成的数码显示器的外形。其优点是工作电压低、体积小、寿命长、可靠性高、响应时间短、亮度较大。缺点是工作电流较大。下面以 LED 数码管为例分析数码显示原理。

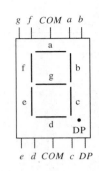

图 6-12　LED 数码显示器外形图

LED 数码管根据连接方式不同分为共阴极和共阳极两种连接方法，如果将七个发光二极管的阴极接在一起就叫作共阴极接法，此时需要用高电平（逻辑 1）来驱动发光二极管发光；如果将七个发光二极管的阳极接在一起就叫作共阳极接法，此时需要用低电平来驱动发光二极管发光。如图 6-13 所示。

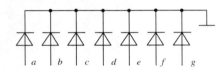
（a）共阴极接法

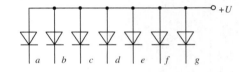
（b）共阳极接法

图 6-13　LED 数码管的内部接线图

如果选用共阳极接法的 LED 显示数字 3，那么需要给 LED 加的驱动信号为：

$$a=b=c=d=g=0, e=f=1$$

此驱动信号由与显示器匹配的显示译码器提供，常用于驱动七段发光二极管数码显示器的显示译码器是 74LS247 和 74LS248，其中 74LS247 输出低电平有效，驱动共阳极数码管；74LS248 输出高电平有效，驱动共阴极数码管。74LS247 的引脚排列如图 6-14 所示。功能表见表 6-10。

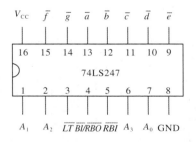

图 6-14　74LS247 引脚排列

CD4511 共阴型
LED 数码管显示原理

表 6-10　　　　　　　　74LS247 BCD 七段显示译码器功能表

十进制功能	输入							输出							字形
	$\overline{LT}$	$\overline{RBI}$	$\overline{BI}/\overline{RBO}$	A_3	A_2	A_1	A_0	$\overline{a}$	$\overline{b}$	$\overline{c}$	$\overline{d}$	$\overline{e}$	$\overline{f}$	$\overline{g}$	
灭灯	×	×	0	×	×	×	×	1	1	1	1	1	1	1	全灭
试灯	0	×	1	×	×	×	×	0	0	0	0	0	0	0	全亮
灭零	1	0	0	0	0	0	0	1	1	1	1	1	1	1	全灭
0	1	1	1	0	0	0	0	0	0	0	0	0	0	1	0
1	1	×	1	0	0	0	1	1	0	0	1	1	1	1	1
2	1	×	1	0	0	1	0	0	0	1	0	0	1	0	2
3	1	×	1	0	0	1	1	0	0	0	0	1	1	0	3
4	1	×	1	0	1	0	0	1	0	0	1	1	0	0	4
5	1	×	1	0	1	0	1	0	1	0	0	1	0	0	5
6	1	×	1	0	1	1	0	0	1	0	0	0	0	0	6
7	1	×	1	0	1	1	1	0	0	0	1	1	1	1	7
8	1	×	1	1	0	0	0	0	0	0	0	0	0	0	8
9	1	×	1	1	0	0	1	0	0	0	0	0	0	0	9

$A_3 \sim A_0$：8421BCD 码输入端，高电平有效（0000～1001）。

$\overline{a} \sim \overline{g}$：译码输出，低电平有效，驱动共阳极七段数码管。

$\overline{LT}$：灯测试输入端，测试数码管各段的好坏，低电平有效，当 $\overline{LT}=0$ 且 $\overline{BI}/\overline{RBO}=1$ 时，无论其他输入端状态如何，输出 $\overline{a} \sim \overline{g}$ 全为低电平，数码管七段全亮，显示数字 8。

$\overline{BI}/\overline{RBO}$：灭灯输入/灭零输出端，此引脚比较特殊，有时是输入端，有时作为输出端，当作为输入端且输入低电平时，无论其他输入端为何值输出全为 1，七段全灭。

$\overline{RBI}$：灭零输入端，当 $\overline{RBI}=0$ 且 $\overline{LT}=1$ 时，如果 $A_3 \sim A_0$ 输入 0000，数码管并不显示 0，输出端 $\overline{a} \sim \overline{g}$ 全为高电平，起到灭零的作用，此时 $\overline{BI}/\overline{RBO}$ 作为输出端输出低电平表示灭零。可见，数码管显示 0 时除 $\overline{LT}=1$、$A_3 \sim A_0$ 输入 0000 外，还要求灭零输入端为高电平；显示其他数码时，对灭零输入端则无此要求。

6.3 数据选择器和数据分配器

在多路数据传输过程中，经常需要将其中一路信号挑选出来进行传输，或者将一路信号进行选择性的传送，这就需要用到数据选择器和数据分配器。数据选择器和数据分配器都是数字电路中的多路开关，数据选择器是从多路输入数据中选择一路输出，数据分配器是将一路输入数据分配到多路输出。

6.3.1　数据选择器

数据选择器又称"多路开关"或"多路调制器"。它的功能是从多个数据输入通道中选择某一通道的数据传输至输出端，如图 6-15 所示。

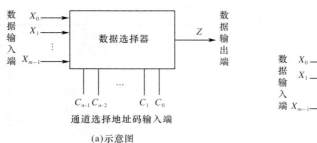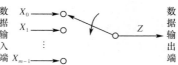

(a)示意图   (b)等效电路

图 6-15　数据选择器

如图 6-16 所示的 4 选 1 数据选择器是从四路输入数据中选择一路作为输出,输入地址代码必须有四个不同状态与之相对应,所以地址输入端必须是两个(A_1 和 A_0)。其真值表见表 6-11。集成数据选择器(图 6-17)为了对选择器工作与否进行控制和扩展功能的需要,通常还设置了使能控制端,下面以 8 选 1 数据选择器 74LS151 为例讲解集成数据选择器的使用。74LS151 功能表见表 6-12。

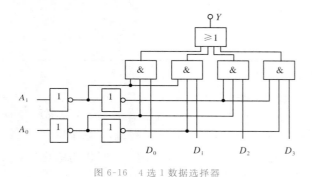

图 6-16　4 选 1 数据选择器

表 6-11　4 选 1 数据选择器真值表

地址输入		输　出
A_1	A_0	Y
$\times$	$\times$	0
0	0	D_0
0	1	D_1
1	0	D_2
1	1	D_3

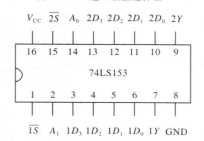

(a)双 4 选 1 数据选择器 74LS153

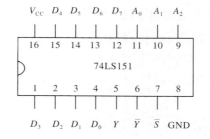

(b)8 选 1 数据选择器 74LS151

图 6-17　集成数据选择器引脚排列

表 6-12　8 选 1 数据选择器 74LS151 功能表

使能端	数　据　输　入								地　址　码			输　出	
$\overline{S}$	D_7	D_6	D_5	D_4	D_3	D_2	D_1	D_0	A_2	A_1	A_0	Y	$\overline{Y}$
1	$\times$	$\times$	$\times$	$\times$	$\times$	$\times$	$\times$	$\times$	$\times$	$\times$	$\times$	0	1
0	D_7	D_6	D_5	D_4	D_3	D_2	D_1	D_0	0	0	0	D_0	$\overline{D_0}$

使能端	数据输入								地址码			输 出	
$\overline{S}$	D_7	D_6	D_5	D_4	D_3	D_2	D_1	D_0	A_2	A_1	A_0	Y	$\overline{Y}$
0	D_7	D_6	D_5	D_4	D_3	D_2	D_1	D_0	0	0	1	D_1	$\overline{D_1}$
0	D_7	D_6	D_5	D_4	D_3	D_2	D_1	D_0	0	1	0	D_2	$\overline{D_2}$
0	D_7	D_6	D_5	D_4	D_3	D_2	D_1	D_0	0	1	1	D_3	$\overline{D_3}$
0	D_7	D_6	D_5	D_4	D_3	D_2	D_1	D_0	1	0	0	D_4	$\overline{D_4}$
0	D_7	D_6	D_5	D_4	D_3	D_2	D_1	D_0	1	0	1	D_5	$\overline{D_5}$
0	D_7	D_6	D_5	D_4	D_3	D_2	D_1	D_0	1	1	0	D_6	$\overline{D_6}$
0	D_7	D_6	D_5	D_4	D_3	D_2	D_1	D_0	1	1	1	D_7	$\overline{D_7}$

由功能表可知 D_7、D_6、D_5、D_4、D_3、D_2、D_1、D_0 为数据输入端；A_2、A_1、A_0 为地址信号输入端；Y 和 $\overline{Y}$ 为互补输出端；$\overline{S}$ 为使能端，又称选通端，输入低电平有效。当 $\overline{S}$ 为高电平时，输出 $Y=0$，数据选择器不工作。当 $\overline{S}$ 为低电平时，由地址码决定将 D_7、D_6、D_5、D_4、D_3、D_2、D_1、D_0 中的哪一个送到输出端 Y。此时 Y 可以表示为：

$$Y=\overline{A_2}\ \overline{A_1}\ \overline{A_0}D_0+\overline{A_2}\ \overline{A_1}A_0D_1+\overline{A_2}A_1\ \overline{A_0}D_2+\overline{A_2}A_1A_0D_3$$
$$+A_2\ \overline{A_1}\ \overline{A_0}D_4+A_2\ \overline{A_1}A_0D_5+A_2A_1\ \overline{A_0}D_6+A_2A_1A_0D_7$$

6.3.2 数据分配器

数据分配器的工作原理正好与数据选择器相反，数据分配器的逻辑功能是将一个输入数据传送到多个输出端中的一个输出端，具体传送到哪一个输出端是由一组选择控制信号（地址码）确定的，如图 6-18 所示。

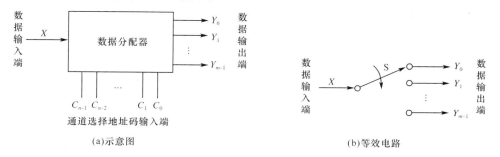

(a)示意图   (b)等效电路

图 6-18 数据分配器

一般没有专门的数据分配器，数据分配器实际上是译码器（显示译码器除外）的一种特殊应用。译码器必须具有"使能端"，且"使能端"要作为数据输入端使用，而译码器的输入端要作为通道选择地址码输入端，译码器的输出端就是分配器的输出端。

以 3-8 线译码器 74LS138 为例分析数据分配器的工作原理，依照功能表将 A_2、A_1、A_0 作为地址信号输入端，$Y_7 \sim Y_0$ 为数据输出端，以使能端 $\overline{S_B}$ 或 $\overline{S_C}$ 为数据输入端时输出原码，以使能端 S_A 为数据输入端时输出反码。功能表重新列于表 6-13。

表 6-13　　　　3-8 线译码器 74LS138(作为数据分配器)功能表

输　入					输　出							
S_A	$\overline{S_B}+\overline{S_C}$	A_2	A_1	A_0	$\overline{Y_7}$	$\overline{Y_6}$	$\overline{Y_5}$	$\overline{Y_4}$	$\overline{Y_3}$	$\overline{Y_2}$	$\overline{Y_1}$	$\overline{Y_0}$
0	×	×	×	×	1	1	1	1	1	1	1	1
×	1	×	×	×	1	1	1	1	1	1	1	1
1	0	0	0	0	0	1	1	1	1	1	1	1
1	0	0	0	1	1	0	1	1	1	1	1	1
1	0	0	1	0	1	1	0	1	1	1	1	1
1	0	0	1	1	1	1	1	0	1	1	1	1
1	0	1	0	0	1	1	1	1	0	1	1	1
1	0	1	0	1	1	1	1	1	1	0	1	1
1	0	1	1	0	1	1	1	1	1	1	0	1
1	0	1	1	1	1	1	1	1	1	1	1	0

6.4　加法器与数值比较器

6.4.1　加法器

两个二进制数之间的算术运算(加、减、乘、除),目前在数字计算机中都是化作若干步加法运算进行的。加法器是构成算术运算器的基本单元。

1. 半加器

如果不考虑来自低位的进位,将两个一位二进制数相加,给出和数和进位,称为半加;完成此功能的电路称为半加器,如图 6-19 所示。真值表见表 6-14。如将第 i 位的两个加数 A_i 和 B_i 相加,它除产生本位和数 S_i 之外,还有一个向高位的进位数 C_O,因此有两个输入信号(加数 A_i、被加数 B_i)和两个输出信号(本位和数 S_i、向高位的进位数 C_O)。由半加器真值表可得表达式:

$$S_i=\overline{A_i}B_i+A_i\overline{B_i}=A_i\oplus B_i \qquad C_O=A_iB_i$$

表 6-14　　半加器真值表

输　入		输　出	
A_i	B_i	S_i	C_O
0	0	0	0
0	1	1	0
1	0	1	0
1	1	0	1

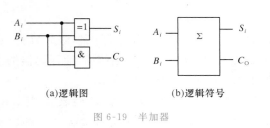

(a)逻辑图　　　　　(b)逻辑符号

图 6-19　半加器

2. 全加器

不仅考虑相加的两个一位二进制数,而且还考虑来自低位进位的运算称为全加,能完成全加运算的电路称为全加器,逻辑符号如图 6-20 所示。真值表见表 6-15。如在第 i 位二进制数相加时,加数、被加数和来自低位的进位数分别为 A_i、B_i、C_i,本位和数和向相邻高位的进位数分别为 S_i、C_O。因此有三个输入信号(加数 A_i、被加数 B_i、来自低位的进位数 C_i),两个输出信号(本位和数 S_i、向高位的进位数 C_O)。

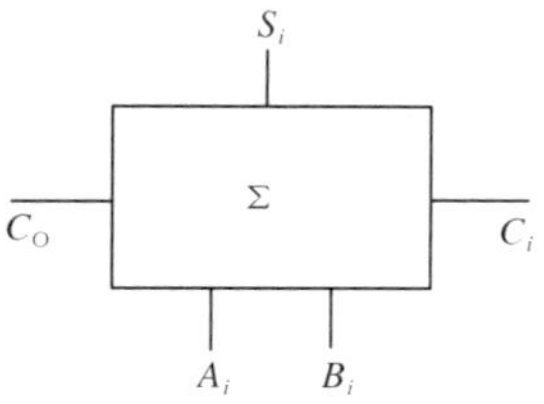

表 6-15　　　全加器真值表

输 入			输 出	
A_i	B_i	C_i	S_i	C_O
0	0	0	0	0
0	0	1	1	0
0	1	0	1	0
0	1	1	0	1
1	0	0	1	0
1	0	1	0	1
1	1	0	0	1
1	1	1	1	1

图 6-20　全加器逻辑符号

输出与输入之间的逻辑表达式为:
$$S_i = A_i \oplus B_i \oplus C_i \qquad C_O = A_i B_i + A_i C_i + B_i C_i$$

3. 多位加法器(串行进位加法器)

多位加法器是将多个一位全加器按照低位全加器的进位输出端 C_O 接到高位全加器的进位输入端 C_i 并将最低位进位输入端 C_i 接地的方式连接而成的。4 位串行进位加法器如图 6-21 所示。

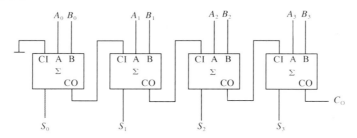

图 6-21　4 位串行进位加法器

这种多位加法器的优点是电路简单,但是由于高位运算需要等待低位运算完成后的进位信息,进位信息就像海浪一样一浪推着一浪前进,因此常被称为行波进位,其缺点是运算速度慢。超前进位加法器通过逻辑电路先得出每一个全加器的进位输入信号从而很好地解决了这个问题。例如集成全加器 74LS283 就是 4 位的超前进位加法器,引脚排列如图 6-22 所示。

6.4.2　数值比较器

在某些数字系统中,特别是计算机中,经常需要对两个数的大小进行比较。具有比较两个数大小的功能的电路称为数值比较器。

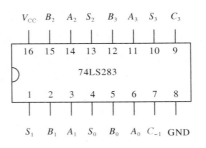

图 6-22　集成全加器 74LS283 引脚排列

1. 1 位数值比较器

两个 1 位数 A 和 B 的大小比较,不外乎三种情况:$A>B$;$A<B$;$A=B$,所以这个比较器应当有两个输入端(A 和 B),三个输出端。如果以 $Y_1=1$ 表示 $A>B$;$Y_2=1$ 表示 $A<B$;$Y_3=1$ 表示 $A=B$,则可列出其真值表,见表 6-16。

表 6-16　　　　　　　　　　　1 位数值比较器真值表

输　入		输　出		
A	B	$Y_1(A>B)$	$Y_2(A<B)$	$Y_3(A=B)$
0	0	0	0	1
0	1	0	1	0
1	0	1	0	0
1	1	0	0	1

由真值表可分别写出三个输出信号逻辑表达式:

$$Y_1=A\overline{B} \quad Y_2=\overline{A}B \quad Y_3=\overline{A}\,\overline{B}+AB=A\odot B$$

其逻辑图如图 6-23 所示。

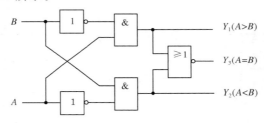

图 6-23　1 位数值比较器逻辑图

2. 多位数值比较器

两个多位数相比较时,必须从最高位开始比较,当最高位相等时,再比较低一位的大小,依次类推。74LS85 是集成 4 位数值比较器,其引脚排列和真值表分别如图 6-24 和表 6-17 所示。

其中串联输入端 $I_{A>B}(A'>B')$、$I_{A<B}(A'<B')$ 和 $I_{A=B}(A'=B')$ 是为了扩大比较位数而设置的。输出端为 $Y_{A>B}(A>B)$、$Y_{A<B}(A<B)$、$Y_{A=B}(A=B)$。当不需要扩大比较位数时,$A'>B'$、$A'<B'$ 接低电平,$A'=B'$ 接高电平。当需要扩大比较位数时,可采用多片连接。如图 6-25 所示为由 3 片 74LS85 组成的 12 位数值比较器的逻辑电路。

■150

电子技术　基础篇

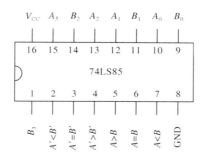

图 6-24　74LS85 引脚排列

表 6-17　　　　　　　　　　　　　　　4 位数值比较器 74LS85 真值表

比较输入						串联输入			输　　出		
A_3	B_3	A_2	B_2	A_1	B_1	A_0	B_0	$I_{A>B}$	$I_{A<B}$	$I_{A=B}$	
											$Y_{A>B}$ $Y_{A<B}$ $Y_{A=B}$
$A_3>B_3$		×	×	×	×	×	×	×	×	×	1　　0　　0
$A_3<B_3$		×	×	×	×	×	×	×	×	×	0　　1　　0
$A_3=B_3$		$A_2>B_2$		×	×	×	×	×	×	×	1　　0　　0
$A_3=B_3$		$A_2<B_2$		×	×	×	×	×	×	×	0　　1　　0
$A_3=B_3$		$A_2=B_2$		$A_1>B_1$		×	×	×	×	×	1　　0　　0
$A_3=B_3$		$A_2=B_2$		$A_1<B_1$		×	×	×	×	×	0　　1　　0
$A_3=B_3$		$A_2=B_2$		$A_1=B_1$		$A_0>B_0$		×	×	×	1　　0　　0
$A_3=B_3$		$A_2=B_2$		$A_1=B_1$		$A_0<B_0$		×	×	×	0　　1　　0
$A_3=B_3$		$A_2=B_2$		$A_1=B_1$		$A_0=B_0$		1	0	0	1　　0　　0
$A_3=B_3$		$A_2=B_2$		$A_1=B_1$		$A_0=B_0$		0	1	0	0　　1　　0
$A_3=B_3$		$A_2=B_2$		$A_1=B_1$		$A_0=B_0$		0	0	1	0　　0　　1

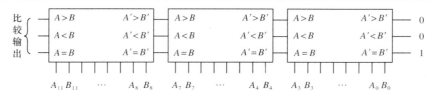

图 6-25　由 3 片 74LS85 组成的 12 位数值比较器的逻辑电路

本 章 小 结

　　本章讲述了组合逻辑电路的特点,组合逻辑电路的分析方法和设计方法,编码器、译码器、数据选择器、数据分配器、加法器和数值比较器的电路与原理以及这些功能电路的中小规模集成芯片。学习组合逻辑电路的应用首先要学习集成化的组合逻辑电路芯片的使用,本章对各个功能电路均以一个常用的集成芯片为例分析其真值表、输入/输出引脚的功能与使用,以期同学们在此基础上举一反三逐步掌握集成芯片的功能与使用。

　　掌握了电路分析的一般方法,就可以识别给定电路的逻辑功能;掌握了电路设计的一般方法,就可以根据给定的逻辑要求设计出相应的逻辑电路。因此,学习本章内容时组合逻辑电路的分析方法和设计方法是重点。

自我检测题

一、填空题

1.在数字电路中,电路的输出状态仅取决于该时刻的输入状态,而与电路原来的状态无关的功能电路称为_____。

2.编码是将特定对象用_____表示的过程,能完成此功能的电路称为_____,若要对 24 个输入信号进行编码,则需采用_____位二进制代码。

3.常用的编码器有_____进制编码器、_____进制编码器和_____编码器。

4.二-十进制优先编码器 74LS147 如输入端 $\overline{I_7}=\overline{I_4}=\overline{I_1}=0$,而其他输入端都输入 1,则其编码输出 $\overline{Y_3}\,\overline{Y_2}\,\overline{Y_1}\,\overline{Y_0}=$_____。

5.译码是_____反过程,所以_____与译码器的功能相反。根据译码信号的特点可将译码器分为:_____进制译码器、_____进制译码器和_____译码器。

6.显示译码器 74LS247 输出低电平有效,若要显示数字 5,则译码器输入信号为_____,此时译码器输出 $\overline{a}\,\overline{b}\,\overline{c}\,\overline{d}\,\overline{e}\,\overline{f}\,\overline{g}$ 为_____。

7.从多个数据输入通道中选择某一通道的数据传输至输出端的电路称为_____;将 1 个输入数据传送到多个输出端中的 1 个输出端的电路称为_____。从 16 个数据输入通道中选择某一通道的数据传输至输出端需要_____位地址码。

二、选择题

1.在组合电路中,任意时刻的输出与(   )。

A.该时刻的输入无关,与电路的原来状态有关

B.该时刻的输入有关,与电路的原来状态有关

C.该时刻的输入无关,与电路的原来状态无关

D.该时刻的输入有关,与电路的原来状态无关

2.编码器的逻辑功能是将(   )。

A.输入的高、低电平编成对应输出的高、低电平

B.输入的二进制代码编成对应输出的高、低电平

C.输入的高、低电平编成对应输出的二进制代码

D.输入的二进制代码编成对应输出的二进制代码

3.对于普通编码器和优先编码器,下面的说法中正确的是(   )。

A.普通编码器和优先编码器都允许输入多个编码信号

B.普通编码器和优先编码器都只允许输入一个编码信号

C.普通编码器只允许输入一个编码信号,优先编码器允许输入多个编码信号

D.普通编码器允许输入多个编码信号,优先编码器只允许输入一个编码信号

4.二-十进制编码器的输出为(   )。

A.三位二进制数　　　　　　　　B.BCD 码

C.十进制数　　　　　　　　　　D.二-十进制数

5. 译码器的逻辑功能是将(　　　)。

A. 输入的二进制代码译成对应输出的二进制代码

B. 输入的高、低电平译成对应输出的二进制代码

C. 输入的高、低电平译成对应输出的高、低电平

D. 输入的二进制代码译成对应输出的高、低电平

6. 对于 3-8 线译码器 74LS138,当片选信号 S_A、$\overline{S_B}$ 和 $\overline{S_C}$ 为(　　　)时芯片被选通。

A. 010　　　　B. 100　　　　C. 001　　　　D. 101

7. 二-十进制译码器的输入为(　　　)。

A. BCD 码　　　B. 三位二进制数　C. 十进制数　　　D. 二-十进制数

8. 数据选择器输入数据的位数 m 和输入地址的位数 n 之间的关系是(　　　)。

A. $m=n$　　　　　　　　　B. $m=2n$

C. m 等于 2 的 n 次方　　　　　D. m 与 n 之间无关系

9. 若在编码器中有 50 个编码对象,则要求输出二进制代码的位数为(　　　)位。

A. 5　　　　B. 6　　　　C. 10　　　　D. 50

10. 一个 16 选 1 的数据选择器,其地址输入(选择控制输入)端有(　　　)个。

A. 1　　　　B. 2　　　　C. 4　　　　D. 16

11. 101 键盘的编码器输出(　　　)位二进制代码。

A. 2　　　　B. 6　　　　C. 7　　　　D. 8

12. 在下列逻辑电路中,不是组合逻辑电路的是(　　　)。

A. 译码器　　　B. 编码器　　　C. 全加器　　　D. 寄存器

13. 8 路数据分配器,其地址输入端有(　　　)个 。

A. 1　　　　B. 2　　　　C. 3　　　　D. 4

三、电路分析与解答题

电路如题图 6-1 所示,回答如下问题:

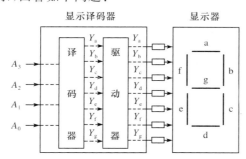

题图 6-1

1. 图示显示译码器中,当输入 0110 时对应显示的十进制数是多少?

2. 什么是共阴极接法? 什么是共阳极接法?

3. 如果是共阴极接法,此时驱动器输出端 $Y_a \sim Y_g$ 各是什么逻辑状态?

4. 显示器的哪些段被驱动发光?

四、电路设计题

用红、黄、绿三个指示灯表示三台设备的工作情况:绿灯亮表示全部正常;红灯亮表示有一台不正常;黄灯亮表示有两台不正常;红、黄灯全亮表示三台都不正常。列出控制电路真值表,写出逻辑表达式,并选用合适的电路来实现。

第7章

时序逻辑电路

本 章 导 读

由第 6 章所讨论的组合逻辑电路可知,任意时刻的输出信号仅取决于当时的输入信号,与电路以前所处的状态无关。实际中的许多电路,任意时刻的输出信号不仅取决于当时的输入信号,而且与电路以前所处的状态有关,具有这种特征的电路称为时序逻辑电路。它和组合逻辑电路都是数字系统的重要组成部分。

本章首先介绍组成时序逻辑电路的基本逻辑单元——触发器。在介绍了它的电路结构、工作原理和特点的基础上,介绍常用的时序逻辑电路——计数器和寄存器的电路结构、工作原理和典型应用。

7.1 RS 触发器及芯片

触发器是时序逻辑电路的记忆器件,为了实现记忆 1 位二值信号的功能,触发器必须具备两个基本的特点:一是具有两个能自行保持的稳定状态,用来表示二值信号的"0"或"1";另一个是不同的输入信号可以将触发器置成"0"或"1"的状态。

触发器的种类很多,根据触发器电路结构的特点,可以将触发器分为基本 RS 触发器、同步 RS 触发器、主从触发器、维持阻塞触发器和 CMOS 边沿触发器等类型。

根据触发器逻辑功能的不同,又可以将触发器分为 RS 触发器、JK 触发器、T 触发器和 D 触发器等类型。

7.1.1 基本 RS 触发器

1. 电路组成

基本 RS 触发器,如图 7-1(a)所示,是由两个与非门交叉直接耦合组成的,使与非门的两个输出端 Q 和 $\bar{Q}$ 有稳定的输出信号"1"和"0",或"0"和"1",且在两个输入端 $\bar{R}$ 和 $\bar{S}$ 上输入信号,可以很方便地将触发器输出端的信号置成"1"或"0"。图 7-1(b)是它的逻辑符号。

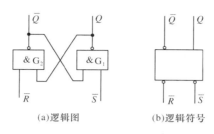

(a)逻辑图　　　　　　(b)逻辑符号

图 7-1　基本 RS 触发器

在数字电路中,用触发器输出端 Q 的状态来定义触发器的状态。当触发器的输出端 Q 为高电平信号"1"时,称触发器的状态为"1";当触发器的输出端 Q 为低电平信号"0"时,称触发器的状态为"0"。

2. 逻辑功能

我们用 Q^n 表示接收信号之前触发器的输出状态,称为现态;Q^{n+1} 表示接收信号之后触发器的输出状态,称为次态。

(1)$\overline{R}=1$,$\overline{S}=1$,触发器保持原状态不变。

当 $\overline{R}=1$,$\overline{S}=1$ 时,Q 接至与非门 G_2 的输入端,使 G_2 输出为 Q;$\overline{Q}$ 接至与非门 G_1 的输入端,使 G_1 输出为 Q。因此,它们对与非门的输出没有影响,触发器维持原来的状态不变,表示为 $Q^{n+1}=Q^n$,触发器的这个动作过程称为记忆。

(2)$\overline{R}=0$,$\overline{S}=1$,触发器被置为 0 态。

由于 $\overline{R}=0$,G_2 门输出端 $\overline{Q}=1$,此输出端接至 G_1 门的输入端,又因为 $\overline{S}=1$,G_1 门输出端 $Q=0$。即 $Q^{n+1}=0$,实现置 0 功能。因触发器的这个动作过程称为置 0 或复位,所以,触发器的输入端 $\overline{R}$ 称为复位端。

(3)$\overline{R}=1$,$\overline{S}=0$,触发器被置为 1 态。

由于 $\overline{S}=0$,G_1 门输出端 $Q=1$,此输出端接至 G_2 门的输入端,又因为 $\overline{R}=1$,G_2 门输出端 $\overline{Q}=0$。即 $Q^{n+1}=1$,实现置 1 功能。因触发器的这个动作过程称为置 1 或置位,所以,触发器的输入端 $\overline{S}$ 称为置位端。

(4)$\overline{R}=0$,$\overline{S}=0$,触发器状态不确定。

当 $\overline{R}=0$,$\overline{S}=0$ 时,$Q=\overline{Q}=1$,对于触发器来说,是一种非正常状态。此时,若 $\overline{R}$ 和 $\overline{S}$ 同时由 0 变为 1,则触发器输出状态由两个与非门传输时间的长短等随机因素而定,难以确定是 0 还是 1,即会出现不定状态。触发器正常工作时,不允许出现 $\overline{R}$ 和 $\overline{S}$ 全为 0 的情况,规定其约束方程:

$$\overline{R}+\overline{S}=1 \tag{7-1}$$

触发器正常工作时应满足这一约束条件。

根据基本 RS 触发器的逻辑图可直接写出其特性方程为

$$Q^{n+1}=S+\overline{R}Q^n \tag{7-2}$$

综合上述分析,基本 RS 触发器的逻辑功能可由表 7-1 描述。

表 7-1		由与非门组成的基本 RS 触发器的功能表	
$\overline{R}$		$\overline{S}$	Q
1		0	1
0		1	0
1		1	不变
0		0	不允许

由表 7-1 可以看出：

(1)当 $\overline{R}=\overline{S}=1$ 时，基本 RS 触发器具有保持功能；

(2)当 $\overline{R}=0,\overline{S}=1$ 时，基本 RS 触发器具有置 0 功能，将 $\overline{R}$ 端称为复位端，低电平有效

(3)当 $\overline{R}=1,\overline{S}=0$ 时，基本 RS 触发器具有置 1 功能，将 $\overline{S}$ 端称为置位端，低电平有效。

由与非门组成的基本 RS 触发器输入低电平有效，因此，在 R、S 上加"－"号，即 $\overline{R}$、$\overline{S}$。在图 7-1(b)所示逻辑符号中，对应 R 和 S 端的小圈也表示 R 和 S 是低电平有效。

例 7-1 基本 RS 触发器如图 7-1 所示。试根据图 7-2 中给定的输入信号波形对应画出输出 Q 和 $\overline{Q}$ 的波形。

解 根据表 7-1，基本 RS 触发器输出端的波形如图 7-2 中 Q 和 $\overline{Q}$ 所示。图中阴影部分表示 Q 和 $\overline{Q}$ 状态无法确定。

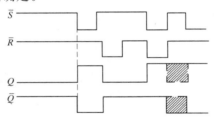

图 7-2 例 7-1 输入/输出波形图

3. 芯片介绍

74LS279 是四基本 RS 触发器，芯片引脚和逻辑功能图如图 7-3 所示。如果在一片集成器件中有多个触发器，通常在符号前面(或后面)加上数字，以表示不同触发器的输入、输出信号，比如 $1\overline{S}$ 与 $1Q$ 同属一个触发器。

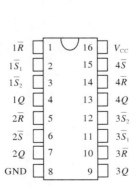

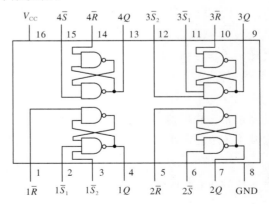

图 7-3 74LS279 引脚和逻辑功能图

7.1.2 同步 RS 触发器

基本 RS 触发器抗干扰能力差,而且不能实现多个触发器同步工作。为了解决多个触发器同步工作的问题,人们发明了同步 RS 触发器。

1.电路组成

在基本 RS 触发器前面增加一级输入控制门电路,即可组成同步 RS 触发器,如图 7-4 所示。

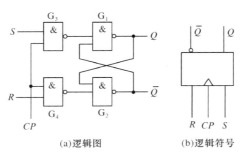

(a)逻辑图 (b)逻辑符号

图 7-4　同步 RS 触发器

同步 RS 触发器的同步控制信号为脉冲方波信号,通常称为时钟脉冲,或称为时钟信号,简称时钟,用字母 CP(Clock Pulse)表示。所以,同步 RS 触发器的同步控制信号输入端也称为 CP 控制端。

2.逻辑功能

(1)当 $CP=0$ 时

与非门 G_3 和 G_4 被封锁,它们的输出为 1,触发器保持原来状态不变。

(2)当 $CP=1$ 时

与非门 G_3 和 G_4 开启,它们的输出分别为 $\overline{S}$、$\overline{R}$,实现 RS 触发器的功能,其功能见表 7-2。

表 7-2　　　　　　　　　　　同步 RS 触发器的功能表

CP	R	S	Q
0	×	×	不变
1	0	0	不变
1	0	1	1
1	1	0	0
1	1	1	不允许

该电路在 $CP=1$ 时,若输入 R 和 S 同时为 1,则 Q 和 $\overline{Q}$ 都为 1,故 R 和 S 应满足约束方程:

$$S \times R = 0$$

根据逻辑图,可以推导出同步 RS 触发器的特性方程:

$$Q^{n+1} = S + \overline{R}Q^n$$

通过上面分析可以看出,当 CP 信号为低电平"0"时,组成输入控制电路的两个与非门的输出信号为1,该输出信号直接加在后级 RS 触发器的复位端和置位端上,使电路的输出信号保持原态,触发器输出端的信号不随输入信号的变化而变化。当 CP 信号为高电平"1"时,该信号对组成输入控制电路的两个与非门的输出信号没有影响,同步 RS 触发器的输出状态随输入信号变化而变化,情况与基本 RS 触发器相同。

例 7-2　同步 RS 触发器的波形如图 7-5 所示,设初始状态为逻辑 0,试画出相应的输出 Q 的波形。

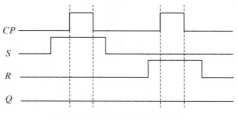

图 7-5　例 7-2 输入波形图

解　$CP=0$ 时,触发器保持原态不变;$CP=1$ 时,触发器按照表 7-2 的功能改变状态,波形如图 7-6 所示。

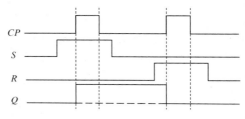

图 7-6　例 7-2 输入/输出波形图

3. 同步 RS 触发器的空翻问题

在同步 RS 触发器的使用过程中,触发器虽然能按一定的时间节拍进行翻转动作,但它在 CP 为 1 期间,输入条件的变化会导致输出状态的变化,即如果在 $CP=1$ 时,输入条件 R、S 发生跳变,将会使触发器发生一次以上的翻转,也就是所谓的"空翻"现象。"空翻"会造成节拍混乱和系统工作不稳定。这就要求同步 RS 触发器在 CP 脉冲触发期间的输入信号严格保持不变。

思考题

1. 基本 RS 触发器在电路结构上有什么特点? 有什么动作特点?
2. 同步 RS 触发器在电路结构上有什么特点? 有什么动作特点?
3. 什么是同步 RS 触发器的"空翻"现象?

7.2　防止"空翻"的触发器及芯片

同步 RS 触发器虽然可以在 CP 脉冲控制下存储信号,但它有约束条件,且存在"空翻"问题。为了解决这些问题,在 RS 触发器的基础上发展了几种不同逻辑功能的触发器,常用的有 JK、D 和 T 触发器。

7.2.1　主从型 JK 触发器

1.电路组成及逻辑符号

同步 JK 触发器

主从型 JK 触发器逻辑图如图 7-7(a)所示,逻辑符号如图 7-7(b)所示。主从型 JK 触发器是由两个同步 RS 触发器串联组成的,其中与非门 G_5、G_6、G_7、G_8 组成主触发器,与非门 G_1、G_2、G_3、G_4 组成从触发器。且两个同步 RS 触发器 CP 脉冲的相位正好相反。从触发器的输出端 Q 和 $\overline{Q}$ 分别接回至主触发器接收门的输入端。

2.逻辑功能

(1)$J=1$,$K=0$ 时($J=0$,$K=1$ 时,与此相反)

边沿 JK 触发器

若触发器原来的状态 $Q^n=0$,则门 G_7、G_8 封锁,$CP=1$ 时先将主触发器置 1,待 $CP=0$ 以后,从触发器也被置 1,即 $Q^{n+1}=1$。

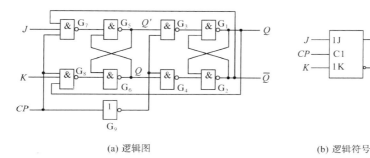

(a) 逻辑图　　　　　　　　　　　(b) 逻辑符号

图 7-7　主从型 JK 触发器

若触发器原来的状态 $Q^n=1$,则 G_7 被 $\overline{Q}$ 的低电平封锁,G_8 被 K 端的低电平封锁,$CP=1$ 期间主触发器保持不变,待 $CP=0$ 以后,从触发器也继续保持为 1,即 $Q^{n+1}=1$。

可见,不管 $Q^n=0$ 还是 $Q^n=1$,只要 $J=1$、$K=0$,触发器的次态必为 $Q^{n+1}=1$。

(2)$J=0$,$K=0$ 时

门 G_7、G_8 同时被封锁,其输出保持为高电平不变,所以触发器保持原来的状态不变,即 $Q^{n+1}=Q^n$。

(3)$J=1$,$K=1$ 时

若触发器原来的状态 $Q^n=0$,则 G_8 被 Q 端的低电平封锁,$CP=1$ 时只有 G_7 输出低电平,将主触发器置 1。待 $CP=0$ 以后,从触发器随之置 1,即 $Q^{n+1}=1$。

若触发器原来的状态 $Q^n=1$,则 G_7 被 $\overline{Q}$ 端的低电平封锁,$CP=1$ 时只有 G_8 输出低电平,将主触发器置 0。待 $CP=0$ 以后,从触发器随之置 0,即 $Q^{n+1}=0$。

可见,当 $J=K=1$ 时,无论 $Q^n=0$ 还是 $Q^n=1$,触发器的次态 Q^{n+1} 与 Q^n 的状态都相反,因此可以统一表示为 $Q^{n+1}=\overline{Q^n}$。

主从型 JK 触发器的工作特点是:在 CP 为高电平时,从触发器被封锁,从触发器的输出(JK 触发器的输出)保持原状态不变。此刻主触发器被打开,主触发器的状态由 J、K、Q 和 $\overline{Q}$ 来决定。在 CP 为低电平时,主触发器被封锁,主触发器的状态决定着从触发器的输出状态。触发器状态的变化是在时钟下降沿到来时发生的。无论时钟信号是高电平还是低电平,主触发器和从触发器总是一个被打开另一个被封锁,输入信号不可能直接影响输出状态,这就克服了 RS 触发器存在的缺点,解决了"空翻"问题。

根据以上分析的逻辑关系可以得到主从型 JK 触发器的次态真值表(表 7-3)和功能表(表 7-4)。

表 7-3　　　　　　　主从型 JK 触发器的次态真值表

CP	J	K	Q^n	Q^{n+1}
⎍	0	0	0	0
⎍	0	0	1	1
⎍	1	0	0	1
⎍	1	0	1	1
⎍	0	1	0	0
⎍	0	1	1	0
⎍	1	1	0	1
⎍	1	1	1	0

表 7-4　　　　　　　主从型 JK 触发器的功能表

CP	J	K	Q^n	Q^{n+1}
⎍	0	0	0	Q^n
⎍	0	0	1	Q^n
⎍	1	0	0	1
⎍	1	0	1	1
⎍	0	1	0	0
⎍	0	1	1	0
⎍	1	1	0	$\overline{Q^n}$
⎍	1	1	1	$\overline{Q^n}$

根据主从型 JK 触发器的次态真值表可得特性方程:

$$Q^{n+1} = J\,\overline{Q^n} + \overline{K}Q^n \tag{7-3}$$

分析表 7-4 可知主从型 JK 触发器的功能是:

(1)当 $J=0$、$K=0$ 时,$Q^{n+1}=Q^n$,触发器具有保持功能;

(2)当 $J=0$、$K=1$ 时,$Q^{n+1}=0$,触发器具有置 0 功能;

(3)当 $J=1$、$K=0$ 时,$Q^{n+1}=1$,触发器具有置 1 功能;

(4)当 $J=1$、$K=1$ 时,$Q^{n+1}=\overline{Q^n}$,触发器具有计数翻转功能。

例 7-3　主从型 JK 触发器的时钟脉冲 CP 和 J、K 信号的波形如图 7-8 所示,画出输出端波形。设触发器初始状态为 0。

解　根据主从型 JK 触发器的功能表,可画出 Q、$\overline{Q}$ 端的波形,如图 7-8 所示。

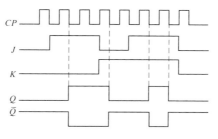

图 7-8　例 7-3 的波形图

3. 动作特点

通过分析可知,$CP=1$ 期间,由于反馈信号的作用,不管 J、K 端的状态有多少次跳变,主触发器只能变化一次。这就会给我们带来一个问题:$CP=1$ 期间,若 J、K 端的状态有跳变,则无法根据其功能表正确判断电路的输出状态。因此,为使主从型 JK 触发器按其功能表正常工作,在 $CP=1$ 期间,必须使 J、K 端的状态保持不变。

4. 芯片介绍

74LS72 为多输入端的单 JK 触发器,它有 3 个 J 端和 3 个 K 端,3 个 J 端之间是与逻辑关系,3 个 K 端之间也是与逻辑关系。使用中如有多余的输入端,应将其接高电平。该触发器带有直接置 0 端 $\overline{R_D}$ 和直接置 1 端 $\overline{S_D}$,都为低电平有效,不用时应接高电平。74LS72 为主从型触发器,$\overline{CP}$ 下降沿触发。74LS72 的逻辑符号和引脚排列如图 7-9 所示。

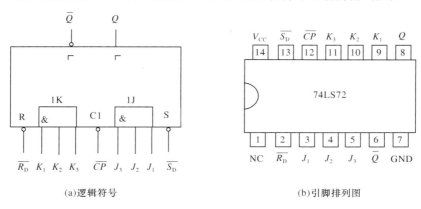

(a)逻辑符号　　　　　　　　　　　　(b)引脚排列图

图 7-9　74LS72 的逻辑符号和引脚排列

7.2.2　边沿触发器

为了提高触发器的可靠性,增强抗干扰能力,我们希望触发器的次态仅仅取决于 CP 信号的下降沿(或上升沿)到达时刻输入信号的状态,而在此之前和之后输入状态的变化对触发器的次态没有影响。为实现这一设想,人们相继研制出了各种边沿触发的触发器电路。

1. 维持阻塞正边沿 D 触发器

(1)电路组成及逻辑符号

由六个与非门构成的维持阻塞正边沿 D 触发器如图 7-10 所示。G_1、G_2 构成基本

RS 触发器、$G_3 \sim G_6$ 构成维持阻塞电路,D 是输入端。$\overline{R_D}$ 和 $\overline{S_D}$ 分别称为直接置"0"端和直接置"1"端,低电平有效。在不做直接"0"和直接置"1"操作时,$\overline{R_D}$ 和 $\overline{S_D}$ 保持高电平。

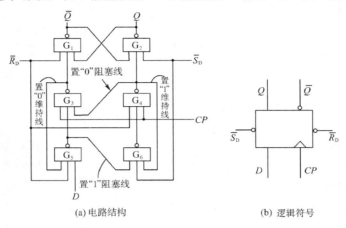

(a) 电路结构 (b) 逻辑符号

图 7-10 维持阻塞正边沿 D 触发器

(2)工作原理

当 $CP=0$ 时:G_3 和 G_4 输出为 1,基本 RS 触发器保持原态不变,即 $Q^{n+1}=Q^n$。

当 CP 上升沿到来时:

①若输入信号 D 已为 1,由于 $CP=0$ 时,G_3 输出为 1,它反馈至 G_5 的输入端,G_5 输出为 0,G_6 输出为 1。因此,在 CP 由 0 变为 1 时,G_3 和 G_4 分别输出 1 和 0,基本 RS 触发器置 1。即 $Q^{n+1}=D=1$。

同时 G_4 输出的 0 信号又反馈到 G_6 的输入端,维持 G_6 输出为 1 不变,进而维持 G_4 输出的 0 信号不变。由于这条反馈线起到了将触发器置 1 的维持作用,所以称为置 1 维持线。另外,G_4 输出的 0 信号又反馈到 G_3 的输入端,封锁 G_3,以阻止置 0 信号的产生,因此这条反馈线称为置 0 阻塞线。所以在 $CP=1$ 期间,D 端输入条件的变化只能引起 G_5 输出的变化,不能通过 G_3 和 G_6 去影响触发器的可靠置 1 动作。

②若输入信号 D 已为 0,G_5 输出为 1,由于 $CP=0$,G_4 输出为 1 并反馈至 G_6 的输入端,则 G_6 输出为 0。因而,在 $CP=1$ 到来时,G_3 和 G_4 分别输出 0 和 1,基本 RS 触发器置 0。即 $Q^{n+1}=D=0$。

同时 G_3 输出的 0 信号又反馈到 G_5 的输入端,将 G_5 封锁,使得在 $CP=1$ 期间,无论 D 端输入状态如何变化,G_5 都能保持输出为 1 不变,进而保持 G_3 输出的 0 信号不变。由于这条反馈线起到了将触发器置 0 的维持作用,所以称为置 0 维持线。另外,G_5 输出的信号又反馈到 G_6 的输入端,使 G_6 输出为 0,进而使 G_4 输出保持 1 不变,这就起到了阻止置 1 的作用,因而称这条反馈线为置 1 阻塞线。

置 0 阻塞线、置 1 维持线、置 0 维持线、置 1 阻塞线有效地保证了在 $CP=1$ 期间,触发器的状态不再随 D 信号的改变而变化。

维持阻塞正边沿 D 触发器在 CP 的上升沿到达时接收 D 信号,CP 上升沿过后,D 信号不起作用,即使 D 信号改变了状态,触发器也不会随之改变状态,而保持 CP 上升沿到达时的 D 信号状态。故维持阻塞正边沿 D 触发器的触发方式为上升沿触发。在逻辑符号中,表现为 CP 端没有小圆圈。

（3）逻辑功能

由以上分析可得维持阻塞正边沿 D 触发器的功能表（表 7-5）和特性方程式（7-4）。

表 7-5 维持阻塞正边沿 D 触发器功能表

CP	D	Q^n	Q^{n+1}
×	×	×	Q
↑	0	0	0
↑	0	1	0
↑	1	0	1
↑	1	1	1

特性方程：

$$Q^{n+1} = D \tag{7-4}$$

例 7-4 维持阻塞正边沿 D 触发器 $\overline{R_D} = \overline{S_D} = 1$，根据给定的 CP 和 D 的波形（图 7-11），设初态为 1，画出输出端的波形。

解 根据维持阻塞正边沿 D 触发器的功能表（表 7-5）可画出输出端的波形如图 7-11 所示。

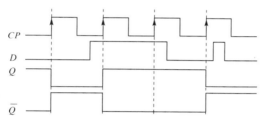

图 7-11 例 7-4 波形图

注意：当 D 信号和 CP 作用沿同时跳变时，触发器存入的是 D 信号跳变前的状态。

（4）芯片介绍

74LS74 内含两个独立的正边沿双 D 触发器，每个触发器有数据输入（D）、置位输入（$\overline{S_D}$）、复位输入（$\overline{R_D}$）、时钟输入（CP）和数据输出（Q、$\overline{Q}$）。$\overline{S_D}$、$\overline{R_D}$ 的低电平使输出预置或清除，而与其他输入端的电平无关。当 $\overline{S_D}$、$\overline{R_D}$ 均无效（高电平）时，符合建立时间要求的 D 数据在 CP 上升沿作用下传送到输出端。74LS74 引脚如图 7-12 所示。

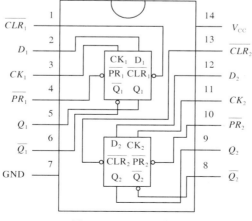

图 7-12 74LS74 引脚图

2. 负边沿 JK 触发器

(1)电路组成及逻辑符号

图 7-13(a)给出了负边沿 JK 触发器的逻辑图,它由两部分组成:G_1、G_2、G_3 组成的与或非门和 G_4、G_5、G_6 组成的与或非门共同构成 RS 触发器;G_7、G_8 是引导门。时钟脉冲一路送给 G_7、G_8,另一路送给 G_2、G_6。值得注意的是,CP 脉冲是经过 G_7、G_8 延时的,所以送到 G_3、G_5 的时间比到达 G_2、G_6 的时间晚一个与非门的延迟时间,这就保证了触发器的翻转对应的是 CP 的负边沿。

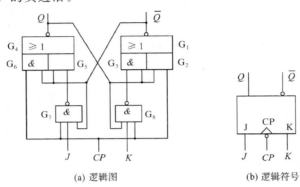

(a) 逻辑图　　　　　　(b) 逻辑符号

图 7-13　负边沿 JK 触发器

(2)逻辑功能

利用传输延迟时间的负边沿 JK 触发器的逻辑功能、功能表、特性方程与主从型 JK 触发器相同。其主要原理是利用电路内部的延迟时间差异引导触发。假设 $J=1$、$K=0$、$Q=0$、$\overline{Q}=1$,CP 作用后,触发器应由 0 变成 1。下面分析 CP 一个周期内触发器的状态变化情况。

①$CP=0$ 时,触发器状态不变,J、K 变化对触发器的状态无影响。这是因为 $CP=0$ 时,G_7、G_8 被封锁,输出都是 1,触发器保持原态。

②CP 由 0 变成 1,触发器不翻转。因为 $CP=1$,直接作用到 G_6,使 G_6 输出 1,而 $CP=1$ 使 G_7 输出为 0,G_7 的输出使 G_5 的输出为 0,G_5 的输出 0 比 G_6 的输出 1 晚一个与非门的延迟时间到达 G_4 的输入端,G_4 是一个或非门,所以仍为 0,触发器状态不变。

③$CP=1$ 期间,触发器状态不变。因为 $Q=0$ 封锁了 G_8,"阻塞"了 K 的变化对触发器的影响,因为 $\overline{Q}=1$,所以 $G_6=1$,使输出端 Q 不变,仍为 0。故 $CP=1$ 期间,J、K 的变化不影响输出状态。

④CP 由 1 变成 0,触发器翻转。因为 CP 由 1 变成 0,G_6 的输出变为 0,于是 Q 值便由 G_5 的输出决定。由于 $J=1$、$K=0$,所以 G_5 的输出为 0。由于 $G_5=G_6=0$,所以 G_4 的输出为 1,即触发器的状态由 0 变成 1。当然 CP 由 1 变成 0 也会使 G_7 的输出变成 1,进一步影响 G_5 的输出,但这是一个经与非门延时后的信号,所以决定 Q 值的是 G_5 原来的输出(CP 下降沿之前的 J 值确定的值)。

由以上分析可知:触发器输出状态的变化发生在 CP 的下降沿,而次态输出仅取决于 CP 下降沿到来时 J、K 的状态,翻转后的状态取决于 CP 下降沿到来之前的 J、K 的值,时钟的其他时间 J、K 值都可以变化,因而该触发器的抗干扰能力强。J、K 的其他取值情况可由同样的方法分析得出。

例 7-5　负边沿 JK 触发器，给定 CP、J、K 的波形如图 7-14 所示，试画出相应的 Q 和 $\overline{Q}$ 输出波形。设初始状态为 0。

解　根据对负边沿 JK 触发器逻辑功能的分析，画出波形如图 7-14 所示。

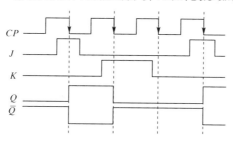

图 7-14　例 7-5 波形图

（3）芯片介绍

74LS112 是下降沿触发的双边沿 JK 触发器，即在 CP 脉冲下降沿触发翻转。74LS112 引脚排列如图 7-15 所示。

引脚功能描述：

$1\overline{CP}$、$2\overline{CP}$：时钟输入端（下降沿有效）；

$1J$、$2J$、$1K$、$2K$：数据输入端；

$1Q$、$2Q$、$1\overline{Q}$、$2\overline{Q}$：输出端；

$1\overline{R}_\mathrm{D}$、$2\overline{R}_\mathrm{D}$：直接复位端（低电平有效）；

$1\overline{S}_\mathrm{D}$、$2\overline{S}_\mathrm{D}$：直接置位端（低电平有效）。

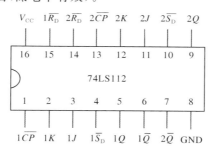

图 7-15　74LS112 引脚排列图

3. T 触发器

如果将 JK 触发器的 J、K 端连接在一起，并将输入端命名为 T，就得到 T 触发器，如图 7-16(a) 所示。图 7-16(b) 是它的逻辑符号。

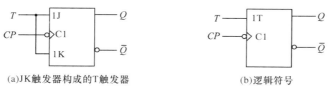

(a)JK触发器构成的T触发器　　　　　　(b)逻辑符号

图 7-16　T 触发器

T 触发器具有保持和翻转功能。功能表见表 7-6。

表 7-6   T 触发器功能表

T	Q^{n+1}	说明
1	$\overline{Q^n}$	翻转
0	Q^n	保持

T 触发器特性方程：

$$Q^{n+1} = \overline{T}Q^n + T\,\overline{Q^n} \tag{7-5}$$

思考题

1. 触发器有哪几种常见的电路结构形式？它们各有什么动作特点？

2. 触发器按功能可以分为哪几类？

3. 分别写出主从型 JK 触发器、边沿型 JK 触发器、D 触发器、T 触发器的特性方程和特性表。

7.3   二进制计数器及芯片

计数器是数字系统中应用得最多的时序逻辑电路,它不仅能用于时钟脉冲计数,还可以用于分频、定时、产生节拍脉冲及数字运算等。

计数器的种类有很多。如果按计数器中各触发器的状态是否同时翻转分类,可将计数器分成同步计数器和异步计数器两大类;如果按计数器的计数容量(又称进位模数)分类,可将计数器分成 2^n 进制(如 $2^3 = 8$,即八进制)、十进制及任意进制(如五进制、六进制);如果按计数器中数字的编码方式分类,可分成二进制计数器、二-十进制计数器、循环码计数器等;如果按计数过程中数字的增减分类,又可分成加法计数器、减法计数器和可逆计数器(又称为加/减计数器)。

7.3.1   异步二进制计数器

1. 异步二进制加法计数器

图 7-17 是 3 位异步二进制加法计数器原理图,3 个下降沿 JK 触发器做 3 位计数单元。$J = K = 1$ 时,每来一个 CP 脉冲的下降沿触发器就翻转一次,低位触发器的输出作为高位触发器的 CP 脉冲,这种连接称为异步工作方式。工作波形如图 7-18 所示。

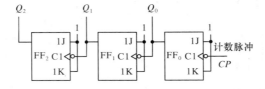

图 7-17   3 位异步二进制加法计数器原理图

由 JK 触发器的逻辑功能可知,假设初始状态 3 位触发器被清零,之后,由于 CP 脉冲

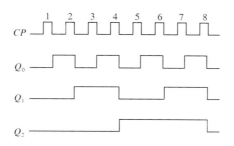

图 7-18 工作波形

加在 FF_0 的 CP 端,所以 FF_0 的输出每当 CP 的下降沿到来就翻转一次,可得 Q_0 波形。而 Q_0 输出又作为 FF_1 的 CP 脉冲,FF_1 的输出每当 Q_0 的下降沿到来就翻转一次,可得 Q_1 波形,同理可得 Q_2 波形。分析上述波形可知,每个触发器都是每输入两个脉冲就输出一个脉冲,逢二进一,符合二进制加法计数的规律。

2. 异步二进制减法计数器

图 7-19(a)是 4 位异步二进制减法计数器的原理电路,图 7-19(b)是该计数器的工作波形,$\overline{R_D}$ 为清零端。清零后,在第一个 CP 脉冲作用后,各触发器输出翻转为 1111,这是一个"置位"动作,以后每来一个 CP 脉冲计数器就减 1,直到 0000 为止,符合二进制减法计数的规律。

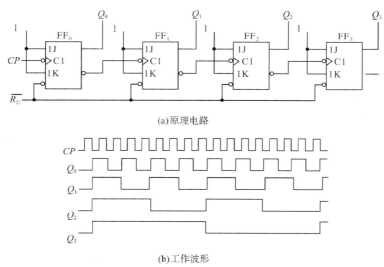

(a)原理电路

(b)工作波形

图 7-19　4 位异步二进制减法计数器

3. 计数器逻辑功能的分析与表示方法

对于时序逻辑电路,如何分析它们的工作原理,描述它们的逻辑功能呢? 对于时序逻辑电路的分析一般按照以下步骤进行:

(1)写出电路的驱动方程和输出方程(如果是异步时序电路则还要列出 CP 方程)。

(2)将驱动方程代入触发器的特性方程,求出电路的状态方程(Q^{n+1} 表达式)。

(3)根据次态方程列出电路的状态转换表,并画出电路的状态转换图和时序图。

(4)用时序图和文字描述电路的逻辑功能。

例 7-6　试分析图 7-20 所示电路的逻辑功能。

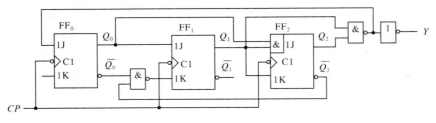

图 7-20　例 7-6 逻辑图

解　(1)根据给定的逻辑图写出驱动方程(每个触发器输入端的表达式)和输出方程(输出端的表达式)。

$$\begin{cases} J_0 = \overline{Q_2^n Q_1^n} \\ K_0 = 1 \end{cases} \qquad \begin{cases} J_1 = Q_0^n \\ K_1 = \overline{\overline{Q_0^n} \ \overline{Q_2^n}} \end{cases} \qquad \begin{cases} J_2 = Q_0^n Q_1^n \\ K_2 = Q_1^n \end{cases}$$

$$Y = Q_1^n Q_2^n$$

(2)将驱动方程代入 JK 触发器的特性方程 $Q^{n+1} = J\ \overline{Q^n} + \overline{K} Q^n$,可以得到各触发器的状态方程。

$$Q_0^{n+1} = J_0\ \overline{Q_0^n} + \overline{K_0} Q_0^n = \overline{Q_2^n Q_1^n}\ \overline{Q_0^n}$$

$$Q_1^{n+1} = J_1\ \overline{Q_1^n} + \overline{K_1} Q_1^n = Q_0^n\ \overline{Q_1^n} + \overline{Q_0^n}\ \overline{Q_2^n}\ Q_1^n$$

$$Q_2^{n+1} = J_2\ \overline{Q_2^n} + \overline{K_2} Q_2^n = Q_0^n Q_1^n \overline{Q_2^n} + \overline{Q_1^n} Q_2^n$$

(3)根据状态方程列出状态转换表。将触发器所有的现态依次列举出来,再分别代入状态方程中,求出相应的次态并列出表格,这种表格就是状态转换表,简称状态表。假设逻辑电路初态为 000,下一个状态即其次态 001, 001 又是下一个状态的初态,依次类推,可得表 7-7。

表 7-7　　　　　　　　　　　例 7-6 状态转换表

Q_2^n	Q_1^n	Q_0^n	Q_2^{n+1}	Q_1^{n+1}	Q_0^{n+1}	Y
0	0	0	0	0	1	0
0	0	1	0	1	0	0
0	1	0	0	1	1	0
0	1	1	1	0	0	0
1	0	0	1	0	1	0
1	0	1	1	1	0	0
1	1	0	0	0	0	1
1	1	1	0	0	0	1

(4)画状态转换图。将逻辑电路的状态转换用图形方式来描述,这种图形称为状态转换图,如图 7-21 所示。图中,箭头表示状态转换的方向(由初态到次态)。三个触发器有八种工作状态,由 000~110 这七种状态形成的循环称为有效循环,还有一种状态 111 没被利用,称为无效状态。如果无效状态在若干个 CP 作用后,最终能进入有效循环,就称该电路具有自启动功能。

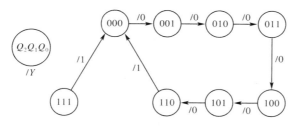

图 7-21   例 7-6 状态转换图

（5）画时序图，如图 7-22 所示。将时序逻辑电路中各触发器的输出状态用波形来表示，这种波形就是时序图，它形象地表示了输入、输出信号在时间上的对应关系。

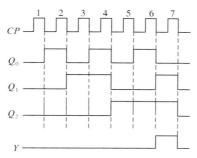

图 7-22   例 7-6 时序图

（6）说明逻辑电路的逻辑功能。这是一个同步七进制加法计数器，Y 为进位脉冲，该计数器能够自启动。

7.3.2   同步二进制计数器

计数脉冲同时加到所有触发器的时钟信号输入端，使应翻转的触发器同时翻转的计数器，称作同步计数器。相比于异步计数器，同步计数器的工作速度较快，工作频率也较高。

1.同步二进制加法计数器

由四个 T 触发器构成的 4 位同步二进制加法计数器如图 7-23 所示。

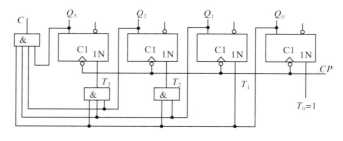

图 7-23   4 位同步二进制加法计数器

由图 7-23 可得各触发器的驱动方程和输出方程：

$$T_0=1 \quad T_1=Q_0 \quad T_2=Q_1Q_0 \quad T_3=Q_2Q_1Q_0$$
$$C=Q_3Q_2Q_1Q_0$$

由于第一个触发器的 $T_0=1$，每到来一个 CP 脉冲触发器就翻转一次，Q_0 的波形如

图 7-24 所示。第二个触发器的 $T_1 = Q_0$，当 $Q_0 = 0$ 时，触发器状态保持；当 $Q_0 = 1$ 时，触发器在 CP 脉冲触发下翻转，Q_1 的波形如图 7-24 所示，同理可得 Q_2、Q_3 的波形。

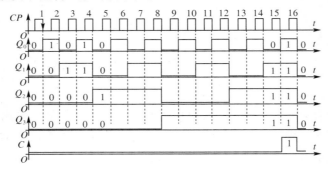

图 7-24 同步二进制加法计数器波形图

根据计数器的波形图可以得到状态转换表，见表 7-8。

表 7-8　　　　　　　　　同步二进制加法计数器状态转换表

CP	Q_3^n	Q_2^n	Q_1^n	Q_0^n	Q_3^{n+1}	Q_2^{n+1}	Q_1^{n+1}	Q_0^{n+1}	C
0	0	0	0	0	0	0	0	1	0
1	0	0	0	1	0	0	1	0	0
2	0	0	1	0	0	0	1	1	0
3	0	0	1	1	0	1	0	0	0
4	0	1	0	0	0	1	0	1	0
5	0	1	0	1	0	1	1	0	0
6	0	1	1	0	0	1	1	1	0
7	0	1	1	1	1	0	0	0	0
8	1	0	0	0	1	0	0	1	0
9	1	0	0	1	1	0	1	0	0
10	1	0	1	0	1	0	1	1	0
11	1	0	1	1	1	1	0	0	0
12	1	1	0	0	1	1	0	1	0
13	1	1	0	1	1	1	1	0	0
14	1	1	1	0	1	1	1	1	0
15	1	1	1	1	0	0	0	0	1

根据状态转换表画出状态转换图如图 7-25 所示。

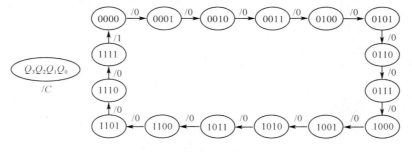

图 7-25 同步二进制加法计数器状态转换图

根据波形图、状态转换表和状态转换图可知，它是一个 4 位二进制加法计数器。C 为计数器进位信号，当 $Q_3 Q_2 Q_1 Q_0 = 1111$ 时，$C=1$，计数器有进位输出。计数器的另一个作用是分频，若 CP 的频率为 f，通过波形图可知 Q_0 端输出脉冲的频率为 $f/2$，称其为二分频端，同理 Q_1、Q_2、Q_3 分别为四分频、八分频和十六分频端。

2. 同步二进制减法计数器

由 JK 触发器构成的 4 位同步二进制减法计数器如图 7-26 所示，4 个 JK 触发器都接成了 T 触发器。B 是借位输出端，由图 7-26 可知，$B = \overline{Q_3}\,\overline{Q_2}\,\overline{Q_1}\,\overline{Q_0}$。

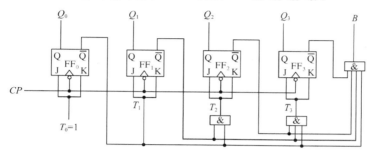

图 7-26 4 位同步二进制减法计数器

用时序逻辑电路分析方法分析这个电路，得出它的状态转换表，见表 7-9。

表 7-9 同步二进制减法计数器状态转换表

CP	Q_3^n	Q_2^n	Q_1^n	Q_0^n	Q_3^{n+1}	Q_2^{n+1}	Q_1^{n+1}	Q_0^{n+1}	B
0	1	1	1	1	1	1	1	0	0
1	1	1	1	0	1	1	0	1	0
2	1	1	0	1	1	1	0	0	0
3	1	1	0	0	1	0	1	1	0
4	1	0	1	1	1	0	1	0	0
5	1	0	1	0	1	0	0	1	0
6	1	0	0	1	1	0	0	0	0
7	1	0	0	0	0	1	1	1	0
8	0	1	1	1	0	1	1	0	0
9	0	1	1	0	0	1	0	1	0
10	0	1	0	1	0	1	0	0	0
11	0	1	0	0	0	0	1	1	0
12	0	0	1	1	0	0	1	0	0
13	0	0	1	0	0	0	0	1	0
14	0	0	0	1	0	0	0	0	0
15	0	0	0	0	1	1	1	1	1

当 $Q_3Q_2Q_1Q_0=0000$ 时，$B=1$。如果这时输入一个 CP 脉冲，电路状态将变成 $Q_3Q_2Q_1Q_0=1111$，同时 $B=0$，给出一个下降沿输出，作为向更高位借位的借位信号。

思考题

1. 什么是同步计数器？什么是异步计数器？

2. 什么是有效循环？什么是无效循环？什么是自启动？

7.4 十进制计数器

7.4.1 同步十进制加法计数器

由 JK 触发器组成的同步十进制加法计数器如图 7-27 所示。

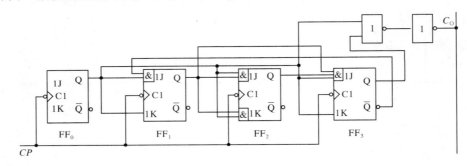

图 7-27　同步十进制加法计数器

根据时序逻辑电路分析方法来分析这个电路的逻辑功能：

（1）触发器的驱动方程

$$J_0=K_0=1 \quad J_1=Q_0^n\overline{Q_3^n} \quad K_1=Q_0^n \quad J_2=K_2=Q_0^nQ_1^n \quad J_3=Q_0^nQ_1^nQ_2^n \quad K_3=Q_0^n$$

（2）触发器的状态方程和输出方程

$$Q_0^{n+1}=\overline{Q_0^n} \quad Q_1^{n+1}=Q_0^n\overline{Q_3^n}\,\overline{Q_1^n}+\overline{Q_0^n}Q_1^n \quad Q_2^{n+1}=Q_0^nQ_1^n\,\overline{Q_2^n}+\overline{Q_0^nQ_1^n}Q_2^n$$

$$Q_3^{n+1}=Q_0^nQ_1^nQ_2^n\,\overline{Q_3^n}+\overline{Q_0^n}Q_3^n$$

$$C_O=Q_0^nQ_3^n$$

（3）状态转换表和状态转换图

根据以上状态方程和输出方程，从 $Q_3Q_2Q_1Q_0=0000$ 状态开始依次写出次态，考虑到无效状态，便得到表 7-10 所示状态转换表。

由 JK 触发器构成
加法计数器

表 7-10　　　　　　　　　　　　　　同步十进制加法计数器状态转换表

CP	Q_3^n	Q_2^n	Q_1^n	Q_0^n	Q_3^{n+1}	Q_2^{n+1}	Q_1^{n+1}	Q_0^{n+1}	C_O
0	0	0	0	0	0	0	0	1	0
1	0	0	0	1	0	0	1	0	0
2	0	0	1	0	0	0	1	1	0
3	0	0	1	1	0	1	0	0	0
4	0	1	0	0	0	1	0	1	0
5	0	1	0	1	0	1	1	0	0
6	0	1	1	0	0	1	1	1	0
7	0	1	1	1	1	0	0	0	0
8	1	0	0	0	1	0	0	1	0
9	1	0	0	1	0	0	0	0	1
10	1	0	1	0	1	0	1	1	0
11	1	0	1	1	0	1	0	0	1
12	1	1	0	0	1	1	0	1	0
13	1	1	0	1	0	1	0	0	1
14	1	1	1	0	1	1	1	1	0
15	1	1	1	1	0	0	0	0	1

根据状态转换表可画出状态转换图,如图 7-28 所示。

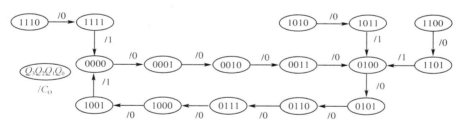

图 7-28　同步十进制加法计数器状态转换图

由图 7-28 可知,如果电路的初始工作状态是无效状态,在 CP 信号的作用下一定能进入有效循环,那么这个电路能自启动。

7.4.2　同步十进制减法计数器

由 JK 触发器组成的同步十进制减法计数器如图 7-29 所示,B_O 为计数器借位输出信号。

(1)触发器的驱动方程

$$J_0 = K_0 = 1 \quad J_1 = (Q_2^n + Q_3^n)\overline{Q_0^n} \quad K_1 = \overline{Q_0^n} \quad J_2 = \overline{Q_0^n} Q_3^n \quad K_2 = \overline{Q_0^n}\ \overline{Q_1^n}$$

$$J_3 = \overline{Q_0^n}\ \overline{Q_1^n}\ \overline{Q_2^n} \quad K_3 = \overline{Q_0^n}$$

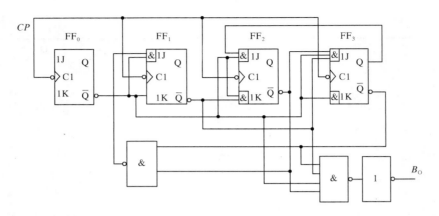

图 7-29 同步十进制减法计数器

（2）触发器的状态方程和输出方程

$$Q_0^{n+1} = \overline{Q_0^n} \qquad Q_1^{n+1} = (Q_2^n + Q_3^n)\overline{Q_0^n}\,\overline{Q_1^n} + Q_0^n Q_1^n \qquad Q_2^{n+1} = \overline{Q_0^n} Q_3^n \overline{Q_2^n} + (Q_0^n + Q_1^n)Q_2^n$$

$$Q_3^{n+1} = \overline{Q_0^n}\,\overline{Q_1^n}\,\overline{Q_2^n}\,\overline{Q_3^n} + Q_0^n Q_3^n$$

$$B_O = \overline{Q_0^n}\,\overline{Q_1^n}\,\overline{Q_2^n}\,\overline{Q_3^n}$$

（3）状态转换表和状态转换图

设初始状态 $Q_3 Q_2 Q_1 Q_0 = 1001$，代入上述状态方程和输出方程，得到次态和借位输出信号 B_O，见表 7-11。

表 7-11　　　　　　　　　同步十进制减法计数器状态转换表

CP	Q_3^n	Q_2^n	Q_1^n	Q_0^n	Q_3^{n+1}	Q_2^{n+1}	Q_1^{n+1}	Q_0^{n+1}	B_O
0	1	0	0	1	1	0	0	0	0
1	1	0	0	0	0	1	1	1	0
2	0	1	1	1	0	1	1	0	0
3	0	1	1	0	0	1	0	1	0
4	0	1	0	1	0	1	0	0	0
5	0	1	0	0	0	0	1	1	0
6	0	0	1	1	0	0	1	0	0
7	0	0	1	0	0	0	0	1	0
8	0	0	0	1	0	0	0	0	0
9	0	0	0	0	1	0	0	1	1
10	1	0	1	1	1	0	1	0	0
11	1	0	1	0	0	1	0	1	0
12	1	1	0	1	1	1	0	0	0
13	1	1	0	0	0	0	1	1	0
14	1	1	1	1	1	1	1	0	0
15	1	1	1	0	0	1	0	1	0

根据状态转换表中触发器各输出的转换规律,可画出状态转换图,如图 7-30 所示。

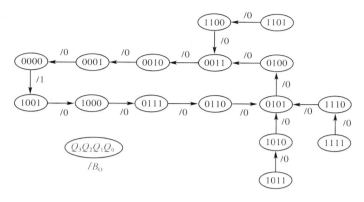

图 7-30　同步十进制减法计数器状态转换图

由状态转换图可知,1001～0000 这十个状态构成计数器的有效循环,每输入 10 个计数脉冲,在 B_0 端产生一个输出信号作为向高位借位的信号。从图 7-30 中还可知,该电路具有自启动功能。

思考题

1. 十进制计数器由几个 JK 触发器构成?
2. 十进制计数器和二进制计数器相比主要的差异在哪里?

7.5　集成计数器及其功能扩展

7.5.1　集成异步计数器 74LS290

1. 电路结构

74LS290 是常用的集成异步计数器,它的逻辑图如图 7-31 所示。由图可见,它是由四个 JK 触发器和两个与非门构成的。

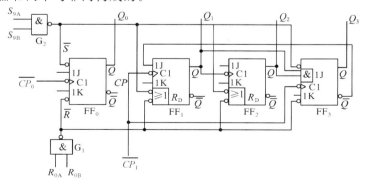

图 7-31　集成异步十进制计数器 74LS290 逻辑图

触发器 FF_0 为 T 触发器,它是一个独立的二进制计数器,计数脉冲为 $\overline{CP_0}$,输出为 Q_0;触发器 FF_1、FF_2 及 FF_3 构成了异步五进制计数器,计数脉冲为 $\overline{CP_1}$,输出为 Q_1、Q_2、Q_3。74LS290 引脚排列和逻辑符号分别如图 7-32(a)、(b)所示。

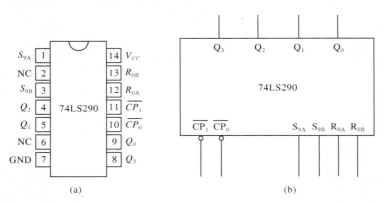

图 7-32 74LS290 引脚排列和逻辑符号

由图 7-31 可知,当 $R_{0A} \cdot R_{0B} = 1$、$S_{9A} \cdot S_{9B} = 0$ 时,$Q_3 Q_2 Q_1 Q_0 = 0000$,即各触发器清零,而与 $\overline{CP_0}$ 及 $\overline{CP_1}$ 无关,因此,称 R_{0A}、R_{0B} 为异步置"0"端;当 $R_{0A} \cdot R_{0B} = 0$、$S_{9A} \cdot S_{9B} = 1$ 时,$Q_3 Q_2 Q_1 Q_0 = 1001$,即计数器置为"9",而与 $\overline{CP_0}$ 及 $\overline{CP_1}$ 无关,因此,称 S_{9A}、S_{9B} 为异步置"9"端。当 $R_{0A} \cdot R_{0B} = 0$、$S_{9A} \cdot S_{9B} = 0$ 时,74LS290 处于计数状态。由此可得 74LS290 的功能表,见表 7-12。

表 7-12 74LS290 功能表

输 入					输 出				功 能
$R_{0A} \cdot R_{0B}$	$S_{9A} \cdot S_{9B}$	CP			Q_3	Q_2	Q_1	Q_0	
		$\overline{CP_0}$	$\overline{CP_1}$	顺序					
1	0	×	×	—	0	0	0	0	异步置0
0	1	×	×	—	1	0	0	1	异步置9
0	0	↓	↓	0	0	0	0	0	二-五进制计数
				1	0	0	1	1	
				2	0	1	0	0	
				3	0	1	1	1	
				4	1	0	0	0	
				5	0	0	0	0	

2.基本工作方式

(1)二进制计数:将计数脉冲由 $\overline{CP_0}$ 输入,由 Q_0 输出。电路连接如图 7-33 所示,输出状态见表 7-13。

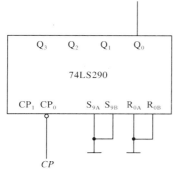

图 7-33　二进制计数

表 7-13　　二进制计数状态转换表

计数顺序	计数器状态
$\overline{CP_0}$	Q_0
0	0
1	1
2	0

（2）五进制计数：将计数脉冲由 $\overline{CP_1}$ 输入，由 Q_3、Q_2、Q_1 输出。电路连接如图 7-34 所示，输出状态见表 7-14。

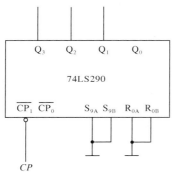

图 7-34　五进制计数

表 7-14　　　五进制计数状态转换表

计数顺序	计数器状态		
$\overline{CP_1}$	Q_3	Q_2	Q_1
0	0	0	0
1	0	0	1
2	0	1	0
3	0	1	1
4	1	0	0
5	0	0	0

（3）8421BCD 码十进制计数：将 Q_0 与 $\overline{CP_1}$ 相连，计数脉冲 CP 由 $\overline{CP_0}$ 输入。电路连接如图 7-35 所示，输出状态见表 7-15。

表 7-15　8421BCD 码十进制计数状态转换表

计数顺序	计数器状态			
$\overline{CP_0}$	Q_3	Q_2	Q_1	Q_0
0	0	0	0	0
1	0	0	0	1
2	0	0	1	0
3	0	0	1	1
4	0	1	0	0
5	0	1	0	1
6	0	1	1	0
7	0	1	1	1
8	1	0	0	0
9	1	0	0	1
10	0	0	0	0

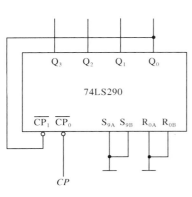

图 7-35　8421BCD 码十进制计数

3. 功能扩展

(1)利用脉冲反馈法获得 N 进制计数器

用 $S_0,S_1,S_2,\cdots,S_{N-1}$ 表示输入 $1,2,\cdots,N$ 个计数脉冲 CP 时计数器的状态。N 进制计数器的计数工作状态应为 N 个：$S_0,S_1,S_2,\cdots,S_{N-1}$。在输入第 N 个计数脉冲 CP 后，通过控制电路，利用状态 S_N 产生一个有效置"0"信号，送给异步置"0"端，使计数器立刻置 0，即实现了 N 进制计数。

比如要利用 74LS290 构成七进制计数器，需先构成 8421BCD 码十进制计数器，再用脉冲反馈法，令 $R_{0B}=Q_2Q_1Q_0$ 实现。当计数器出现 0111 状态时，计数器迅速复位到 0000 状态，然后又开始从 0000 状态计数，从而实现 0000～0110 七进制计数，如图 7-36 所示。

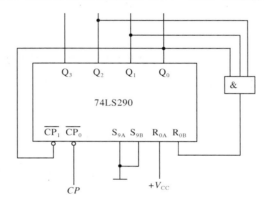

图 7-36 七进制计数器

(2)构成大容量计数器

①先用级联法。

计数器的级联是指将多个集成计数器(如 M_1 进制、M_2 进制计数器)串接起来，以获得计数容量更大的 $N(M_1\times M_2)$ 进制计数器。一般集成计数器都设有级联用的输入端和输出端。

异步计数器实现的方法：低位的进位信号→高位的 CP 端。

②再用脉冲反馈法。

例 7-7 利用两片 74LS290 构成二十三进制计数器。

解 先将两片接成 8421BCD 码十进制计数器的 74LS290 级联组成一百($10\times 10=100$)进制异步加法计数器。再将状态"0010 0011"通过反馈与门输出至异步置"0"端，从而实现二十三进制计数器。如图 7-37 所示。

178

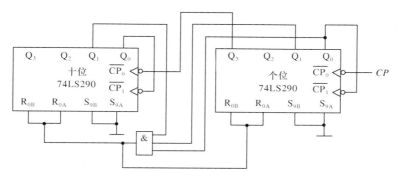

图 7-37 74LS290 构成二十三进制计数器

7.5.2 集成同步计数器 74LS161

电路结构及功能:

图 7-38(a)为中规模集成的 4 位同步二进制计数器 74LS161 的逻辑图,图 7-38(b)为它的逻辑符号。这个电路除了具有二进制加法计数功能外,还具有预置数、保持和异步置零等附加功能。图中 $\overline{LD}$ 为预置数控制端,$D_0 \sim D_3$ 为数据输入端,C 为进位输入端,$\overline{R}_D$ 为异步置零(复位)端,ET 和 EP 为工作状态控制端。

4 位同步二进制计数器 74LS161

正确使用 74LS161 的关键是熟悉这些输入控制引脚的功能,74LS161 的部分输入控制引脚功能表见表 7-16。

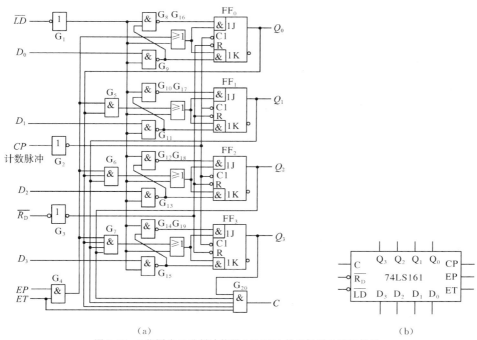

(a)   (b)

图 7-38 4 位同步二进制计数器 74LS161 的逻辑图及逻辑符号

表 7-16   4 位同步二进制计数器 74LS161 的部分输入控制引脚功能表

CP	$\overline{R_D}$	$\overline{LD}$	EP	ET	工作状态
$\times$	0	$\times$	$\times$	$\times$	置零(复位)
↗	1	0	$\times$	$\times$	预置数
$\times$	1	1	0	1	保持
$\times$	1	1	$\times$	0	保持(但 $C=0$)
↗	1	1	1	1	计数

由表 7-16 可见,当 74LS161 的 $\overline{R_D}=0$ 时,计数器被置零(复位),不管计数器原来处于什么状态,只要 $\overline{R_D}=0$ 的信号一出现,计数器的末态都是 0000;当 $\overline{R_D}=1$、$\overline{LD}=0$ 时,计数器进入预置数状态,在触发脉冲的作用下,并行数据输入端的并行数据 $D_3D_2D_1D_0$ 输入计数器,计数器的末态 $Q_3Q_2Q_1Q_0=D_3D_2D_1D_0$;当 $\overline{R_D}=\overline{LD}=1$ 而 $EP=0$、$ET=1$ 时,四个触发器不管 CP 上升沿到来与否,皆保持原来状态不变,同时 C 的状态也保持不变;如果 $\overline{R_D}=\overline{LD}=1$ 而 $ET=0$,则不论 EP 处于何种状态,计数器的状态也保持不变,但 $C=0$。当 $\overline{R_D}=\overline{LD}=1$ 且 $EP=ET=1$ 时,计数器计数。

思考题

1. 用集成计数器芯片构成任意进制计数器的常用方法有哪些?
2. 试用 74LS161 构成十三进制加法计数器。

7.6 寄存器和移位寄存器

7.6.1 寄存器

可以寄存二进制代码的器件称为寄存器,它广泛地用于数字系统和数字计算机中。

1. 电路结构

在接收指令(在计算机中称为写指令)控制下,将数据送入寄存器存放,需要时可在输出指令(读指令)控制下,将数据由寄存器输出。图 7-39 是由 D 触发器组成的四位寄存器的逻辑图。它有四个数据输入端 D_3、D_2、D_1、D_0,一个异步复位端 $\overline{R_D}$ 和一个送数控制端 CP。

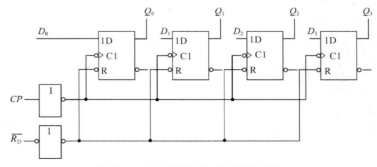

图 7-39 由 D 触发器组成的四位寄存器

2. 工作原理

当异步复位端 $\overline{R_{\mathrm{D}}}$ 加入低电平信号时,寄存器清零,使 $Q_3 Q_2 Q_1 Q_0 = 0000$。在往寄存器中寄存数据或代码之前,必须先将寄存器清零,否则有可能出错。

当 $\overline{R_{\mathrm{D}}} = 1$ 且送数控制端 CP 加入正脉冲时,将 D_3、D_2、D_1、D_0 数据并行输入寄存器,并保持下来,使 $Q_3 Q_2 Q_1 Q_0 = D_3 D_2 D_1 D_0$。

7.6.2 移位寄存器

在数字电路系统中,由于运算(如二进制的乘除法)的需要,常常要求系统实现移位功能。不但可存放数码,而且在移位脉冲作用下,其中的数码可根据需要向左或向右移位的寄存器称为移位寄存器。

由 D 触发器构成
左移移位寄存器

1. 单向移位寄存器

单向移位寄存器,是指仅具有左移功能或右移功能的移位寄存器。

(1) 电路结构

将寄存器中各个触发器的输出依次与后一级触发器的输入连接,就构成了移位寄存器。图 7-40 给出了由 D 触发器组成的四位右移移位寄存器的逻辑图。图中 D_1 为串行输入端,D_0 为串行输出端,$Q_3 \sim Q_0$ 为并行输出端。

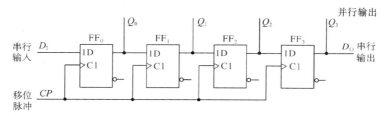

图 7-40 由 D 触发器组成的四位右移移位寄存器

(2) 工作原理

由图 7-40 可以得到 D 触发器的状态方程:

$$Q_0^{n+1} = D_1 \qquad Q_1^{n+1} = D_0 \qquad Q_2^{n+1} = D_1 \qquad Q_3^{n+1} = D_2$$

假设将数码 1101 右移串行输入寄存器(串行输入是指逐位依次输入),在接收数码前把各触发器置为 0 状态(称为清零)。将数码 1101 从高位到低位依次送到 D_1 端,经过四个时钟脉冲后,并行输出端 $Q_3 Q_2 Q_1 Q_0 = 1101$,实现了串行输入、并行输出的转换,见状态表(表 7-17)。经过四个时钟脉冲后,串行输出端依次输出 1101,实现了串行输入、串行输出。

表 7-17 四位右移移位寄存器状态表

CP 顺序	输入	输　出			
	D_1	Q_3	Q_2	Q_1	Q_0
0	1	0	0	0	0
1	1	0	0	0	1
2	0	0	0	1	1

CP 顺序	输入	输出			
	D_1	Q_3	Q_2	Q_1	Q_0
3	1	0	1	1	0
4	0	1	1	0	1
5	0	1	0	1	0
6	0	0	1	0	0
7	0	1	0	0	0
8	0	0	0	0	0

2. 双向移位寄存器

数据既可以左移又可以右移的寄存器叫双向移位寄存器。

（1）电路结构

双向移位寄存器
工作原理

如图 7-41 所示为一基本的双向移位寄存器。D_{SR} 为右移串行数据输入端，D_{SL} 为左移串行数据输入端，$Q_3 \sim Q_0$ 为并行数据输出端，移位寄存器的功能由 S 的状态决定。

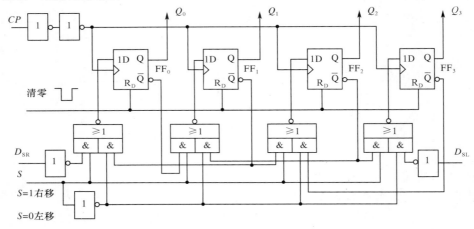

图 7-41　双向移位寄存器

（2）工作原理

当右移信号到来（$S=1$）时，四个与或非门左边的与门开启，右边的与门关闭。右移输入数码 D_{SR} 取反以后，经与或非门取反，再从 FF_0 的 1D 端输入（相当于右移输入数码 D_{SR} 直接从 1D 端输入）。FF_0 的 $\overline{Q}$ 端经过与或非门加到 FF_1 的 1D 端（相当于 Q_0 直接从 FF_1 的 1D 端输入），以此类推。因此，每输入一个移位脉冲，数码右移一位。

当 $S=0$ 时，所有与或非门的右边的与门开启，左边的与门关闭，左移数码 D_{SL} 取反以后，经与或非门取反从 FF_3 的 1D 端输入，再从 FF_3 的 $\overline{Q}$ 端经与或非门取反，从 FF_2 的 1D 端输入，以此类推，每输入一个移位脉冲，数码左移一位。

因此当控制信号 $S=1$ 时，数码右移；当 $S=0$ 时，数码左移，实现双向移位。

3. 集成双向移位寄存器芯片

集成双向移位寄存器芯片是在单向移位寄存器的基础上，增加由门电路组成的控制

电路来实现的。74LS194 为四位双向移位寄存器。与 74LS194 的逻辑功能和引脚排列
都兼容的芯片有 CC40194、CC4022 和 74LS198 等。74LS194 的引脚排列和逻辑符号如
图 7-42 所示。

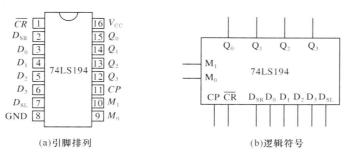

(a)引脚排列 (b)逻辑符号

图 7-42 双向移位寄存器 74LS194

引脚说明如下：

$\overline{CR}$：异步置零端；M_1、M_0：工作方式控制端；$D_3 \sim D_0$：并行数据输入端；$Q_3 \sim Q_0$：并行
数据输出端；D_{SR}：右移串行数据输入端；D_{SL}：左移串行数据输入端；CP：移位脉冲输入端。

双向移位寄存器 74LS194 功能表见表 7-18。

表 7-18 双向移位寄存器 74LS194 功能表

输 入										输 出				说 明
$\overline{CR}$	M_1	M_0	CP	D_{SL}	D_{SR}	D_0	D_1	D_2	D_3	Q_0	Q_1	Q_2	Q_3	
0	×	×	×	×	×	×	×	×	×	0	0	0	0	异步置零
1	×	×	0	×	×	×	×	×	×	保	持			保 持
1	0	0	×	×	×	×	×	×	×	保	持			保 持
1	0	1	↑	×	1	×	×	×	×	1	Q_0	Q_1	Q_2	右移输入 1
1	0	1	↑	×	0	×	×	×	×	0	Q_0	Q_1	Q_2	右移输入 0
1	1	0	↑	1	×	×	×	×	×	Q_1	Q_2	Q_3	1	左移输入 1
1	1	0	↑	0	×	×	×	×	×	Q_1	Q_2	Q_3	0	左移输入 0
1	1	1	↑	×	×	d_0	d_1	d_2	d_3	d_0	d_1	d_2	d_3	并行置数

注意：清零功能优先级最高(异步方式)；计数、移位、并行输入时都需 CP 的 ↑(上升
沿)到来(同步方式)。

思考题

1.寄存器和移位寄存器的概念分别是什么？

2.寄存器和移位寄存器的功能有什么区别？

7.7 工程应用——抢答器的设计

在智力竞赛中，参赛者通过抢先按动按钮，取得答题权。图 7-43 是由 4 个 D 触发

器、2个与非门和1个非门等组成的4人抢答器。

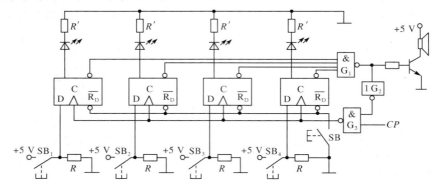

图 7-43 4 人抢答器电路

抢答前,主持人按下复位按钮 SB,4 个 D 触发器全部清零,4 个发光二极管均熄灭,与非门 G_1 输出为 0,三极管截止,扬声器不发声。同时,非门 G_2 输出为 1,时钟信号 CP 经与非门 G_3 送入触发器的时钟控制端。此时,抢答按钮 $SB_1 \sim SB_4$ 未按下,均为低电平,4 个 D 触发器输入全是 0,保持 0 状态不变,时钟信号 CP 可由 555 定时器组成的多谐振荡器输出。

当抢答按钮 $SB_1 \sim SB_4$ 中有一个被按下时,相应的 D 触发器输出为 1,相应的发光二极管点亮,同时 G_1 输出为 1,使扬声器发声,表示抢答成功,另外 G_1 的输出经 G_2 取反后,关闭 G_3,封锁时钟信号 CP,此时,各触发器的时钟控制端都为 1,如果再有按钮被按下,就不起作用了,触发器的状态也不会改变。这次抢答判决完毕,复位清零,准备下次抢答。

本 章 小 结

1. 触发器是数字系统中具有记忆功能的基本逻辑器件,具有置"0"、置"1"及保持等功能,可用来构成寄存器、移位寄存器及计数器等逻辑电路。

2. 触发器的逻辑功能是指触发器次态与输入信号及原态之间的关系。描述触发器逻辑功能的方法有特性方程、功能表、状态转换图及时序图等。虽然它们的形式不同,但表达的内容是一致的,可以由任一种形式推出其他形式。其中特性方程最为重要。

3. 根据逻辑功能不同,触发器分为 RS 触发器、JK 触发器、D 触发器和 T 触发器等。同一逻辑功能的触发器可用不同结构形式的电路实现。结构形式不同,触发方式就不同,控制方式也不同,即动作特点不同。按结构形式不同,触发器分为:基本触发器、同步触发器、主从触发器、边沿触发器。在选用触发器时,不仅需要知道触发器的逻辑功能,还必须了解它的结构类型。

4. 时序逻辑电路必须含有存储电路,而且存储电路的输出和外加输入一起,共同决定电路的输出状态,这就是时序逻辑电路在结构上的特点。这种结构上的特点使时序逻辑电路在任意时刻的输出不仅和当时的输入信号有关,而且和电路原来的状态有关,也就是时序逻辑电路具有记忆功能,这就是时序逻辑电路在逻辑功能方面的特点。根据时序逻辑电路中各个触发器动作变化与 CP 的关系,可分为同步时序电路和异步时序电路。

5. 计数器的主要作用,一是对输入脉冲个数进行累加计数,二是对输入脉冲信号进行分频。计数器按照计数方式可分为加法计数器、减法计数器和可逆计数器;按计数长度可分为二进制计数器、十进制计数器和 N 进制计数器。常用的集成计数器芯片多为二进制计数器和十进制计数器,用它们可以方便地组成任意进制的计数器,也可用多片计数器扩展计数器的位数。

6. 寄存器和移位寄存器也是常用的时序逻辑电路。寄存器可以存放二进制代码,移位寄存器除了可以存放二进制代码,还能对二进制代码进行移位操作。移位寄存器可用来实现数据的串-并变换和并-串变换,还可以构成移位计数器及顺序脉冲发生器等。

自我检测题

1. 选择题

(1) 由与非门组成的基本 RS 触发器,为使其处于"置 1"状态,其 $\overline{S} \times \overline{R}$ 应为(　　　)。

A. $\overline{S} \times \overline{R} = 00$　　　B. $\overline{S} \times \overline{R} = 01$　　　C. $\overline{S} \times \overline{R} = 10$　　　D. $\overline{S} \times \overline{R} = 11$

(2) 有一个 T 触发器,在 $T = 1$ 时,加上时钟脉冲,则触发器(　　　)。

A. 保持原态　　　B. 置 0　　　C. 置 1　　　D. 翻转

(3) 假设 JK 触发器的现态 $Q^n = 0$,要求 $Q^{n+1} = 0$,则应使(　　　)。

A. $J = \times, K = 0$　　B. $J = 0, K = \times$　　C. $J = 1, K = \times$　　D. $J = K = 1$

(4) 电路如题图 7-1 所示。实现 $Q^{n+1} = Q^n + A$ 的电路是(　　　)。

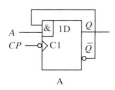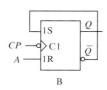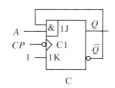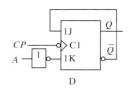

题图 7-1

(5) 电路如题图 7-2 所示。实现 $Q^{n+1} = \overline{Q^n}$ 的电路是(　　　)。

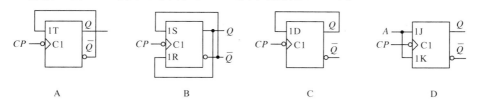

题图 7-2

(6) 用 n 个触发器组成计数器,其最大计数模值为(　　　)。

A. n　　　　　　B. $2n$　　　　　　C. n^2　　　　　　D. 2^n

(7) 4 位移位寄存器,现态为 1100,经左移 1 位后其次态为(　　　)。

A. 0011 或 1011　　B. 1000 或 1001　　C. 1011 或 1110　　D. 0011 或 1111

(8)下列电路中,不属于时序逻辑电路的是(　　　)。

A. 计数器　　　　　B. 全加器　　　　　C. 寄存器　　　　　D. 分频器

(9)下列触发器中,(　　　)不能构成移位寄存器。

A. RS 触发器　　　B. JK 触发器　　　C. D 触发器　　　D. T 和 T′触发器

(10)一个 5 位的二进制加法计数器,由 00000 状态开始,经过 75 个时钟脉冲后,此计数器的状态为(　　　)。

A. 01011　　　　　B. 01100　　　　　C. 01010　　　　　D. 00111

(11)一个四位串行数据,输入四位移位寄存器,时钟脉冲频率为 1 kHz,经过(　　　)可转换为四位并行数据输出。

A. 8 ms　　　　　B. 4 ms　　　　　C. 8 μs　　　　　D. 4 μs

(12)如题图 7-3 所示为某时序逻辑电路的时序图,由此可判定该时序逻辑电路具有的功能是(　　　)。

A. 十进制计数　　　B. 九进制计数　　　C. 四进制计数　　　D. 八进制计数

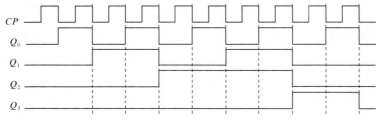

题图 7-3

2. 分析题

(1)由与非门构成的基本 RS 触发器如题图 7-4 所示,已知输入端 $\overline{S}$、$\overline{R}$ 的电压波形,试画出与之对应的 Q 和 $\overline{Q}$ 的波形。

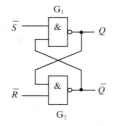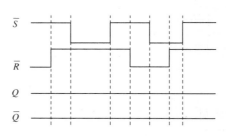

题图 7-4

(2)同步 RS 触发器如题图 7-5(a)所示,设初始状态为逻辑 0,如果给定 CP、S、R 的波形如题图 7-5(b)所示,试画出相应的 Q 的波形。

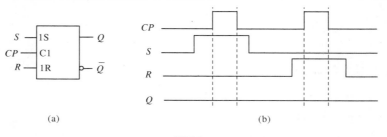

　(a)　　　　　　　　　　　　　　　　　(b)

题图 7-5

（3）有一简单时序逻辑电路如题图 7-6 所示,试分别写出当 $C=0$ 和 $C=1$ 时,电路的 Q^{n+1} 状态方程,并说出各自实现的功能。

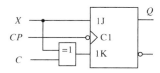

题图 7-6

（4）有一上升沿触发的 JK 触发器如题图 7-7(a)所示,已知 CP、J、K 信号波形如题图 7-7(b)所示,试画出 Q 的波形。（设 Q 的初始状态为 0）

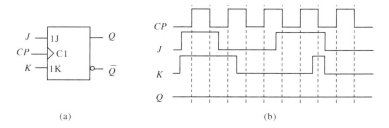

(a)

(b)

题图 7-7

（5）已知时序逻辑电路如题图 7-8 所示。要求:①写出各触发器的驱动方程和状态方程;②画出电路的状态转换图。

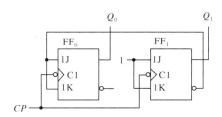

题图 7-8

（6）分析如题图 7-9 所示同步时序逻辑电路的功能,写出分析过程。

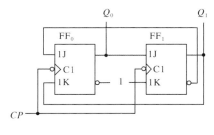

题图 7-9

（7）试分析如题图 7-10 所示同步时序逻辑电路，并写出分析过程。

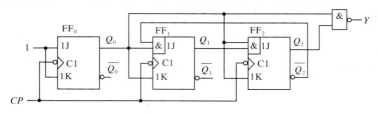

题图 7-10

（8）由四位二进制计数器 74LS161 及门电路组成的时序逻辑电路如题图 7-11 所示。画出状态转换图，指出该电路的功能。

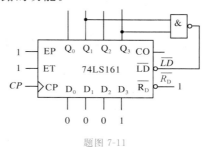

题图 7-11

（9）用同步四位二进制计数器 74LS161 构成十一进制计数器。要求分别用清零法和置数法实现。

（10）用中规模集成计数器 74LS161 构成初始状态为 0010 的七进制计数器。①画出状态转换图；②画出电路图。

（11）用两片集成计数器 74LS161 构成七十五进制计数器，画出逻辑图。

脉冲波形的产生和整形

第8章

本章导读

在数字电路中,提供时钟脉冲信号 CP 及各种不同频率的脉冲信号一般有两种方法,一是由矩形波振荡器提供,二是利用整形电路将已有的信号变换成所需要的脉冲波形(如矩形波、尖脉冲波、锯齿波等)。本章主要介绍集成 555 定时器、施密特触发器、单稳态触发器、多谐振荡器和相应的集成电路产品及其应用等。

8.1 脉冲电路概述

数字电路系统中,除组合逻辑电路和时序逻辑电路外,还有脉冲电路。脉冲电路的主要作用是产生脉冲信号和进行脉冲信号的变换。常用的脉冲波形如图 8-1 所示。

由于脉冲波形是各种各样的,所以用来描绘不同脉冲波形特征的参数也不一样。下面仅以矩形脉冲为例,介绍脉冲波形的参数,如图 8-2 所示。

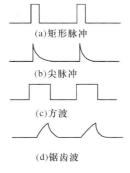

(a)矩形脉冲

(b)尖脉冲

(c)方波

(d)锯齿波

图 8-1 几种常用的脉冲波形

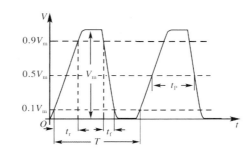

图 8-2 矩形脉冲的参数

①V_m——脉冲最大幅度

它是电压从稳态值到峰值之间的变化幅度,单位为 V(伏)。

②t_r——脉冲上升时间

t_r 是从 $0.1\,V_m$ 上升到 $0.9\,V_m$ 所需的时间。它反映电压上升时,过渡过程的快慢。单位：s（秒）、ms（毫秒，$1\ ms=10^{-3}\ s$）、μs（微秒，$1\ \mu s=10^{-6}\ s$）、ns（纳秒，$1\ ns=10^{-9}\ s$）。

③t_f——脉冲下降时间

t_f是从 $0.9\ V_m$ 下降到 $0.1\ V_m$ 所需的时间。它反映电压下降时，过渡过程的快慢。单位同 t_r。

④t_P——脉冲宽度

t_P是同一脉冲内两次达到 $0.5\ V_m$ 的时间间隔。单位同 t_r。

⑤T——周期

在周期性连续脉冲中，相邻两个脉冲波形相位相同之处的时间间隔。单位同 t_r。

⑥f——频率

在周期性连续脉冲中，每秒出现脉冲波形的次数。单位：Hz（赫兹）、kHz（千赫）、MHz（兆赫）。

显然，频率与周期互为倒数，即 $f=\dfrac{1}{T}$。

⑦D——占空比

它是脉冲宽度与脉冲重复周期的比值，$D=\dfrac{t_P}{T}$，是描绘脉冲疏密程度的物理量。

获得矩形脉冲的方法一般有两种。一种是矩形波发生器，利用各种形式的多谐振荡器直接产生所需要的矩形脉冲波；另一种是利用已有的周期变化的波形，通过整形电路变换成所需要的矩形脉冲波。

8.2 集成 555 定时器

555 定时器是一种中规模集成定时电路（也称 555 时基电路），它的应用十分广泛，通常只要外接几个阻容元件就可以构成各种不同用途的脉冲电路。同时，在工业自动控制定时、仿声、报警等方面也获得了广泛应用。

555 定时电路的产品有双极型和 CMOS 型两种，现介绍双极型中规模集成 555 定时电路，该电路电源电压为 $4.5\sim16\ V$，驱动电流也较大，并能提供与 TTL、MOS 电路相兼容的逻辑电平。

555 定时器工作原理

1. 电路形式

图 8-3 为 555 集成电路内部结构框图。它有两个比较器 C_1 和 C_2，每个比较器的一个输入端接到由三个 5 kΩ 电阻组成的分压器上，输出分别接 RS 触发器输入端。555 集成电路的输出端为推拉式结构，此外芯片内部还有放电晶体管 VT_1。

555 集成电路的 8 个引脚的作用及名称均标在框图外边。它们为：

1 脚：接地端	GND	5 脚：控制端	V_M
2 脚：触发输入端	$\overline{S}$	6 脚：阈值输入端	R
3 脚：输出端	Q	7 脚：放电端	Q'
4 脚：复位端	$\overline{R_D}$	8 脚：电源端	V_{CC}

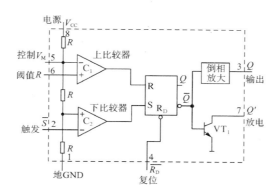

图 8-3 555 集成电路内部结构框图

2. 功能

555 定时器的功能主要是由上、下两个比较器 C_1 和 C_2 的工作状况决定的。

比较器的参考电压由分压器提供，在电源与地端之间加上 V_{CC} 电压，且控制端 V_M 悬空，则上比较器 C_1 的反相端"一"的参考电压为 $\frac{2}{3}V_{CC}$，下比较器 C_2 的同相端"＋"的参考电压为 $\frac{1}{3}V_{CC}$。

若触发端 $\overline{S}$ 的输入电压 $v_2 \leqslant \frac{1}{3}V_{CC}$，下比较器 C_2 输出为"1"电平，RS 触发器的 S 输入端接收"1"信号，可使触发器输出端 $\overline{Q}$ 为"1"，从而使整个 555 电路输出为"1"；若阈值端 R 的输入电压 $v_6 \geqslant \frac{2}{3}V_{CC}$，上比较器 C_1 输出为"1"，RS 触发器的 R 输入端接收"1"信号，可使触发器输出端 $\overline{Q}$ 为"0"，从而使整个 555 电路输出为"0"。

控制端 V_M 上外加电压可改变两个比较器的参考电压，不用时，通常将它通过电容（0.01 μF 左右）接地而不悬空，以免引入干扰。

放电管 VT_1 的输出端 Q' 为集电极开路输出，其集电极最大电流可达 50 mA，因此具有较大的带灌电流负载的能力。

若复位端 $\overline{R_D}$ 加低电平或接地，可使电路强制复位，无论 555 电路原处于什么状态，均可使它的输出 Q 为"0"电平。

综上所述，555 定时器主要功能见表 8-1。

表 8-1   555 定时器功能表

阈值端(R)	触发端($\overline{S}$)	复位端($\overline{R_D}$)	触发器状态(Q)	定时器状态(V_3)	三极管状态(VT_1)
$\geqslant 2V_{CC}/3$	$\geqslant V_{CC}/3$	1	0	0	饱和
$> 2V_{CC}/3$	$> V_{CC}/3$	1	保持	保持	保持
$< 2V_{CC}/3$	$< V_{CC}/3$	1	1	1	截止
$\times$	$\times$	0	0	0	饱和

☺ 小知识　　　　　　　　　**555 定时器名称的由来**

集成定时器又称 555 定时器,它是一种多功能电路,只要外接少量的阻容元件,便可组成施密特触发器、单稳态触发器和多谐振荡器等。

TTL 单定时器的型号为 555,双定时器的型号为 556;CMOS 单定时器的型号为 7555,双定时器的型号为 7556。它们的逻辑功能和外引脚排列都相同。

555 定时器由电阻分压器、电压比较器、基本 RS 触发器、放电管等部分组成,电阻分压器由 3 个 5 kΩ 的电阻串联组成,555 定时器因此而得名。

思考题

1.什么是 555 定时器? 其主要应用范围有哪些?

2.555 定时器的产品有几种?

3.555 定时器由哪几部分组成?

8.3　施密特触发器

施密特触发器是一种脉冲信号整形电路,它与一般触发器一样有两个稳定工作状态,但与前面介绍的触发器有如下不同:

(1)施密特触发器属于电平触发器,缓慢变化的信号也可做触发输入信号,当触发输入信号达到某一特定阈值时,输出电路会发生突变,施密特触发器的状态会从一个稳态翻转到另一个稳态。

(2)对于正向和负向变化的输入信号,电路有不同的阈值电平 V_{T+} 和 V_{T-},也就是引起输出电平突变的输入电平不同,具有如图 8-4(a)所示的滞后电压传输特性,此特性又称为回差特性。

(3)无记忆功能:施密特触发器的稳态要靠外加信号维持,信号撤除会导致电路状态的改变。

施密特触发器的定性符号如图 8-4(b)所示。

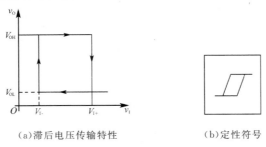

(a)滞后电压传输特性　　　　　　(b)定性符号

图 8-4　施密特触发器特性及定性符号

8.3.1　由 555 定时器构成的施密特触发器

1.电路组成

将 555 定时器阈值输入端 R(6 脚)和触发输入端 $\overline{S}$(2 脚)连在一起做输入,由 Q 端(3 脚)或由放电端 Q'(7 脚)输出,加上拉电阻 R 和电源 V_{DD},可构成施密特触发器,如图 8-5 所示。由 Q' 放电输出端输出的信号高电平可由 V_{DD} 电源加以调节,来配合不同负载的要求。

2.工作原理

R 和 $\overline{S}$ 连接后输入 v_1,v_1 为如图 8-6 所示的三角波信号。表 8-2 所示为与 555 定时器相连的单稳态触发器 74121 的功能真值表。

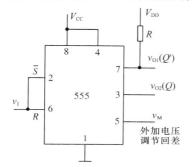

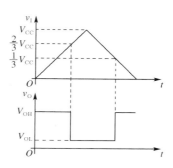

图 8-5　由 555 定时器构成的施密特触发器　　图 8-6　施密特触发器的工作波形

表 8-2　　　　　　　　　　74121 功能真值表

输　入			输　出	
T_{R-A}	T_{R-B}	T_{R+}	Q	$\overline{Q}$
L	×	H	L	H
×	L	H	L	H
×	×	L	L	H
H	H	×	L	H
H	↓	H	⊓	⊔
↓	H	H	⊓	⊔
↓	↓	H	⊓	⊔
L	L	↑	⊓	⊔
×	L	↑	⊓	⊔

注:H 表示高电平;L 表示低电平;×表示随意电平;↑表示上升沿;↓表示下降沿;⊓表示正脉冲;⊔表示负脉冲。

电路的工作情况如下:

(1)v_1 由 0 V 逐渐上升,只要 $v_1 < \frac{1}{3} V_{CC}$,输出 v_{O1}(Q')和 v_{O2}(Q)为高电平。

(2)v_1 继续上升,当 $\frac{1}{3} V_{CC} \leqslant v_1 < \frac{2}{3} V_{CC}$ 时,输出 v_{O1} 及 v_{O2} 仍为高电平。

(3)v_1 继续上升,一旦达到 $v_1 = \frac{2}{3} V_{CC}$ 这个阈值电平,触发器翻转,输出 v_{O1} 及 v_{O2} 由高

电平跳变为低电平;当输出 v_I 再增加使 $v_\text{I} > \frac{2}{3} V_\text{CC}$ 时,输出 v_O1 和 v_O2 保持低电平不变。

(4)v_I 由 V_CC 开始做负增长,只要未降到 $\frac{2}{3} V_\text{CC}$ 以下,触发器仍保持"0"状态,输出 v_O1 和 v_O2 保持低电平。

(5)v_I 继续下降,当 v_I 下降到 $\frac{2}{3} V_\text{CC}$ 以下,$\frac{1}{3} V_\text{CC} < v_\text{I} < \frac{2}{3} V_\text{CC}$ 时,触发器仍保持"0"状态不变,输出 v_O1 及 v_O2 仍为低电平。

(6)v_I 继续下降,当 v_I 下降到 $\frac{1}{3} V_\text{CC}$ 这个阈值时,触发器发生翻转,输出 v_O1 和 v_O2 由低电平跳到高电平。

(7)v_I 再继续下降,即 $v_\text{I} < \frac{1}{3} V_\text{CC}$ 时,输出 v_O1 和 v_O2 保持高电平不变。

输入 v_I 三角波所对应的输出 v_O 波形见图 8-6。

3. 滞后特性(回差特性)

由前面的分析可知,图 8-5 电路具有如图 8-6 所示的滞后电压传输特性,v_I 上升过程的阈值电压和下降过程的阈值电压是不同的。我们把上升时的阈值电压 $V_\text{T+}$ 称为正向阈值电压或称为接通电平;而把下降时的阈值电压 $V_\text{T-}$ 称为负向阈值电压或称为断开电平。它们之间的差值 $\Delta V = V_\text{T+} - V_\text{T-}$ 称为滞后电压或回差。

从图 8-5 中不难看出,控制端 V_M(5 脚)如未外接电压,则接通电平 $V_\text{T+} = \frac{2}{3} V_\text{CC}$,断开电平 $V_\text{T-} = \frac{1}{3} V_\text{CC}$,它的回差 $\Delta V = V_\text{T+} - V_\text{T-} = \frac{1}{3} V_\text{CC}$。

若在控制端 V_M 外加电压 v_5,则上、下比较器 C_1 和 C_2 的参考电压就分别变成 v_5 和 $\frac{1}{2} v_5$,这个施密特触发器的接通电平 $V_\text{T+} = v_5$,断开电平 $V_\text{T-} = \frac{1}{2} v_5$,回差 $\Delta V = \frac{1}{2} v_5$,也就是说回差 ΔV 随控制端 V_M 的输入电平而变化。

8.3.2 回差电压可调的施密特触发器

回差现象是施密特触发器的又一重要特点。实践中有些场合需要利用回差,有时又希望回差尽量小。因此,组成回差电压可调的施密特触发器具有更大的实用价值。图8-7是一个通过射极跟随器射极电阻分压比来改变回差电压的施密特触发器及其输入、输出波形的施密特触发器。

其工作原理是:当 $v_\text{I} = 0$ 时,三极管截止,$v_\text{A} = v_\text{B} = 0$,$G_2$、$G_3$ 处于关态,G_1 为开态,v_O1 为低电平,触发器处于第一稳态。当 v_I 上升时,v_A、v_B 跟随上升。v_A 达 $V_\text{T} = 1.4$ V 时,基本触发器并不翻转。只有当 v_B 大于 1.4 V 时才能使 G_3 变为开态,G_1 变为关态,触发器翻转到第二稳态。此时

$$V_\text{T+} = v_\text{A} + V_\text{BE} = \frac{R_\text{e1} + R_\text{e2}}{R_\text{e2}} V_\text{T} + V_\text{BE} \tag{8-1}$$

显然,$V_\text{T+} > V_\text{T}$。当 v_I 上升到最大值后下降到 $V_\text{T+}$,即 $v_\text{B} = V_\text{T}$ 时,也不影响基本触发

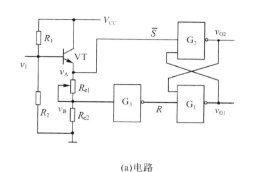
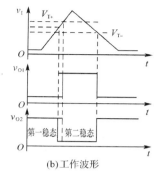

图 8-7　回差电压可调的施密特触发器

器状态。只有 v_1 继续下降到 V_{T-}，即 $v_A = V_T$ 时，G_3 变为关态，G_1 变为开态，使触发器翻回到第一稳态。此时

$$V_{T-} = v_A + V_{BE} = V_T + V_{BE} \qquad (8-2)$$

则回差电压为

$$\Delta V = V_{T+} - V_{T-} = \frac{R_{e1} + R_{e2}}{R_{e2}} V_T + V_{BE} - (V_T + V_{BE}) = \frac{R_{e1}}{R_{e2}} V_T \qquad (8-3)$$

可见，触发器的回差电压可以通过改变射极电阻的阻值来调节。但 $R_{e1} + R_{e2}$ 值不能太大，若太大，即使 v_1 为低电平，也将有可能使 G_2、G_3 为关态，触发器永远处于第一稳态。因此，R_{e1}、R_{e2} 阻值选择必须适当。

8.3.3　施密特触发器的应用

1. 波形变换

将正弦波、三角波变换成矩形波，如图 8-8 所示。

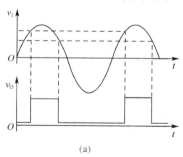
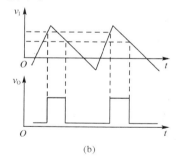

　　　　（a）　　　　　　　　　　　　（b）

图 8-8　波形变换

2. 信号整形

一些测量装置的输出信号经放大后，波形可能很不规则，且顶部易受干扰，如图 8-9(a)所示，经施密特触发器整形后变成如图 8-9(b)所示的合乎要求的脉冲波形。若回差电压较小，顶部干扰将对输出波形造成不良影响，如图 8-9(c)所示，这时，适当增加回差，可提高触发器抗干扰能力。从波形变换和整形两方面应用可见，两者是相通的。

3. 幅度鉴别

利用施密特触发器状态取决于输出信号的幅值这一特点，可以构成幅度鉴别电路。将幅度不等的一串脉冲信号送入施密特触发器输入端，超过 V_{T+} 的脉冲，使触发器翻转，

第 8 章　脉冲波形的产生和整形

有脉冲输出;而小于V_{T+}的脉冲不能使触发器翻转,无脉冲输出,从而达到了幅度鉴别的目的。如图 8-10 所示。

在实际应用中,需要对信号幅度进行鉴别的情况很多。例如,为保证生产安全,必须使锅炉内压力或温度不超过某额定值,否则可能发生事故。一种可能的保护方法,就是将炉内压力、温度转换成电压,再利用施密特触发器来鉴别它是否超过额定值。

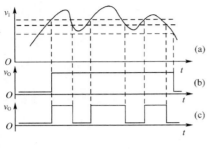

图 8-9　波形整形　　　　　　　　　　图 8-10　幅度鉴别

😊 **小知识**　　　　**施密特触发器的典型应用——波形整形**

在检测技术中,从传感器得到的矩形脉冲经传输后往往发生波形畸变。当传输线上的电容较大时,波形的上升沿将明显变缓;当传输线较长,而且接收端的阻抗与传输线的阻抗不匹配时,在波形的上升沿和下降沿将产生振荡现象;当其他脉冲信号通过导线间的分布电容或公共电源线叠加到矩形脉冲信号时,信号上将出现附加的噪声。无论出现上述的哪种情况,都可以用施密特触发器整形而得到比较理想的矩形脉冲波形。只要施密特触发器的V_{T+}和V_{T-}设置得合适,均能收到满意的整形效果。

思考题

1.施密特触发器的主要特点是什么?

2.施密特触发器主要有哪些用途?

3.在由门电路组成的施密特触发器中,怎样改变其回差?

4.施密特触发器为什么会有回差? 在实际应用中,什么情况下要求回差大? 什么情况下要求回差小?

5.施密特触发器是否具有存储二进制信息的功能?

6.施密特触发器为什么能输出边沿陡峭的矩形脉冲?

8.4　单稳态触发器

单稳态触发器是除施密特触发器外,数字系统中常用的另一类脉冲整形电路。

单稳态触发器的种类很多,现介绍一些在数字系统和计算机中常用的单稳态电路及集成芯片。

8.4.1　由 555 定时器构成的单稳态触发器

1. 电路组成

如图 8-11 所示为一个由 555 定时电路构成的单稳态触发器。

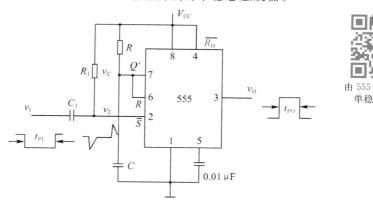

由 555 定时器构成单稳态触发器

图 8-11　555 定时电路构成的单稳态触发器

电路中 R_1、C_1 为输入回路的微分环节,若输入信号 v_I 的负脉冲宽度不大,R_1、C_1 这个微分环节可以不用。只有当输入脉冲宽度大于输出脉冲宽度,影响其正常工作时,才使用 R_1、C_1 微分环节,使加到触发器输入端的负脉冲在允许的宽度范围内。通常 R_1、C_1 参数应满足下列条件:

$t_{PI} > 5R_1C_1$(t_{PI} 为输入脉冲宽度),只有满足此条件,R_1、C_1 才起微分作用。2 端输入的是经微分后的负脉冲,其宽度小于输出脉冲宽度。

电路中 R、C 为单稳态触发器的定时元件,其连接点信号 v_C 加到阈值输入端 R(6 脚)和放电管 VT_1 的集电极 Q'(7 脚)。

复位输入端 $\overline{R_D}$(4 脚)接高电平,即不允许其复位,控制端(5 脚)通过电容 0.01 μF 接地,以保证 555 定时器上、下比较器的参考电压为 $\frac{2}{3}V_{CC}$、$\frac{1}{3}V_{CC}$ 不变。

由输出端 Q(3 脚)引出单稳态触发器的输出信号 v_O。

2. 工作原理

单稳态触发器的工作过程一般分为五个阶段:

(1)稳态

当 v_I 输入为高电平,未加触发脉冲时,v_2 为 V_{CC} 高电平,基本 RS 触发器处于"0"状态。电容器 C 上电荷放完,v_C 及 v_O 均为"0"。

(2)触发翻转

当 v_I 输入端加负脉冲时,触发输入端 2 就得到了如图 8-11 所示的微分信号,在 v_I 负脉冲下降沿,因为电容 C_1 两端电压不会突变,v_2 也产生同样幅度的下降,其值低于 $\frac{1}{3}V_{CC}$,所以下比较器 C_2 输出 $\overline{S}$ 由"0"变为"1"电平,此时 v_C 仍为 0 V,$R=0$,因此 RS 触发器由"0"翻转为"1",输出 v_O 由低变高。同时放电管 VT_1 截止,电路进入暂稳态,定时开始。

（3）暂稳态

在此阶段内，触发器为"1"状态，输出 v_O 为高电平。电容 C 因放电管 VT_1 截止而被充电，电容充电的回路为 $V_{CC} \rightarrow R \rightarrow C \rightarrow$ 地，充电时间常数 $\tau_1 = RC$，v_C 按指数规律上升，趋向 V_{CC} 值。

（4）自动返回

当电容 C 充电，电压 v_C 上升到 $\frac{2}{3}V_{CC}$ 时，上比较器输出 R 由"0"变到"1"，而此时 R_1、C_1 微分环节输出信号 v_2 的窄负脉冲已经消失，v_2 为高电平，使下比较器 C_1 输出 $\overline{S}$ 为"0"，555 内部触发器就会置"0"，输出 v_O 由高电平变为低电平，放电管 VT_1 因 Q 为高电平而由截止变为饱和，定时阶段结束，暂稳态结束。

由上述分析不难看出，若输入脉冲宽度 t_{PI} 小于暂稳态时间（输出脉冲宽度）t_{PO}，则不加微分环节 R_1、C_1，电路也正常工作。

（5）恢复阶段

在此阶段刚开始时，电容 C 上电压 v_C 约为 $\frac{2}{3}V_{CC}$，由于放电管 VT_1 饱和导通，定时电容 C 经 VT_1 管放电，在 $(3 \sim 5)\tau_2$（τ_2 为放电时间常数，在这个电路里 $\tau_2 = R_{CES1}C$）后，v_C 逐渐减小，最后接近 0 V，此阶段结束后，电路返回稳态。在此阶段内，输出 v_O 始终为低电平。恢复阶段结束后，当第二个触发信号到来时，又重复上述过程。电路中 v_1、v_2、v_O、v_C 的波形如图 8-12 所示。

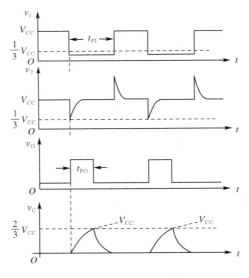

图 8-12 单稳态触发器波形图

3. 主要参数

（1）输出脉冲宽度 t_{PO}

输出脉冲宽度 t_{PO} 是指输出脉冲 v_O 上升沿 $0.5V_m$ 处到下降沿 $0.5V_m$ 处之间的时间间隔。

在单稳态触发器中，输出脉冲宽度实际上是暂稳态所维持的时间，也就是定时电容 C

上的电压 v_C 由 0 V 充电至 $\dfrac{2}{3}V_{CC}$ 所需的时间。

根据描述 RC 过渡过程的公式可求输出脉冲宽度 t_{PO}：

$$t_{PO}=RC\ln 3=1.1RC \tag{8-4}$$

由上式可见：单稳态触发器输出脉冲宽度与定时元件 R、C 的大小有关，且成正比；而与输入脉冲宽度 t_{PI} 及电源电压 V_{CC} 大小无关。调节定时元件 R、C 的大小，可以改变输出脉冲宽度。

（2）恢复时间 t_{re}

暂稳态结束后还需要一段恢复时间，以使电容 C 在暂稳态期间所充的电荷放完，使电路回到初始稳态。一般 $t_{re}\approx(3\sim5)\tau_2$，由于 VT_1 管的饱和电阻 R_{CES1} 很小，所以 555 定时器构成的单稳态触发器 t_{re} 很小，即 v_C 的下降沿很陡。

（3）最高工作频率 f_{max}

设触发信号 v_I 的时间间隔为 T，为了使单稳态电路能正常工作，应满足 $T>t_{PO}+t_{re}$ 条件，即最小时间间隔 $T_{min}=t_{PO}+t_{re}$。

因此，单稳态触发器的最高工作频率 f_{max} 为

$$f_{max}=\frac{1}{T_{min}}=\frac{1}{t_{PO}+t_{re}} \tag{8-5}$$

😊 小知识　　　　　　　**单稳态触发器的特点**

单稳态触发器是常用的脉冲整形和延时电路。单稳态触发器具有下列特点：有一个稳态和一个暂稳态；在外来触发脉冲作用下能够由稳态翻转到暂稳态；暂稳态维持一定时间后，将自动返回稳态。暂稳态时间的长短，与触发脉冲无关，仅取决于电路本身的参数。

8.4.2　集成单稳态触发器

集成单稳态触发器通常可以分成两大类：一类是可重复触发单稳态触发器，其图形符号如图 8-13（a）所示；另一类是不可重复触发单稳态触发器，其图形符号如图 8-13（b）所示。最常用的有双极型的 74121、74122、74123、74221 及 CMOS 型的 CC1428 等。

　　　（a）可重复触发单稳态触发器　　　　　　（b）不可重复触发单稳态触发器

图 8-13　集成单稳态触发器符号

1. 不可重复触发单稳态触发器 74121

（1）图形符号及功能真值表

74121 集成单稳态触发器是一个 14 脚的集成芯片，除电源（14 脚）及地 GND（7 脚）外，2 脚、8 脚、12 脚及 13 脚均是空脚，其余输入、输出名称及引脚号在图 8-14（a）所示的

惯用符号和图 8-14(b)所示的新标准符号中,其逻辑功能在表 8-2 中已示出。

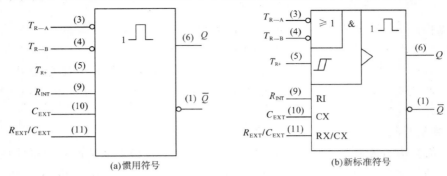

图 8-14　74121 图形符号

（2）触发

由功能表可见,若三个输入 T_{R-A}、T_{R-B}、T_{R+} 处于固定的高电平或低电平,电路总是处于稳态:Q 为低电平,$\overline{Q}$ 为高电平,即输出为"0"。在下述情况下,电路可由稳态翻转到暂稳态:

若 T_{R-A}、T_{R-B}、T_{R+} 全为高电平,T_{R-A} 及 T_{R-B} 中有一个或两个产生由高到低的负跳变。

若 T_{R-A}、T_{R-B} 输入中有一个或两个为低电平,T_{R+} 发生由低到高的正跳变。

（3）定时

74121 一经触发进入暂稳态,其定时时间仅取决于定时电阻 R 和定时电容 C 的大小,不再受输入的影响。

定时电容 C 接在芯片 10 脚(C_{EXT})和 11 脚(R_{EXT}/C_{EXT})之间,若要求输出脉冲宽度较大,需采用电容值大的电解电容,要注意将电解电容器的正极接在 10 脚(C_{EXT})上。

定时电阻 R 可外接,也可以用 74121 芯片内部的电阻 R_{INT}。

①利用内部电阻 R_{INT} 时,可将芯片 9 脚(R_{INT})接至电源脚(14 脚),内部电阻 $R_{INT}=2\ k\Omega$;

②若采用外接定时电阻 R,其阻值可在 1.4～40 kΩ 选用,此电阻应接在 11 脚(R_{EXT}/C_{EXT})和 14 脚(电源 V_{CC})之间,此时 9 脚(R_{INT})应悬空。

74121 输出脉冲宽度 t_{PO} 为

$$t_{PO}=RC\ln2\approx0.7RC \tag{8-6}$$

在暂稳态结束时,74121 也需要一个恢复时间,因此输出脉冲占空比 D 为

$$D=\frac{t_{PO}}{t_{PO}+t_{re}} \tag{8-7}$$

集成单稳态触发器的占空比取决于定时电阻,对 74121 而言,若定时电阻为 2 kΩ,它的最大允许占空比为 67%;若定时电阻增加到 40 kΩ,它的最大允许占空比可上升到 90%。

因此若 74121 定时电阻选 2 kΩ,触发脉冲周期若为 1.5 μs,则其恢复时间 t_{re} 至少需0.5 μs。如果不符合此条件,其输出脉宽会不稳定,在参数 R、C 选择中务必注意这一点。

74121 外接电容 C 数值应在 10 pF～10 μF 选取,若电容有极性,正端必须接 10 脚(C_{EXT} 端)。

2. 可重复触发单稳态触发器74122

(1)图形符号及功能真值表

74122 是一种带清除端的可重复触发的单稳态触发器,这种芯片也有 14 个引脚,除电源 V_{CC}(14 脚)及地 GND(7 脚)外,12 脚和 13 脚是空脚,其余输入、输出引脚的名称和脚号如图 8-15 所示,其逻辑功能见表 8-3。

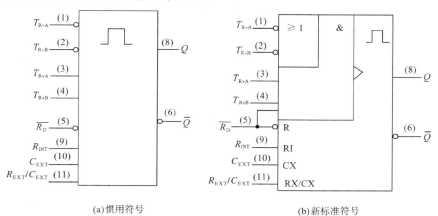

(a)惯用符号　　　　　　　(b)新标准符号

图 8-15　74122 图形符号

表 8-3　　　　　　　　　　　74122 功能真值表

输入					输出	
$\overline{R_D}$	T_{R-A}	T_{R-B}	T_{R+A}	T_{R+B}	Q	$\overline{Q}$
L	×	×	×	×	L	H
×	H	H	×	×	L	H
×	×	×	L	×	L	H
×	×	×	×	L	L	H
H	L	×	↑	H	⊓	⊔
H	L	×	H	↑	⊓	⊔
H	×	L	↑	H	⊓	⊔
H	×	L	H	↑	⊓	⊔
H	H	↓	H	H	⊓	⊔
H	↓	↓	H	H	⊓	⊔
H	↓	H	H	H	⊓	⊔
↑	L	×	H	H	⊓	⊔
↑	×	L	H	H	⊓	⊔

注:H 表示高电平;L 表示低电平;×表示随意电平;↑表示上升沿;↓表示下降沿;⊓表示正脉冲;⊔表示负脉冲。

74122 有四个触发输入端:T_{R-A}、T_{R-B}、T_{R+A}、T_{R+B},另外还有一个清除端 $\overline{R_D}$。由功能真值表可见,集成单稳态触发器 74122 在下列几种情况下,均处于稳定的"0"态,Q 输出低电平,$\overline{Q}$ 输出高电平。

①清除端 $\overline{R_D}$ 为低电平,其他输入端状态随意。

②触发输入端 T_{R-A}、T_{R-B} 均为高电平,其他输入端状态随意。

③触发输入端 T_{R+A} 为低电平或者 T_{R+B} 为低电平,其他输入端状态随意。

(2)触发

由功能真值表又可看出,集成单稳态触发器 74122 在下述情况下可被触发,由稳定的"0"态翻转到暂稳态。

① $\overline{R_D}$ 为高电平,T_{R-A} 和 T_{R-B} 中有一个或两个为低电平,T_{R+A}、T_{R+B} 中一个为高电平,另一个发生正跳变。

② $\overline{R_D}$ 为高电平,T_{R+A}、T_{R+B} 均为高电平,T_{R-A}、T_{R-B} 原为高电平,其中一个或两个发生负跳变。

③触发输入端 T_{R-A}、T_{R-B} 中有低电平,T_{R+A}、T_{R+B} 全为高电平,$\overline{R_D}$ 发生正跳变。

(3)定时

集成单稳态触发器 74122 的脉冲宽度 t_{PO} 的大小可以通过下列三种方式来控制:

①通过选择外接定时元件(定时电容 C 和定时电阻 R)来确定。由于 74122 和 74121 一样,芯片内部有电阻 R_{INT},所以定时电阻可采用内部电阻 R_{INT},也可采用外接电阻 R,其接线方式与 74121 一样,在此不再赘述。

②通过正触发输入端 T_{R+A}、T_{R+B} 和负触发输入端 T_{R-A}、T_{R-B} 的重复触发来延长暂稳态时间,即展宽单稳态触发器的输出脉冲。

③通过清除端 $\overline{R_D}$,清除和缩小 t_{PO} 输出宽度,也就是说在暂稳态期间加 $\overline{R_D}$ 复位信号,强制单稳态触发器恢复稳定的"0"态。

除 74121、74122 外还有可重复触发的带清除端的单稳态触发器 74123 及双单稳态触发器 74221 等集成芯片。

集成单稳态触发器的触发端较多,因此可以在多种触发条件下使用。一般的,T_{R+} 触发输入端用在下降沿触发。T_{R+} 触发输入端用在上升沿触发时,在使用中可以根据功能真值表赋值。例如,用在下降沿触发的单稳态触发器 74121 可按图 8-16(a)所示连线,用在上升沿触发的单稳态触发器 74121 可按图 8-16(b)所示连线。

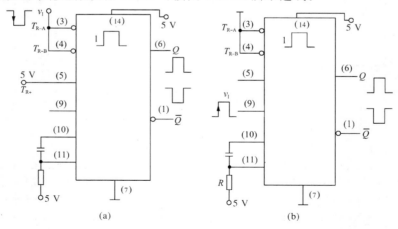

图 8-16　单稳态触发器 74121 连线图

两类单稳态触发器的区别：

不可重复触发的单稳态触发器：在稳态情况下一旦进入暂稳态，暂稳态维持时间仅取决于定时元件的参数，与暂稳态期间是否再受到其他触发信号的作用无关，即输出脉冲宽度是固定的。

可重复触发的单稳态触发器：即使受到前面信号的触发，电路进入暂稳态，后来的触发信号仍可对它起作用，再触发后，电路还可以在暂稳态期间继续维持由定时元件所决定的时间，也就是说，电路输出脉宽可展宽，其展宽的脉冲宽度是第一个触发信号与这个触发信号间的时间间隔。

3. 单稳态触发器的应用

单稳态触发器被广泛地用于脉冲波形的整形、定时和延时等。

(1)整形

由于单稳态触发器输出的脉冲宽度和幅度仅取决于电路本身的参数，而与触发脉冲无关。因此，不管输入单稳态触发器的脉冲波形如何，只要能使单稳态触发器内部波形翻转，就能在输出端获得一定宽度和幅度的规则矩形脉冲，通常称为脉冲整形，如图 8-17 所示。

(2)定时

单稳态触发器输出的 v_B 是具有一定宽度 t_{PO} 的矩形脉冲，用它做与门的控制信号，当 v_B 为低电平时封锁与门，v_A 不能通过；当 v_B 为高电平时开启与门，v_A 信号通过与门，如图 8-18 所示。可见，单稳态触发器可广泛用于定时操作控制电路。

(3)延时

图 8-18(a)中单稳态触发器输出的矩形波 v_B 下降沿比输入触发脉冲 v_I 下降沿滞后了 t_{PO}(时间)，如图 8-18(b)所示。若再利用 v_B 的下降沿去触发其他电路，就比直接利用 v_I 下降沿触发延迟了 t_{PO}(时间)。

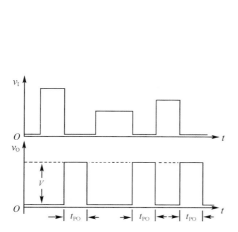

图 8-17 单稳态触发器用于整形电路

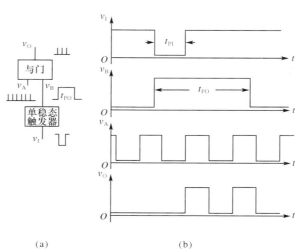

图 8-18 单稳态触发器用于定时电路

4. 微分型单稳态触发器

除由 555 定时器构成的单稳态触发器外，常用的单稳态触发器中有一种由与非门电路构成的微分型单稳态触发器。

（1）电路组成

如图 8-19（a）所示为一个由 TTL 与非门构成的微分型单稳态触发器。

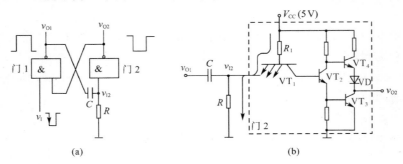

图 8-19　微分型单稳态触发器

门 1 输出 v_{O1} 经微分环节 C、R 微分，其微分输出信号 v_{I2} 作为门 2 的输入信号。此电路在输入信号 v_I 为高电平时，应处于稳定工作状态：v_{O1} 输出低电平，v_{O2} 输出高电平。

为使电路具有上述稳态，接入的电阻 R 阻值必须小于 0.7 kΩ（关门电阻 R_{OFF} 的阻值）。其原理如图 8-19（b）所示，若电路处于稳态，则电容 C 相当于开路，电阻 R 上的压降 v_{I2} 是由 V_{CC} 经门 2 的基极电阻 R_1、VT_1 发射结外接电阻 R 到地流过的输入电流产生的。

$$v_{I2} = \frac{V_{CC} - U_{BE}}{R_1 + R} \cdot R \tag{8-8}$$

当 $v_{I2} = V_{OFF}$（关门电平 V_{OFF} 为 0.7 V 左右）时，$R = R_{OFF}$（0.7 kΩ 左右）。只要 $R < R_{OFF}$，门 2 就可处于"关"态。

（2）工作原理

① 稳态

v_I 为高电平时，电路处于稳态：$v_{O1} = 0$，$v_{O2} = 1$。这是因为 $R < R_{OFF}$，在稳定状态下，门 2 处于"关"态，因此输出 v_{O2} 为高电平，门 1 输入全为高电平，处于"开"态，输出 v_{O1} 为低电平。

② 触发翻转

当 v_I 发生负跳变，门 1 由"开"态转为"关"态，v_{O1} 由低变高，由于电容 C 两端电压不能突变，所以 v_{I2} 也由低变高，使门 2 由"关"态转为"开"态，v_{O2} 由高电平变为低电平，电路进入暂稳态：$v_{O1} = 1$，$v_{O2} = 0$。

③ 暂稳态

在暂稳态期间，因 v_{O2} 为低电平，v_I 负脉冲消失后也可维持 v_{O1} 为高电平。

在暂稳态期间，门 1 输出 v_{O1} 为高电平。门 1 输出 v_{O1} 经电容 C 和电阻 R 到地，有一条充放电支路，如图 8-20 中实线所示，使门 2 输入电压 v_{I2} 以时间常数 $\tau = RC$（忽略与非门输出电阻）按指数规律减小，当 v_{I2} 减小到门槛电平 $V_T = 1.4$ V 时，发生正反馈雪崩（注意：此时 v_I 负脉冲必须消失）。

④ 自动返回

正反馈雪崩过程结束后，电路的输出自动返回初始状态：$v_{O1} = 0$，$v_{O2} = 1$。

⑤恢复阶段

自动返回后,输出虽然回到了稳态的输出状态,但由于在正反馈雪崩过程中,电容 C 两端电压 v_C 不会产生突变,所以 v_{O1} 负跳变后,v_{I2} 也产生负跳变,其结果是 v_{I2} 比稳态值要低得多,因此通过 R、C 到门 1 输出端 v_{O1} 及 V_{CC} 经门 2 的 VT_1 基极电阻 R_1、VT_1 管发射结电容 C 到门 1 输出端 v_{O1} 两条支路充放电(如图 8-20 中虚线所示),使 v_{I2} 以时间常数 $\tau = (R_1 /\!/ R)C$ 按指数规律增大,恢复到稳态时的初始值,经历了一个恢复阶段。

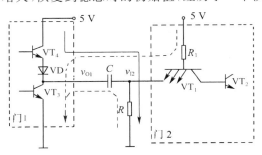

图 8-20　暂稳态和恢复阶段充放电

此微分型单稳态触发器若在图 8-21 所示输入负脉冲 v_I 的作用下,则电路中 v_{O1}、v_{I2}、v_{O2} 的波形如图 8-21 所示,由波形图也可清楚地看出微分型单稳态触发器的工作情况。

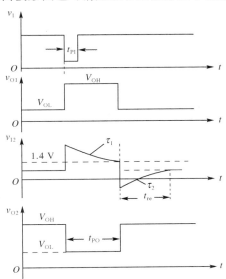

图 8-21　微分型单稳态触发器各端波形

(3)主要参数

①输出脉冲宽度 t_{PO} 经验估算公式为

$$t_{PO} = 0.8RC \tag{8-9}$$

(注意:电阻 R 必须小于关门电阻 R_{OFF}。)

②恢复时间 t_{re}

$$t_{re} = (3 \sim 5)\tau_2 = (3 \sim 5)(R_1 /\!/ R) \cdot C \tag{8-10}$$

$R_1 /\!/ R$ 表示门 2 的 VT_1 基极电阻 R_1 与定时电阻 R 的并联阻值。

③最高工作频率 f_{max}

$$f_{max} = \frac{1}{t_{PO} + t_{re}} \tag{8-11}$$

若输入脉冲宽度 $t_{PI} > t_{PO}$，为使单稳态触发器的输出能按要求自动返回初始状态，则 v_I 应如图 8-22 所示，通过微分环节 R_P、C_P 微分再输入门 1。

微分环节输出信号 v_{I1} 如图 8-22 所示，在 v_{I1} 发生负跳变时，产生一个负脉冲。这个负脉冲的宽度就能满足微分型单稳态触发器的返回要求。

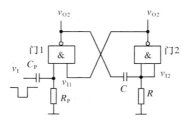

图 8-22　宽脉冲输入的微分型单稳态触发器

R_P 应大于 TTL 门电路的开门电阻 R_{ON}（2 kΩ 左右），以保证当 v_I 是高电平时，电路处于稳态。

思考题

1. 单稳态触发器有什么特点？它主要有哪些用途？

2. 某单稳态触发器的结构如图 8-19 所示，回答如下问题：

(1)简述单稳态触发器的工作原理。

(2)输出脉冲宽度 t_{PO} 与 R、C 的大小有何关系？

(3)如果输入正脉冲的宽度 t_{PI} 比输出脉冲的宽度 t_{PO} 大，对电路工作有何影响？应该采取什么改进措施？

3. 什么叫微分型单稳态触发器？它的输出脉冲宽度如何估算？

4. 对 TTL 集成单稳态触发器 74121 来说，当输入触发脉冲的宽度大于输出脉冲宽度时，电路的工作是否受到影响？为什么？

8.5　多谐振荡器

多谐振荡器是能产生矩形脉冲（矩形波）的自激振荡器。由于矩形波的波形中除基波外，还包括许多高次谐波，所以这类振荡器被称为多谐振荡器。

多谐振荡器振荡起来后，电路没有稳态，只有两个暂稳态。这两个暂稳态交替变化输出矩形脉冲信号，因此多谐振荡器又被称作无稳态电路。

图 8-23　多谐振荡器定性符号

多谐振荡器常用来作为脉冲信号源。可用图 8-23 所示符号来表示。

8.5.1　由 555 定时器构成的多谐振荡器

1. 电路结构

如图 8-24(a)所示为一个由 555 定时器构成的多谐振荡器,在此电路中,定时元件除电容 C 外,还有两个串联的电阻 R_A 和 R_B,电容 C 和电阻 R_B 的连接点接到两个比较器 C_1、C_2 的输入端 R(6 脚)、$\bar{S}$(2 脚),R_A 和 R_B 的连接点接到放电管 VT_1 的输出端 Q'(7 脚,$\bar{Q}$)。

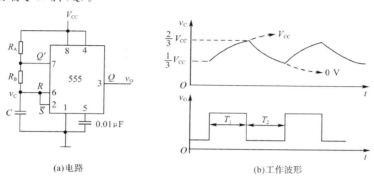

(a)电路　　　　　　　　　　(b)工作波形

图 8-24　由 555 定时器构成的多谐振荡器

2. 工作原理

接通电源瞬间,电容 C 来不及充电,v_C 为 0,此时 RS 触发器的输入端 $R=0$,$S=1$,$v_O=Q=1$,输出高电平。

同时,由于 $\bar{Q}=0$,放电管 VT_1 截止,电容 C 开始充电,进入暂稳态"1"。一般多谐振荡器的工作过程分为四个阶段,现以由 555 定时器构成的多谐振荡器来说明。

(1)暂稳态 1

电容 C 由支路 $V_{CC} \to R \to C \to$ 地充电,充电时间常数 $\tau_1=(R_A+R_B)C$,电容 C 上的电压 v_C 随时间 t 按指数规律增大,趋于 V_{CC} 值,在此阶段,输出电压 v_O 暂时稳定在高电平。

(2)自动翻转 1

当电容 C 上电压 v_C 增大到 $\frac{2}{3}V_{CC}$ 时,由于 RS 触发器的输入端 $S=0$,$R=1$,触发器置 "0",Q 由 "1"→"0",输出电压 v_O 则由高电平跳转为低电平,电容 C 的充电过程结束。

(3)暂稳态 2

由于此刻 $Q=0$,$\bar{Q}=1$,所以 VT_1 导通且处于饱和状态,电容 C 通过支路 $C \to R_B \to$ 放电管 $VT_1 \to$ 地放电,放电时间常数 $\tau=R_B C$(忽略了 VT_1 饱和电阻 R_{CES1}),电容上的电压 v_C 随时间 t 按指数规律减小,趋于 0 V,同时使输出电压 v_O 暂时稳定在低电平。

(4)自动翻转 2

当电容上的电压 v_C 减小到 $\frac{1}{3}V_{CC}$ 时,RS 触发器的输入端 $S=1$,$R=0$,触发器置 "1",Q 由 "0"→"1",输出电压 v_O 则由低电平跳转为高电平,电容 C 的放电过程结束。

由于 $\bar{Q}=0$,放电管 VT_1 截止,电容 C 又开始充电,进入暂稳态"1"。此后,电路重复上述过程,持续振荡,其工作波形如图 8-24(b)所示。

3. 特性参数

暂稳态维持时间 T_1、T_2 取决于上、下比较器 C_1、C_2 放电及反充电的时间常数，可以通过 RC 电路过渡过程计算得到，有

$$T_1 = 0.7(R_A + R_B)C \tag{8-12}$$

$$T_2 = 0.7R_B C$$

则振荡周期

$$T = T_1 + T_2 = 0.7(R_A + 2R_B)C \tag{8-13}$$

振荡频率

$$f = \frac{1}{T} \tag{8-14}$$

占空比

$$D = \frac{T_1}{T_1 + T_2} = \frac{0.7(R_A + R_B)C}{0.7(R_A + 2R_B)C} = \frac{R_A + R_B}{R_A + 2R_B} \tag{8-15}$$

若 $R_B \gg R_A$，$D \approx 1/2$，此时输出的矩形脉冲为近似对称方波。

4. 应用举例

(1)模拟声响发生器

如图 8-25(a)所示为由两个振荡器构成的模拟声响发生器。调节定时元件 R_{A1}、R_{B1}、C_1 使振荡器 I 的振荡频率为 1 Hz，调节定时元件 R_{A2}、R_{B2}、C_2 使振荡器 II 的振荡频率为 2 kHz。由于低频振荡器的输出端接到高频振荡器的复位端 $\overline{R_D}$(4 脚)，所以当 v_{O1} 输出高电平时，振荡器 II 振荡；当 v_{O1} 输出低电平时，振荡器 II 被复位，停止振荡。扬声器便发出"呜…呜"的间隙声响，其工作波形如图 8-25(b)所示。

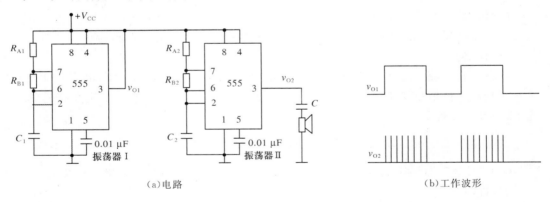

(a)电路   (b)工作波形

图 8-25 模拟声响发生器

(2)电压频率变换器

由 555 定时器构成的多谐振荡器中，若控制端 V_M 不再通过电容(0.01 μF)接地，而在 5 脚上加一个可变电压 v_5，则调节 v_5 的大小可以改变比较器 C_1、C_2 的参考电压，上比较器 C_1 的参考电压为 v_5，下比较器 C_2 的参考电压为 $\frac{1}{2}v_5$，v_5 越大，参考电压值越大，输出脉冲周期越大，频率越低；反之，v_5 越小，输出脉冲频率越高。由此可见，只要改变控制电压 v_5，就可以改变其输出频率，此时，555 振荡器可以被当作一个电压频率变换器。

8.5.2 由两个集成单稳态触发器构成的多谐振荡器

1. 电路结构

由两个集成单稳态触发器 74121 构成的多谐振荡器如图 8-26(a) 所示。

每片 74121 均外接电阻、电容,片 Ⅰ 的定时电阻、电容分别为 R_1、C_1,片 Ⅱ 的定时电阻、电容分别为 R_2、C_2。

片 Ⅰ 触发输入端 T_{R-A}、T_{R-B} 连接在一起接输入信号 v_{I1},其输出端 Q_1 接片 Ⅱ 触发输入端 T_{R-A}、T_{R-B};片 Ⅱ 触发输入端 T_{R+} 接输入信号,其输出端 $\overline{Q}_2$ 反馈到片 Ⅰ 触发输入端 T_{R+}。若 v_{I1}、v_{I2} 均为高电平,则电路处于静态,即 $Q_1=0$,$\overline{Q}_1=1$;$Q_2=0$,$\overline{Q}_2=1$。

在静态条件下,如果输入 v_{I1} 发生负跳变,那么这个由两个单稳态触发器连接构成的电路就开始持续振荡。

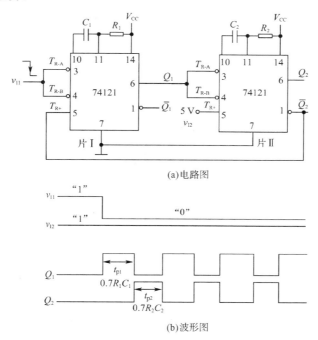

(a)电路图

(b)波形图

图 8-26　由两个集成单稳态触发器构成的多谐振荡器

2. 工作原理

片 Ⅰ:T_{R+} 接片 Ⅱ 输出端 $\overline{Q}_2$,在初始静态下为高电平,当 v_{I1} 有负跳变,根据 74121 功能真值表(表 8-2)可知,满足了触发条件,片 Ⅰ 由稳态进入暂稳态 1,Q_1 端输出一个正脉冲,$\overline{Q}_1$ 端输出一个负脉冲,其脉冲宽度 $t_{p1}=0.7R_1C_1$。

片 Ⅱ:T_{R-A}、T_{R-B} 均接片 Ⅰ 输出端 Q_1,且 T_{R+} 为高电平,根据 74121 功能真值表可知,当 Q_1 由高电平变为低电平时(片 Ⅰ 暂稳态 1 结束时),片 Ⅰ 满足了触发条件,进入暂稳态 2,接着 Q_2 输出一个正脉冲,$\overline{Q}_2$ 输出一个负脉冲,其脉冲宽度 $t_{p2}=0.7R_2C_2$。当此脉冲消失,$\overline{Q}_2$ 由低电平变为高电平时,由于片 Ⅰ 此时 v_{I1} 已为低电平,根据功能真值表,片 Ⅰ 又满足触发条件。

只要 $v_{I1}=0, v_{I2}=1$ 的状态继续保持，电路就可持续振荡，其振荡周期为

$$T = t_{p1} + t_{p2} = 0.7R_1C_1 + 0.7R_2C_2$$
$$= 0.7(R_1C_1 + R_2C_2)$$

其工作波形如图 8-26(b)所示。此时如果令 v_{I1} 波形上跳或 v_{I2} 波形下跳，就可使电路停振。由前面集成单稳态触发器的介绍可知，输出脉冲的占空比取决于定时电阻的阻值。

74121 在定时电阻为 2 kΩ 时，最大允许的占空比为 67%；在定时电阻为 40 kΩ 时，最大允许的占空比为 90%。因此，选择由两个 74121 构成的多谐振荡器参数 R_1、C_1、R_2、C_2 时，除应考虑单个输出脉宽 t_{p1}、t_{p2} 外，还应考虑在选定定时电阻后，各自的占空比是否超过最大允许值。

例如：若要求第一个单稳态触发器输出脉宽 $t_{p1}=30\ \mu s$，第二个单稳态触发器输出脉宽 $t_{p2}=70\ \mu s$，则第一个的占空比为 30%，第二个的占空比为 70%。若 R_2 选择了 2 kΩ，实际上构成的振荡器就达不到如上参数要求，因为第二个单稳态触发器的占空比已经超出了它的最大允许值，电路输出会不稳定。

同样，若定时电阻选 40 kΩ，要求振荡器输出脉冲占空比超过 90% 也是不可能的。

8.5.3　石英晶体振荡器

为了获得频率稳定度更高的时钟脉冲，目前普遍采用石英晶体振荡器，简称晶振。如计算机中的时钟脉冲即由晶振产生。

石英晶体振荡器如图 8-27 所示。石英晶体具有如图 8-28 所示的阻抗频率特性。

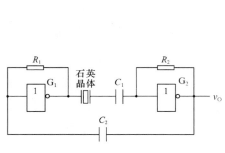

图 8-27　石英晶体振荡器

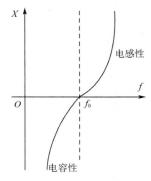

图 8-28　石英晶体的阻抗频率特性

由石英晶体阻抗频率特性可知，只有信号频率与晶体振荡频率相等时，晶体才呈现低阻抗特性，信号通过耦合支路形成正反馈。对于其他频率的信号，它呈现高阻抗特性，正反馈回路被断开，不能振荡。所以，这种电路的振荡频率只取决于晶体本身的串联谐振频率 f_0，而与电路中 R、C 的值无关。

为了改善输出波形，增强带负载能力，通常在振荡器的输出端加一级反相器。

思考题

图 8-29 为由石英晶体振荡器组成的两相时钟脉冲发生器的实用电路及工作波形。

试分析其工作原理。

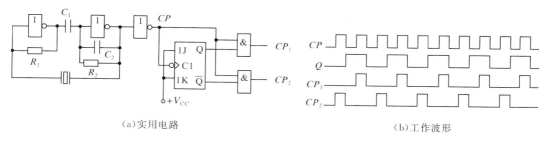

(a)实用电路　　　　　　　　　　　　　(b)工作波形

图 8-29　两相时钟脉冲发生器

8.5.4　环形多谐振荡器

多谐振荡器还可由集成逻辑门构成。

下面介绍由 TTL 与非门和 RC 电路构成的环形多谐振荡器。

1. 电路组成

如图 8-30(a)所示,环形多谐振荡器电路由三个与非门 G_1、G_2、G_3 和可调电阻 R、电容 C 以及保护内阻 R_s 构成。$R_s < 100\ \Omega$。

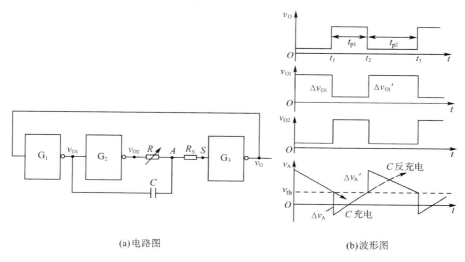

(a)电路图　　　　　　　　　　　　　(b)波形图

图 8-30　环形多谐振荡器

2. 工作原理

在图 8-30(b)中 t_1 时刻,A 点电位下降到 v_{th},由于 R_s 较小,$v_S \approx v_A$,故 G_3 由"开"态变为"关"态,输出高电平。v_O 反馈到 G_1 输入端,G_1 由"关"态变为"开"态,输出低电平。v_O 发生负跳变,它一方面通过电容耦合使 $v_A(v_S)$ 产生同样的下跳,保证 G_3 继续为"关"态;另一方面,G_3 由"开"态变为"关"态,v_{O2} 为高电平,通过 R、C 充电,其等效电路如图 8-31(a)所示。随着 C 的充电,$A(S)$ 点电位逐渐升高而达到 v_{th},电路状态发生变化。在此期间,G_1 为"开"态,G_2、G_3 为"关"态,输出 v_O 为高电平,电路处于暂稳态 1。

在 t_2 时刻,A 点电位达到 v_{th},G_3 门由"关"态变为"开"态,v_O 由高电平变为低电平,反

211

馈到 G_1 输入端,使 v_{O1} 上跳为高电平。正跳变 Δv_{O1} 一方面通过 C 使 A 点产生相应正跳变 Δv_A,维持 G_3 为"开"态;另一方面使 G_2 由"关"态变为"开"态,v_{O2} 下跳为低电平,则 C 有一个先放电后反充电的过程,其等效电路如图 8-31(b)所示。G_1 为"关"态,G_2、G_3 为"开"态,输出 v_O 为低电平,电路处于暂稳态 2。随着 C 的反充电,A、S 点电位逐渐降低到 v_{th}。在 t_3 时刻又引起电路状态变化,变为暂稳态 1。可见,在 RC 电路控制下,G_3 周期性地处于"开"态、"关"态,在输出端获得矩形波。

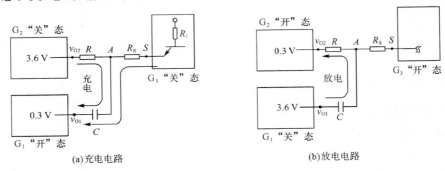

(a)充电电路　　　　　　　　　(b)放电电路

图 8-31　两个暂稳态等效电路

3. 振荡周期的估算

$$T = t_{p1} + t_{p2} = 0.98(R /\!/ R_1)C + 1.26RC \qquad (8\text{-}16)$$

当 $R \gg R_1$ 时,上式简化为

$$T \approx 2.2RC \qquad (8\text{-}17)$$

可见,环形多谐振荡器的振荡频率取决于 R、C 值的大小。通常采用波段开关换接电容 C 实现频率的粗调,而用电位器 R 实现频段内频率的细调。表 8-4 是在不同电容值下,调节 R 所测得的频率可调范围,可见振荡频率的调节范围很宽。

表 8-4　　　　　　　　　　环形多谐振荡器的频率调节范围

C	15 pF	20 pF	0.05 pF	3 pF	100 pF
f	1.4~8 MHz	320 kHz ~5.6 MHz	4.3~150 kHz	3.3 Hz~3.6 kHz	1~167 Hz

思考题

1. 试述多谐振荡器的特点,其振荡频率主要取决于哪些元件的参数? 为什么?

2. 石英晶体振荡器、多谐振荡器的特点是什么? 其振荡频率与电路中的 R、C 有无关系? 为什么?

3. 试述对称多谐振荡器的工作原理,其振荡频率主要取决于哪些元件的参数?

4. 在对称多谐振荡器中,R_{F1} 和 R_{F2} 的阻值非常大或非常小时,电路能否正常工作? 为什么?

5. 在不对称多谐振荡器中,R_F 的阻值非常大或非常小时,对电路正常工作有何影响? 为什么?

8.6 工程应用——简易脉搏测试仪的制作

制作一种简易脉搏测试仪,利用光线传感器将人手指尖由于具有透光性而随脉搏跳动出现的微弱变化转换成电信号,经有关电路放大处理后,再通过声、光电路把脉搏跳动情况反映出来。

该脉搏测试仪由电源电路、光线传感器、整形放大电路和声、光电路组成,如图 8-32 所示。

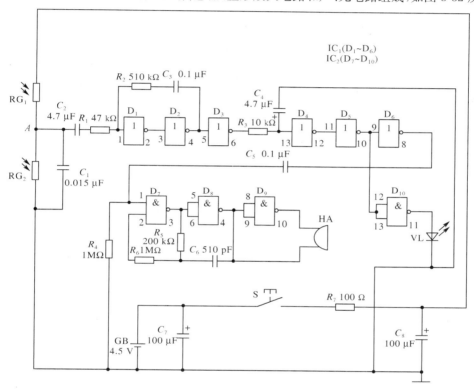

图 8-32 脉搏测试仪电路原理图

电源电路由电池 GB、电源按钮 S、限流电阻器 R_7 和滤波电容器 C_7、C_8 组成。

光线传感器由光敏电阻器 RG_1 和 RG_2 组成。

整形放大电路由六非门集成电路 IC_1($D_1 \sim D_6$)、电容器 $C_1 \sim C_4$ 和电阻器 $R_1 \sim R_3$ 组成。

声、光电路由四与非门集成电路 IC_2($D_7 \sim D_{10}$)和电阻器 $R_4 \sim R_6$、电容器 C_6、蜂鸣器 HA 和发光二极管 VL 组成。

RG_1 用来采集手指尖的透光量。手指尖毛细血管的血流量随着脉搏的跳动而产生变化,其透过光线的量也会有相应变化,从而导致 RG_1 的阻值也随着脉搏的跳动而产生相应的变化。RG_2 作为自动校正器件。

在未进行脉搏测试时 RG_1 和 RG_2 上的阻值基本相同(电路不会受到环境光线变化的影响),HA 不发声,VL 不亮。

将手指尖放在 RG_1 上时,手指尖的透光量使 RG_1 的阻值发生变化,A 点电压随着脉搏的跳动而发生微弱的变化,此变化量信号经整形放大电路处理后,使声、光电路工作,HA随脉搏的跳动同步发声,VL也同步闪亮,脉搏跳动的情况通过声、光信号反映出来。

元器件选择:

$R_1 \sim R_7$ 均选用 1/4 W 碳膜电阻器或金属膜电阻器。

RG_1 和 RG_2 选用 $\varphi 8$ mm 的高灵敏度光敏电阻器,要求其亮阻小于 1 kΩ,暗阻大于 1 MΩ。制作光线传感器时,将 RG_1 装在收音机中频变压器(中周)的金属外壳内(原线圈拆除,RG_1 的两引线焊在原线圈的两个接线引脚上),再将该中频变压器黏结在电源按钮的压柄上。使用时将手指尖按在中频变压器的圆孔上,使光线通过手指尖照到 RG_1 上,再轻轻按下电源按钮即可。RG_2 应用红布包裹数层,使其阻值变化到与 RG_1 的阻值(手指尖按在中频变压器的圆孔上时 RG_1 的阻值)相同即可。

$C_1 \sim C_3$ 和 C_5 均选用优质独石电容器;C_4、C_7 和 C_8 均选用耐压值为 16 V 的铝电解电容器;C_6 选用高频瓷介电容器或云母电容器。

VL 选用 $\varphi 5$ mm 的高亮度发光二极管。

IC_1 选用 CD4069 六非门集成电路;IC_2 选用 CD4011 四与非门集成电路。

HA 选用带助声腔的压电陶瓷片或小型电磁式蜂鸣器。

S 选用小型动合按钮。

本 章 小 结

1.施密特触发器和单稳态触发器是最常用的两种整形电路。施密特触发器输出脉冲的宽度由输入信号决定,输出电压波形有明显改善。单稳态触发器输出信号宽度由电路参数决定,与输入信号无关,输入信号只起触发作用,所以单稳态触发器可以用于产生固定宽度的脉冲信号。

2.自激的脉冲振荡器不需要外加输入信号,只要接通供电电源,就自动产生矩形脉冲信号。

3.555 定时器是一种用途很广的集成电路,除了能组成施密特触发器、单稳态触发器和多谐振荡器以外,还可以接成各种应用电路。

自我检测题

一、选择题

1.脉冲整形电路有(　　)。

A.多谐振荡器　　B.单稳态触发器　　C.施密特触发器　　D.555 定时器

2.多谐振荡器可产生(　　)。

A.正弦波　　　　B.矩形脉冲　　　　C.三角波　　　　　D.锯齿波

3.石英晶体多谐振荡器的突出优点是(　　)。

A.速度快　　　　　　　　B.电路简单

C.振荡频率稳定　　　　　　D.输出波形边沿陡峭

4.TTL 单定时器型号的最后几位数字为(　　)。

A.555　　　　B.556　　　　C.7555　　　　D.7556

5.555 定时器可以组成(　　)。

A.多谐振荡器　　B.单稳态触发器　　C.施密特触发器　　D.JK 触发器

6.用 555 定时器组成施密特触发器,当输入控制端 CO 外接 10 V 电压时,回差电压为( )。

    A. 3.33 V   B. 5 V   C. 6.66 V   D. 10 V

7.以下各电路中,( )可以产生脉冲定时信号。

    A. 多谐振荡器   B. 单稳态触发器

    C. 施密特触发器   D. 石英晶体多谐振荡器

二、判断题

1.施密特触发器可用于将三角波变换成正弦波。   ( )

2.施密特触发器有两个稳态。   ( )

3.多谐振荡器的输出信号的周期与阻容元件的参数成正比。   ( )

4.石英晶体多谐振荡器的振荡频率与电路中 R、C 的值成正比。   ( )

5.单稳态触发器的暂稳态时间与输入触发脉冲宽度成正比。   ( )

6.单稳态触发器的暂稳态维持时间用 t_W 表示,与电路中 R、C 的值成正比。   ( )

7.采用不可重复触发的单稳态触发器时,触发器若在暂稳态期间再次受到触发,输出脉宽可在此前暂稳态时间的基础上再展宽 t_W。   ( )

8.施密特触发器的正向阈值电压一定大于负向阈值电压。   ( )

三、填空题

1. 555 定时器的最后数码为 555 的是_____产品,为 7555 的是_____产品。

2.施密特触发器具有_____现象,又称_____特性;单稳态触发器最重要的参数为_____。

3.常见的脉冲产生电路有_____,常见的脉冲整形电路有_____、_____。

4.为了实现高的频率稳定度,常采用_____振荡器;单稳态触发器受到外触发时进入_____态。

四、分析计算题

1. 555 定时器由哪几部分组成?各部分功能是什么?

2.由 555 定时器组成的施密特触发器具有回差特性,回差电压 ΔU_T 的大小对电路有何影响,怎样调节?当 $V_{DD} = 12$ V 时,U_{T+}、U_{T-}、ΔU_T 各为多少?当控制端 CO 外接 8 V 电压时,U_{T+}、U_{T-}、ΔU_T 各为多少?

3.电路如题图 8-1(a)所示,若输入信号 u_I 波形如题图 8-1(b)所示,请画出 u_O 的波形。

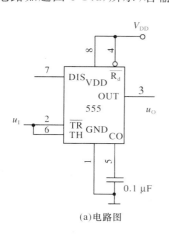

(a)电路图

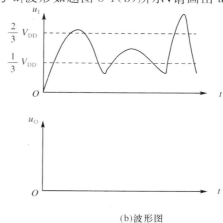

(b)波形图

题图 8-1

4. 如要改变由 555 定时器组成的单稳态触发器的脉宽,可以采用哪些方法?

5. 如题图 8-2 所示,这是一个根据周围光线强弱可自动控制 VB 亮、灭的电路,其中 VT 是光敏三极管,有光照时导通,且有较大的集电极电流,光暗时截止,试分析电路的工作原理。

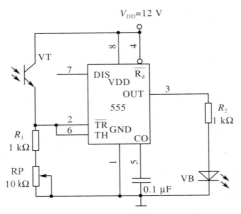

题图 8-2

6. 如题图 8-3 所示,该电路工作时能够发出"呜…呜"间歇声响,试分析电路的工作原理。$R_{1A}=100$ kΩ,$R_{2A}=390$ kΩ,$C_A=10$ μF,$R_{1B}=100$ kΩ,$R_{2B}=620$ kΩ,$C_B=1\ 000$ pF,则 f_A、f_B 分别为多少? 定性画出 u_{O1}、u_{O2} 波形图。

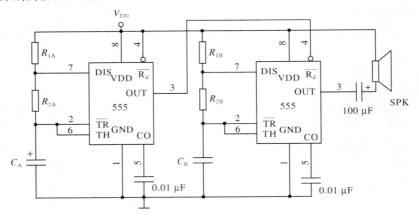

题图 8-3

大规模集成电路

第9章

本 章 导 读

计算机需要使用存储电路来储存计算过程中的信息和计算结果,早期的存储电路主要使用磁芯存储器做内存。由于磁芯存储器具有容量小、速度慢、体积大、可靠性低等缺点,制约了计算机产业的发展,而随着电子技术的发展,大规模集成电路得到了广泛应用,半导体存储器比磁芯存储器在集成度、可靠性和存取速度方面更优异,制造工艺更简单,价格更便宜,因此从20世纪70年代开始,半导体存储器逐渐取代磁芯存储器,成为计算机存储电路的主流存储器。本章主要内容如下:

1. ROM 的分类、结构及工作原理;
2. RAM 的分类、结构及工作原理;
3. 可编程逻辑器件的结构及应用。

9.1 只读存储器(ROM)

9.1.1 概 述

ROM(Read-Only Memory)即只读存储器,它是一种半导体存储器,其特性是只要储存了数据就不会因为电源关闭而消失。

ROM 是只能读出事先所存数据的固态半导体存储器,它所存储的数据一般是在装入整机前就写好了的,整机在工作的过程中只能读出,不能改写。

1. 只读存储器的特点

(1)ROM 所存数据稳定,断电后所存数据不会改变;

(2)ROM 结构较简单,数据读出较方便,因而常用于存储各种固定程序和数据。

2. 只读存储器的分类

实际上,只读存储器只是相对随机存储器(RAM)而言的,随着电子技术的发展,只读已经发展为可擦除。目前的只读存储器可以分为以下几种类型。

（1）掩膜 ROM（固定 ROM）

这类 ROM 的数据在制造时就写在芯片中，用户无法更改数据，只能读出数据，因此在使用时受到很大限制，市场上使用它的人不多。

（2）可编程 ROM（PROM）

这类 ROM 可将数据写入芯片。但一旦写入，就不能进行修改。现在使用这种存储器的人也不多。

（3）可擦除可编程 ROM（EPROM）

这类 ROM 可将数据写入芯片，也可使用特殊手段将芯片中的数据擦除而重新写入，即可以重复使用。

（4）电可擦除可编程 ROM（EEPROM）

这类 ROM 可以利用电压在线擦除芯片中的内容，重新写入数据。

9.1.2　掩膜 ROM（固定 ROM）

只读存储器是一种只能读取数据的存储器。在制造 ROM 的过程中，以一种特殊掩膜（mask）工艺将数据烧录在线路中，并且数据在写入后就不能更改，所以有时又称为"掩膜式只读存储器"（mask ROM）。这种存储器的制造成本较低，早期用于存储计算机启动程序，目前已经很少使用。图 9-1 是一个典型的 4×4 位的掩膜 ROM 存储矩阵。矩阵中，字选线与数据线或通过二极管相连，或不通过二极管相连。是否使用二极管是在制造时由掩膜工艺决定的。

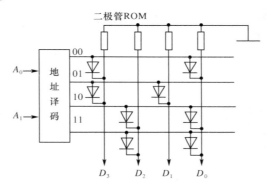

图 9-1　4×4 位掩膜 ROM 存储矩阵

这种类型存储器的基本存储电路有由二极管构成的，也有由晶体管构成的，还有由 MOS 管构成的。图 9-1 就是由二极管构成的。当 00 地址被选中时，D_0 和 D_3 接二极管，电位被拉到高电位，D_1 和 D_2 没有接二极管，电位是 0，所以，00 地址中存放的数据是 $D_3D_2D_1D_0 = 1001$。同理，01 地址中存放的是 1010，10 地址中存放的是 0101，11 地址中存放的是 0101。

可见，地址中存放的数据，即存储器存储的数据是由是否使用二极管决定的。

9.1.3　可编程 ROM（PROM）

可编程 ROM（Programmable ROM，PROM）的所有字位均有管子（二极管、晶体管或

MOS 管）相连，这样每位都是 1，在每位管子的引脚上都有熔丝，可根据需要利用电流将其烧断。不需要的管子的引脚熔丝被烧断后，此位就相当于没有管子，这样，有的位有管子，有的位相当于没有管子，就按照使用者的意图，在各位存入了不同的数据，即 0 或 1。从以上叙述可知，可编程 ROM 仅能写入一次。还有一类经典的 PROM，是使用"肖特基二极管"的 PROM，这种 PROM 在出厂时，其中的二极管处于反向截止状态，即用大电流的方法将反相电压加在肖特基二极管上，造成其永久性击穿即可相当于没有管子。

　　PROM 电路原理图如图 9-2 所示。

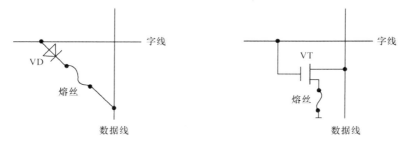

图 9-2　PROM 电路原理图

9.1.4　可擦除可编程 ROM(EPROM)

　　可擦除可编程 ROM 芯片可重复擦除和写入，解决了 PROM 芯片只能写入一次的弊端。EPROM 芯片有一个很明显的特征，就是在其正面的陶瓷封装上，开有一个玻璃窗口，透过该窗口，可以看到其内部的集成电路，紫外线透过该窗口照射内部芯片就可以擦除其中的数据，这个玻璃窗口一般情况下被不透明的胶带覆盖，当需要擦除数据时将这个胶带揭掉，然后将芯片放置在强紫外线下大约 20 分钟即可。完成芯片擦除的操作要用到专用的 EPROM 擦除器，写入数据也要用专用的编程器，并且往芯片中写入内容时必须加一定的编程电压($V_{PP}=12\sim24$ V，依据不同的芯片型号而定）。EPROM 的型号是以 27 开头的，主要 IC 有 27XX 系列和 27CXX 系列，如 27C020(8×256 KB)是一片 2 Mbit 容量的 EPROM 芯片。EPROM 芯片在写入数据后，还要用不透光的贴纸或胶布把玻璃窗口封住，以免受到周围紫外线的照射而使数据受损。EPROM 芯片在空白状态时（用紫外线擦除后），内部的每一个存储单元的数据都为 1（高电平）。

　　擦除信息时，需要将器件从系统上拆卸下来，并在紫外线的照射下才可以实现，而且只能将芯片中的信息整体擦除，这显然在使用中不太方便。

9.1.5　电可擦除可编程 ROM(EEPROM)

　　EEPROM 是一种电可擦除可编程只读存储器，并且其中的数据在断电的时候也不会丢失。在通常情况下，EEPROM 与 EPROM 一样是只读的，但在 EEPROM 指定的引脚上加一个高电压即可写入或擦除，而且擦除的速度很快。通常 EEPROM 芯片又分为串行 EEPROM 和并行 EEPROM 两种，串行 EEPROM 在读写时，数据的输入/输出是通过 2 线、3 线、4 线或 SPI 总线等接口方式实现的，而并行 EEPROM 的数据输入/输出则是通过并行总线实现的。主要 IC 有 28XX 系列。

还有一种所谓的"闪存"(Flash Memory),它也是一种在线电擦除的存储器,属于 EEPROM 的改进产品。它的最大特点是必须按区块(Block)擦除(每个区块的大小不定,不同厂家的产品有不同的规格),而 EEPROM 则可以一次只擦除一个字节(Byte)。目前,"闪存"被广泛用在计算机的主板上,用来保存 BIOS 程序,便于进行程序的升级。"闪存"的另外一大应用是用作硬盘的替代品,具有抗震、速度快、无噪声、耗电低等优点,但是将其用来取代 RAM 就不合适了,因为 RAM 需要能够按字节改写,而"闪存"无法实现这个功能。

思考题

1. ROM、PROM、EPROM、EEPROM 各是什么? 分别在什么场合使用?
2. EPROM 可以用来做随机存储器吗? 为什么?(提示:考虑存储速度、擦除条件)

> **😊 小知识   计算机主板上的 BIOS 芯片**
>
> BIOS(基本输入/输出系统)是被固化在计算机主板上的 ROM 芯片中的一组程序,为计算机提供最低级的、最直接的硬件控制。BIOS 是储存在 BIOS 芯片中的,以前 BIOS 芯片与常见的集成块的外观相似,采用 DIP(双列直插)形式进行封装。随着技术的发展,这种老式芯片已经被淘汰,如今的主板大量采用 PLCC(Plastic Leaded Chip Carrier,带引线的塑料芯片载体)形式封装的 BIOS 芯片。这类芯片非常小巧,从外观上看,它的俯视图大致呈正方形。这种小型的封装形式可以减少占用的主板空间,从而提高主板的集成度,缩小主板的尺寸。由于 BIOS 芯片存储的是非常重要的系统底层程序,而且 BIOS 芯片中的这类程序是可以升级的,再加上 BIOS 芯片本身也可能损坏,所以有些主板上会集成两块 BIOS 芯片,其中一块起着"备份"的作用,这就是所谓的"双 BIOS"技术。

9.2 可编程逻辑器件(PLD)

可编程逻辑器件(Programmable Logic Device,PLD)起源于 20 世纪 70 年代,是在专用集成电路(ASIC)的基础上发展起来的一种新型逻辑器件,是当今数字系统设计的主要硬件平台,其主要特点是完全由用户通过软件进行配置和编程,从而完成某种特定的功能,且可以反复擦写。在修改和升级 PLD 时,不需要额外改变 PCB 电路板,只要在计算机上修改和更新程序就可以完成,将硬件设计工作变为软件开发工作,缩短了系统设计的周期,增强了实现的灵活性并降低了成本,因此获得了广大硬件工程师的青睐,形成了巨大的 PLD 产业规模。

目前,常见的 PLD 产品有:编程只读存储器(Programmable Read Only Memory,PROM)、现场可编程逻辑阵列(Field Programmable Logic Array,FPLA)、可编程阵列逻辑(Programmable Array Logic,PAL)、通用阵列逻辑(Generic Array Logic,GAL)、可擦除的可编程逻辑阵列(Erasable Programmable Logic Array,EPLA)、复杂可编程逻辑器

件(Complex Programmable Logic Device,CPLD)和现场可编程门阵列(Field Programmable Gate Array,FPGA)等类型。PLD 从规模上又可以细分为简单 PLD(SPLD)、复杂 PLD (CPLD)以及 FPGA。它们内部结构的实现方法各不相同。

PLD 主要由输入缓冲、与阵列、或阵列和输出结构等四部分组成,如图 9-3 所示。

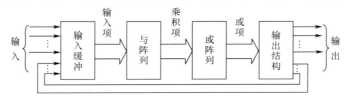

图 9-3　PLD 的基本结构

可编程逻辑器件的核心部分是可以实现与或逻辑的与阵列和或阵列。

用户可以在开发软件的辅助下,对 PLD 进行编程设计,以达到满足自己需要的目的,即形成自己需要的时序逻辑电路和组合逻辑电路。为此,PLD 在生产时就必须满足用户可以自由编程组合芯片中资源的要求,在电路结构上就必须具有构成各种组合或时序函数的可能性。PLD 包含了实现与或表达式所需要的两类阵列——与门阵列和或门阵列,使得实现组合逻辑电路成为可能,如果再配置记忆元件,就可以实现时序逻辑电路。

PLD 也是通过熔丝的通断来进行编程的。在图 9-4(a)中,若熔丝 2 断开,则输出 $F=ACD$;若熔丝 2、4 断开,则 $F=AC$。而在图 9-4(b)中,输出始终为 $F=A+B+C+D$。

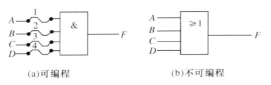

(a)可编程　　　　　　　　　　(b)不可编程

图 9-4　PLD 编程

9.2.1　PLD 的特点

1.集成度高

PLD 较中小规模集成芯片具有更高的功能集成度,一般来说,一片常见的 PLD 可以替代 4～20 片中小规模集成芯片,而更大规模的 PLD(如 CPLD、FPGA)一般采用最新的集成电路生产工艺及技术,可达到极大的规模,这些器件的出现大大降低了电子产品的成本,缩小了电子产品的体积。

2.加快了电子系统的设计速度

一方面,由于 PLD 集成度的提高,减少了电子产品设计中的布线时间及器件的安装时间;另一方面,由于 PLD 器件是利用计算机进行辅助设计的,它可以通过计算机的辅助设计软件对设计的电路进行仿真和模拟,减少了传统设计过程中调试电路的时间。另外,由于 PLD 是可擦除和可编程的,所以即使设计出现问题,要进行修改也是很方便的。

3.性能好

由于 PLD 在生产过程中采用了先进的生产工艺及技术,故性能优于一般通用器件,其速度比通用器件的速度快一到两个数量级。另外,由于使用 PLD 时器件的数量减少,降低了电路的总功耗。

4. 可靠性高

系统的可靠性是数字系统的一项重要指标。根据可靠性理论可知,器件的数量增加,系统的可靠性将下降;反之将提高。采用 PLD 可减少器件的数量,促使 PCB 的布线减少,同时也减少了器件之间的交叉干扰和可能产生的噪声源,使系统运行更可靠。

5. 成本低

PLD 的上述优点使电子产品在设计、安装、调试、维修、器件品种库存等方面的成本降低,从而使电子产品的总成本降低,提高了产品的竞争力。

6. 系统具有加密功能

某些 PLD 器件,设计者在设计时选中加密项,器件就被加密,如通用阵列逻辑器件或高密度可编程逻辑器件。加密功能使器件的逻辑无法被读出,能有效地防止电路被抄袭。

9.2.2　SPLD 的原理

简单阵列结构 PLD(SPLD)是出现最早的 PLD。SPLD 中的与阵列和或阵列可以由晶体二极管、三极管(双极型)或大量的 MOS 场效应管(MOS 型)组成。如图 9-5 所示为由二极管构成的阵列。

图 9-5(a)是一个包括四个二极管与门、三个二极管或门的门阵列结构。二极管常被称为耦合器件,这些耦合器件确定了门阵列各输入、输出之间的关系。在图 9-5(a)中,与阵列的四个输出(或阵列的输入)分别为

$$W_0 = \overline{A}\,\overline{B}, W_1 = \overline{A}B$$
$$W_2 = A\,\overline{B}, W_3 = AB$$

或阵列输出为

$$F_1 = W_1 + W_2 + W_3 = \overline{A}B + A\,\overline{B} + AB$$
$$F_2 = W_0 + W_2 + W_3 = \overline{A}\,\overline{B} + A\,\overline{B} + AB$$
$$F_3 = W_1 + W_2 = \overline{A}B + A\,\overline{B}$$

在图 9-5(a)中,由于芯片中的二极管是固定的,门阵列决定了输入和输出的逻辑关系,所以这个逻辑关系是确定不变的,不可编程改变。

在图 9-5(b)中,与阵列的耦合器件还是固定的,它们决定了四个与阵列输出 $\overline{A}\,\overline{B}$、$\overline{A}B$、$A\,\overline{B}$、$AB$,而或阵列的耦合器件均串联了熔丝,熔丝的通断决定了不同的或阵列输出,也就是说,F_1、F_2、F_3 与输入的关系是不确定的,可以通过编程决定 F_1、F_2、F_3 与输入之间的关系,即可编程。

根据与阵列和或阵列是否可编程以及输出方式是否可编程,可以将 SPLD 分为四种类型:可编程只读存储器(PROM)、可编程逻辑阵列(PLA)、可编程阵列逻辑(PAL)、通用阵列逻辑(GAL)。

PLA 也由一个与阵列和一个或阵列构成,但是这两个阵列的连接关系都是可编程的。PLA 器件既有现场可编程的,也有掩膜可编程的。

PAL 由一个可编程的与阵列和一个固定的或阵列构成,或门的输出可以通过触发器有选择地被置为寄存状态。PAL 器件是现场可编程的,它的实现工艺有反熔丝技术、EPROM 技术和 EEPROM 技术。

GAL 采用 EEPROM 工艺,实现了电可擦除、电可改写,其输出结构是可编程的逻辑

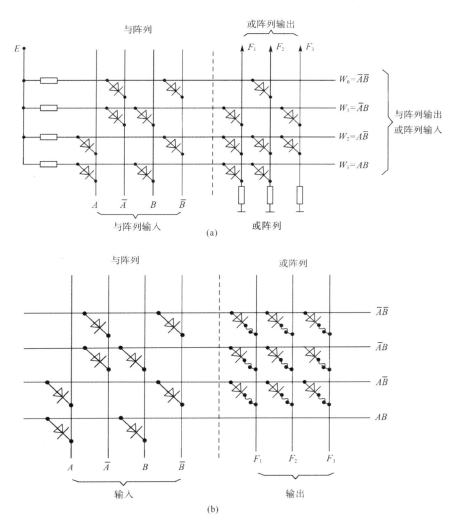

图 9-5　SPLD 二极管门阵列结构

宏单元,因而它的设计具有很强的灵活性,至今仍有许多人在使用。

四种 SPLD 器件结构的特点见表 9-1。

表 9-1　　　　　　　四种 SPLD 器件结构特点

类型	阵列		输出方式
	与	或	
PROM	固定	可编程	TS,OC
PLA	可编程	可编程	TS,OC、寄存器
PAL	可编程	固定	TS,OC、寄存器
GAL	可编程	固定	可由用户定义

9.2.3 SPLD 的符号

SPLD 具有较大的与或阵列,逻辑图的画法与传统的画法有所不同。如图 9-6 所示。

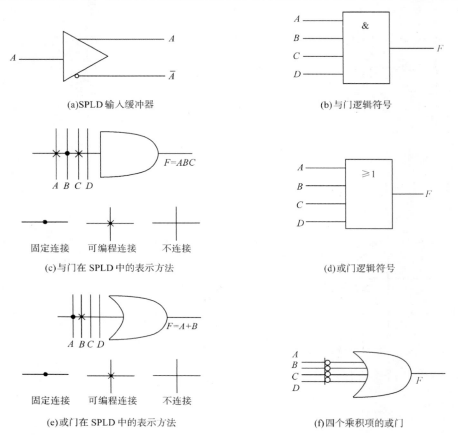

(a)SPLD 输入缓冲器

(b)与门逻辑符号

(c)与门在 SPLD 中的表示方法

(d)或门逻辑符号

(e)或门在 SPLD 中的表示方法

(f)四个乘积项的或门

图 9-6　SPLD 的符号

1. 输入缓冲器表示方法

如图 9-6(a)所示,它的输出是输入的原码和反码。

2. 与门表示方法

图 9-6(b)是与门逻辑符号,与门在 SPLD 中的表示方法如图 9-6(c)所示。器件输入线只画一根,通常称为乘积线,四根数据输入线画为与乘积线垂直的四根竖线,这种多输入在 SPLD 中构成乘积项。竖线和乘积线的交叉处要么是一个"·",要么是一个"×",要么什么也不画。画"·"表示固定连接,不可编程;画"×"表示可编程连接,可以通过编程决定是否连接;交叉处什么也不画,表示不连接。图 9-6(c)可以编程实现 $F=ABC$。

3. 或门表示方法

图 9-6(d)是或门逻辑符号,图 9-6(e)是或门在 SPLD 中的表示方法。同与门一样,在 SPLD 中可编程实现 $F=A+B$。在图 9-6(f)中,或门有四个乘积项,$F=A+B+C+D$。

4. 与门的三种特殊情况

图 9-7 是与门在三种特殊情况下的符号。在输出为 E 的与门中,两个输入缓冲器的

输出全部加在乘积线上,输出 E 永远为 0。这种情况我们经常会遇到,可以用在与门框内打"×"的方式来简单表示,如图 9-7 中输出为 F 的与门所示,F 永远为 0。在输出为 G 的与门中,乘积线没有输入连接,表示输出永远为 1,即 $G=1$。这三种特殊情况见表 9-2。

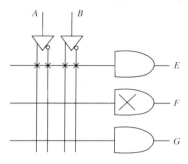

表 9-2   与门的三种特殊情况

A	B	E	F	G
0	0	0	0	1
0	1	0	0	1
1	0	0	0	1
1	1	0	0	1

图 9-7   与门在三种特殊情况下的符号

5. 阵列图

阵列图是用来表示 SPLD 内部逻辑关系的特殊逻辑示意图,图 9-8(a)就是一个 SPLD 的阵列图,它是图 9-5(b)阵列结构的阵列图。该阵列图简明表示了不可编程的与阵列和可编程的或阵列。图 9-8(b)为该阵列图的简化形式。

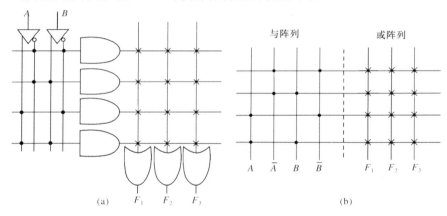

图 9-8   阵列图

例 9-1   阵列图如图 9-9 所示,试写出输出逻辑表达式。

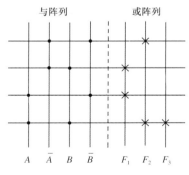

图 9-9   例 9-1 阵列图

225

解　输出为 F_1 的竖线与第二、三条乘积线可编程连接,第二条乘积线表示 $\overline{A}B$,第三条乘积线表示 $A\overline{B}$,所以

$$F_1 = \overline{A}B + A\overline{B}$$

同理

$$F_2 = \overline{A}\,\overline{B} + AB$$

$$F_3 = AB$$

9.2.4　可编程逻辑阵列器件(PLA 器件)

1. PLA 的结构

前面已经提到,PLA 的结构是与阵列和或阵列均可编程。图 9-10 给出了 PLA 的阵列图,在 PLD 中,它的灵活性最高。由于与、或阵列均能编程,在实现逻辑函数时只需形成所需的乘积项即可,其阵列规模比 PROM 小得多。

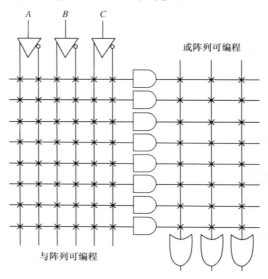

图 9-10　PLA 阵列图

该 PLA 有三个输入端 A、B、C,在采用 PLA 实现逻辑函数时,不运用标准与或表达式,而运用简化后的与或表达式,由与阵列构成与项,然后由或阵列实现这些与项的或运算。用 PLA 实现多输出函数时,应尽量使用公共与项,以提高阵列的利用率。

PLA 的容量用"阵列与门数×阵列或门数"表示,图 9-10 所示的 PLA 容量为 8×3。

PLA 有组合型和时序型两种类型,分别用于实现组合逻辑电路和时序逻辑电路。

2. 用 PLA 实现组合逻辑电路

任何组合逻辑电路都可采用组合型 PLA 实现。为减小 PLA 的容量,需要对表达式进行逻辑化简。

例 9-2　试用 PLA 将四位自然二进制代码转换成四位格雷码。

解　(1)设四位自然二进制代码为 $B_3B_2B_1B_0$,四位格雷码为 $G_3G_2G_1G_0$,其对应的真值表见表 9-3。

226

表 9-3 真值表

N	B_3	B_2	B_1	B_0	G_3	G_2	G_1	G_0
0	0	0	0	0	0	0	0	0
1	0	0	0	1	0	0	0	1
2	0	0	1	0	0	0	1	1
3	0	0	1	1	0	0	1	0
4	0	1	0	0	0	1	1	0
5	0	1	0	1	0	1	1	1
6	0	1	1	0	0	1	0	1
7	0	1	1	1	0	1	0	0
8	1	0	0	0	1	1	0	0
9	1	0	0	1	1	1	0	1
10	1	0	1	0	1	1	1	1
11	1	0	1	1	1	1	1	0
12	1	1	0	0	1	0	1	0
13	1	1	0	1	1	0	1	1
14	1	1	1	0	1	0	0	1
15	1	1	1	1	1	0	0	0

根据表 9-3 列出逻辑函数并化简,得到如下最简输出表达式:

$$G_3 = B_3$$
$$G_2 = \overline{B_3}B_2 + B_3\overline{B_2}$$
$$G_1 = \overline{B_2}B_1 + B_2\overline{B_1}$$
$$G_0 = \overline{B_1}B_0 + B_1\overline{B_0}$$

(2)转换器有四个输入信号,化简后需用到七个不同的乘积项,组成四个输出函数,故选用四输入的 7×4 PLA,图 9-11 是四位自然二进制代码转换为四位格雷码的 PLA 阵列图。

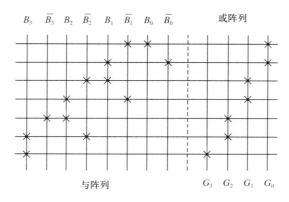

图 9-11 四位自然二进制代码转换为四位格雷码的 PLA 阵列图

9.2.5 可编程阵列逻辑器件(PAL 器件)

PAL 器件是美国 MMI 公司于 20 世纪 70 年代后期推出的可编程逻辑器件,采用了阵列逻辑技术,既有规则的阵列结构,又能灵活地实现多变的逻辑功能,且编程简单,易于实现。由于 PLD 技术的飞速发展,这类器件已经基本不再使用,但是后继推出的 GAL 及 CPLD 是以它为基础的,所以本节简要介绍 PAL 的基本原理。

PAL 器件的分类:PAL 采用与阵列可编程、或阵列固定的基本组成结构。按内部电路区分,可分为简单组合逻辑、带反馈的寄存器输出和可编程 I/O 三类器件,按功能区分,可分为标准型、半功耗型和 1/4 功耗型;按输出功率区分,可分为小功率、中功率和大功率器件;按运行速度区分,可分为标准速度、高速和超高速器件;按工艺可靠性区分,可分为军用、民用器件等。每一种 PAL 器件都可用一个逻辑符号来简明地描述其逻辑功能。

图 9-12(a)是 PAL 的阵列图。这是一个三个输入、六个乘积项、三个输出阵列结构的 PAL 器件。

未编程时,与阵列的所有交叉处都有熔丝接通(阵列图中标记符号"×"),编程时,将有用的熔丝保留,无用的熔丝熔断,可得到所需的电路。

若要实现下面的逻辑函数:

$$Y_1 = A\,\overline{B}\,\overline{C} + BC$$
$$Y_2 = A\,\overline{C} + B\,\overline{C}$$
$$Y_3 = AB + \overline{B}\,\overline{C}$$

需要对 PAL 进行编程,编程后的阵列图如图 9-12(b)所示。

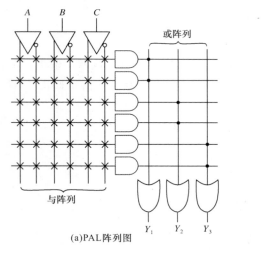

(a)PAL 阵列图

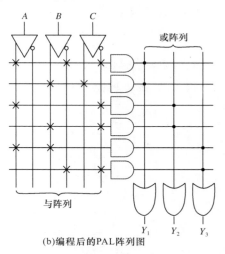

(b)编程后的PAL阵列图

图 9-12　PAL 基本结构

为了适应各种组合逻辑电路和时序逻辑电路的设计,PAL 具有不同的输出结构,包括专用输出结构、可编程输入/输出结构、大反馈的寄存器结构、异域型输出结构等。

9.2.6　通用阵列逻辑器件(GAL器件)

GAL器件是在PAL结构的基础上产生的新一代器件,是PAL器件的增强型。跟PAL相比,GAL的输出部分配置了输出逻辑宏单元OLMC,编程时对OLMC进行组态,可以得到不同的输出结构,这样使得GAL器件比PAL器件更加灵活。GAL的OLMC的组态可由设计者设计为五种结构:专用组合输出、专用输入、组合I/O、寄存器时序输出和寄存器I/O。因此,同一块GAL芯片,既可实现组合逻辑电路,又可实现时序逻辑电路,为逻辑设计提供了方便。

GAL器件的特性是:①采用超高速、电可擦除的CMOS(EECMOS)工艺制造,因而可以保证很好的技术特性和随时可擦除性;②具有CMOS的低功耗特性;③具有输出逻辑宏单元(OLMC),使用户能够按需要对输出信号进行组态;④具有TTL可编程逻辑芯片的速度。

图9-13是普通型(V型)GAL16V8的逻辑结构图,主要包括八个输入缓冲器、八个输出反馈/输入缓冲器、八个输出逻辑宏单元OLMC和八个三态缓冲器,每个OLMC对应一个I/O引脚。由8×8个与门构成的与阵列,共形成64个乘积项,每个与门有32个输入项,由八个输入信号的原变量、反变量(16个)和八个反馈信号的原变量、反变量(16个)组成,故可编程与阵列共有$32\times8\times8=2\,048$个可编程单元,连接具有系统时钟信号CK和三态输出选通信号OE的输入缓冲器。

每个OLMC包含或门阵列中的一个或门。一个或门有八个输入端,和来自与阵列的八个乘积项相对应。其中七个直接相连,第一个乘积项经或门输出为有关乘积项之和。

GAL器件由于采用了OLMC,所以使用更加灵活,只要写入不同的结构控制字,就可以得到不同类型的输出电路结构。这些电路结构完全可以取代PAL器件的各种输出电路结构。

GAL的逻辑功能、工作模式都是通过编程实现的。编程时写入的数据按行排列,GAL16V8共分64行,供用户使用的有36行。

所有的GAL都采用EECMOS工艺,具有电可擦除重复编程特性。

9.3　随机存储器(RAM)

9.3.1　静态随机存储器(SRAM)的结构

RAM按电路类型可以分为双极型和单极型(MOS型)两种。双极型RAM由于集成度低、功耗大、价格高,在微型计算机中基本不被采用。而MOS型RAM由于集成度高、功耗低、价格低,在微型计算机中得到普遍使用。MOS型RAM又包括静态随机存储器(Static RAM,SRAM)和动态随机存储器(Dynamic RAM,DRAM)。

静态随机存储器一般由地址译码器、存储矩阵、控制逻辑和三态双向缓冲器等部分组成。如图9-14所示。

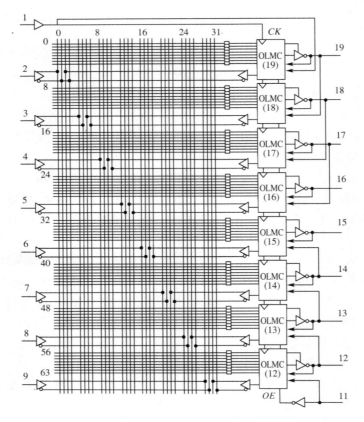

图 9-13　普通型（Ⅴ型）GAL16V8 的逻辑结构图

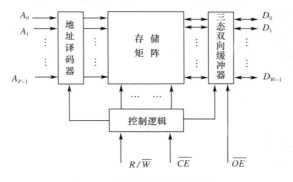

图 9-14　静态随机存储器的结构

9.3.2　RAM 的工作原理

1. 存储矩阵

能够寄存二进制信息的基本存储电路的集合称为存储体。为了便于信息的写入和读出，存储体中的这些基本存储电路应当配置成一定的阵列，即按一定的规律排列，并进行编址，因而存储体又称为存储矩阵。

存储矩阵中基本存储电路的排列方法通常有三种，即 $N\times1$ 结构、$N\times4$ 结构、$N\times8$

结构。$N \times 1$ 结构称为位结构，常用在动态随机存储器和大容量的静态随机存储器中，$N \times 4$ 结构和 $N \times 8$ 结构称为字结构，常用于容量较小的静态随机存储器中。

2. 地址译码器

存储器的地址线是有限的，可能是 4 根、8 根、18 根……而目前单个芯片容量已非常大，面对如此大的容量，用一根地址线去控制一个存储单元是不现实的。实际上，存储器是采取译码器译码的方式，将地址线上的地址信号进行译码，产生译码信号，选中某一个存储单元，再配合逻辑控制电路进行读/写操作的。

存储矩阵中基本存储电路的编址方法有两种，一种是单译码编址方式，如图 9-15 所示，适用于小容量字结构存储器；另一种是双译码（也叫复合译码）编址方式，如图 9-16 所示，适用于大容量的静态随机存储器。

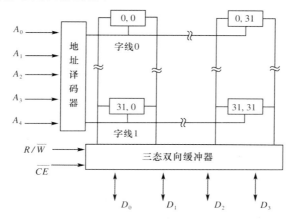

图 9-15 单译码编址方式的存储器结构

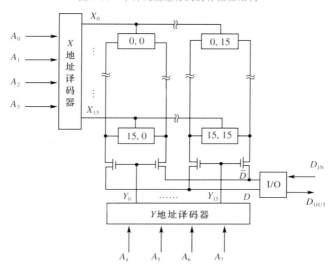

图 9-16 双译码编址方式的存储器结构

单译码编址方式中，字线选择一个字的所有位。图 9-15 有 5 根地址线，可以译出 32 种选择状态，所以，该存储器的容量是 32×4，也就是 32 个字，每个字都是 4 位。存储矩阵排列成 32 行×4 列,每一行存储一个字(1 个存储单元由 4 个基本存储电路组成)。水平线(译码产生的电平)是字线(字选择线),竖直线是输出/输入数据线,同一列的基本存储单元有两根数据线,这两根数据线数值始终是相反的,即一个是"0",另一个必然是"1"。例如,地址线上显示地址 10100 时,选中第 20 号字线,可对第 20 号存储单元中的数据进行读出或写入操作。

在双译码编址方式中,采用两个地址译码器,如图 9-16 所示。X 地址译码器有 4 根地址线,可产生 16 个译码信号,Y 地址译码器也有 4 根地址线,同样可以产生 16 个译码信号。如果我们不考虑 Y 地址译码器,只剩下一个 X 地址译码器时它就与单译码编址方式一样,由 $X_0,X_1,\cdots,X_{15}$ 选择每一个字(图中一个字只有一位),X_i 选中后,所有位的数据从列线(数据线)上输出。但由于列线上有 MOS 管,导通以后数据才能通过,进而通过 I/O 控制模块写入和读出。MOS 管由 Y 地址译码器的输出线控制,只有一个 Y_j 是有效的,也只有与 Y_j 相连的 MOS 管才能导通,可见,由 X_i 和 Y_j 共同控制数据的写入和读出。如图 9-16 所示的存储器有 256 个字,每一个字占 1 位,存储矩阵排列成 16 行×16 列。若采用单译码编址方式,则对应图 9-16 所示的情况需要 256 根信号线。

3. 存储器控制电路

存储器控制电路通过存储器的引脚,接收来自 CPU 的控制信号,通过组合变换后,对存储矩阵、地址译码器、三态双向缓冲器进行控制。存储器的控制信号通常包括片选信号端 $\overline{CS}$(Chip Select)或芯片允许端 $\overline{CE}$(Chip Enable)、输出开放端 $\overline{OE}$(Output Enable)或输出禁止端 $\overline{OD}$(Output Disable)、读/写控制端 $R/\overline{W}$ 或写开放端 $\overline{WE}$(Write Enable)。

$\overline{CS}(\overline{CE})$:低电平有效。当它是低电平时,表示芯片被选中,芯片允许读写操作。

$\overline{OE}(\overline{OD})$:用来控制存储器输出端外接的三态双向缓冲器,从而使微处理器能直接管理存储器输出与否(是否与总线隔离),以免增多总线。

$R/\overline{W}(\overline{WE})$:用来控制被选中的芯片是进行读操作还是进行写操作。

4. 静态 RAM 的基本存储电路(单元)

前面介绍过存储器的每一个存储单元由若干基本存储电路(又称基本存储单元)组成。每一个存储单元存储一个字,每一个基本存储单元存储一位数据,即一个二进制代码"0"或"1"。静态 RAM 的基本存储电路如图 9-17 所示。

在图 9-17 中,VT_1 和 VT_2 为放大管,VT_3 和 VT_4 为负载管,VT_1、VT_2、VT_3、VT_4 组成一个双稳态触发器。假设 VT_1 导通,则 A 点为低电平,VT_2 就会截止,B 点为高电平,VT_1 进一步饱和导通,保持 A 点为低电平,B 点为高电平;相应地,VT_2 导通,则 B 点为低电平,VT_1 截止,A 点为高电平,VT_2 进一步饱和导通,保持 A 点为高电平,B 点为低电平。假设 A 点高电平、B 点低电平代表"1",那么,A 点低电平、B 点高电平就可以代表"0"。可见,这个双稳态电路可以保存一个二进制数据位。VT_5、VT_6、VT_7、VT_8 为控制管,VT_5、VT_6 的栅极接到 X 地址译码器上,VT_7、VT_8 的栅极接到 Y 地址译码器上。当基本存储电路没有被选中时,VT_5、VT_6、VT_7、VT_8 都处于截止状态,A 点电平和 B 点电平保持不变,存储的信息不受影响。VT_7、VT_8 的漏极分别接到 I/O 和 $\overline{\text{I/O}}$ 线上,VT_7、VT_8 为一列中所有的基本存储电路所共用,不是某一个基本存储电路独有的。

对基本存储电路的读操作过程是:X 地址译码器的地址线 X 和 Y 地址译码器的地址

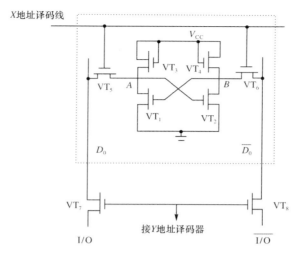

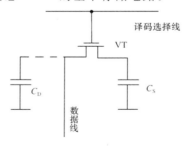

图 9-17　静态 RAM 基本存储电路

线 Y 都是高电平,VT_5、VT_6、VT_7、VT_8 全部导通,A 点的电位从 I/O 线输出,B 点的电位从 $\overline{I/O}$ 线输出,假设 A 点是高电平,则读出"1",否则读出"0"。写操作过程是相似的,X 和 Y 都是高电平,VT_5、VT_6、VT_7、VT_8 全部导通,在 I/O 和 $\overline{I/O}$ 线上分别输入"1"和"0",A 点为高电平,VT_2 截止,B 点为低电平,写入"1";在 I/O 和 $\overline{I/O}$ 线上分别输入"0"和"1",则写入"0"。

在图 9-17 静态 RAM 基本存储电路中,由于 VT_1 和 VT_2 总有一个导通,需要消耗电能,所以功耗较大。但它不需要刷新电路,使得电路简单,同时,存取速度也比动态 RAM 基本存储电路快。

5. 动态 RAM 的基本存储电路(单元)

动态 RAM 的基本存储电路是以电荷的形式存储信息的。信息以电荷的形式存储在 MOS 管栅、源极之间的极间电容上或直接存储在电容上。动态 RAM 的基本存储电路有六管型、四管型、三管型及单管型四种。其中单管型由于结构简单、集成度高而被广泛采用。图 9-18 是一个单管型动态 RAM 的基本存储电路。

图 9-18　单管型动态 RAM 的基本存储电路

在图 9-18 中,VT 是 MOS 管。数据以电荷的形式存储在电容 C_S 上,MOS 管 VT 起开关作用,C_D 是数据线上的分布电容。当译码选择线处于高电平(被选中)时,VT 导通,就可以读出和写入数据了。

写入数据:译码选择线出现高电平,VT 导通,数据线和 C_S 接通,数据线上的电平使

C_S 充电(放电)。写入"1"是将 C_S 充电到高电平,写入"0"是将 C_S 放电到低电平。

读出数据:读出数据前,应将数据线预先置一个高电平 V_d,译码选择线出现高电平,VT 导通,数据线和 C_S 接通,C_S 和 C_D 上的电位进行重新分配。根据 C_S 的电位,最终可以在数据线上得到不同的电压,根据这个电压值的不同,判断读出的是"1"还是"0"。这样一来,数据线就读出数据了。

从上面说的读出/写入过程可以看出,通过读出/写入操作,C_S 的电位在数据读出后发生了变化,从另一个方面看,VT 虽然是截止的,但由于存在极间电阻,C_S 的电荷会慢慢释放,导致 C_S 的电位慢慢降低,时间长了,原来存储的高电平可能变为低电平,即原来存储的"1"变成了"0"。这种状态是不被允许的。在 C_S 的电平变成低电平之前,必须采取办法使 C_S 的电平恢复到原来的状态,这个过程就称作刷新。显然,刷新操作需要周期性进行,由存储器中的专门逻辑电路完成。正因为需要周期性地刷新电平,所以才叫动态RAM。

6. 几种随机存储器芯片介绍

(1)静态 RAM 6116 芯片

6116 芯片是高速静态 CMOS 随机存储器,容量是 2K×8 位,即 2K 个字,每一个字是8 位。有 11 根地址线($2^{11}=2\,048=2K$),其中 7 根用于行地址译码输入,4 根用于列地址译码输入。每一根列地址译码线控制 8 个基本存储单元。片内共有 16 384 个基本存储单元(2 048×8=16 384)。6116 芯片的引脚排列如图 9-19 所示。

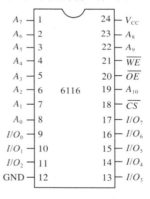

图 9-19　6116 芯片引脚排列

6116 芯片有 24 个引脚,11 根地址线,8 根数据线,1 根电源线 V_{CC}、1 根地线 GND,3 根控制线 $\overline{CS}$、$\overline{OE}$、$\overline{WE}$。$\overline{CS}$ 用于选中芯片,$\overline{OE}$ 和 $\overline{WE}$ 共同决定芯片的工作方式,见表 9-4。

表 9-4　　　　　　　　　6116 芯片的工作方式与控制信号的关系

$\overline{CS}$	$\overline{WE}$	$\overline{OE}$	工作方式
0	1	0	读
0	0	1	写
1	×	×	不能使用

(2)静态 RAM 6264 芯片

6264 芯片是 8K×8 位的静态随机存储器,采用 CMOS 工艺制造,单一+5 V 供电,额定功耗为 200 mW,典型存取时间为 200 ns。它有 28 个引脚,采用双列直插式封装,其中 13 根地址线 $A_0 \sim A_{12}$,8 根数据线 $I/O_0 \sim I/O_7$,4 根控制线 $\overline{CE_1}$、$\overline{WE}$、$\overline{OE}$、CE_2,1 根地线 GND,1 根电源线 V_{CC}。4 根控制线的状态决定芯片的工作状态。图 9-20 是 6264 芯片的引脚排列。表 9-5 是 6264 芯片的工作方式与控制信号的关系。

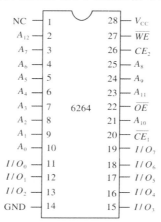

图 9-20　6264 芯片引脚排列

表 9-5　　　　　　　　6264 芯片的工作方式与控制信号的关系

$\overline{CE_1}$	CE_2	$\overline{OE}$	$\overline{WE}$	工作方式	$I/O_0 \sim I/O_7$
1	×	×	×	未选中	高阻
×	0	×	×	未选中	高阻
0	1	1	H	输出禁止	高阻
0	1	0	H	读	D_{OUT}
0	1	1	L	写	D_{IN}
0	1	0	L	写	D_{IN}

(3)动态 RAM 2186/2187 芯片

2186/2187 芯片片内具有 8K×8 位集成动态随机存储器,单一＋5 V 供电,工作电流为 70 mA,维持电流为 20 mA,存储时间为 250 ns,引脚与 6264 芯片兼容,采用直插双列式封装,2186 芯片与 2187 芯片的不同点在于,2186 芯片的引脚 1 连接 CPU 的握手信号线,而 2187 芯片的引脚 1 是刷新控制输入端。2186/2187 芯片有 28 个引脚,13 根地址线 $A_0 \sim A_{12}$,8 根数据线 $I/O_0 \sim I/O_7$,4 根控制线,其中 $CNTRL$ 对于 2186 来说是 CPU 握手信号线 RDY,对于 2187 来说是刷新控制线 $REFEN$,$\overline{CE}$ 是片选端,$\overline{WE}$ 是写入控制端,$\overline{OE}$ 是允许输出控制端。2186/2187 芯片的引脚排列如图 9-21 所示。

(4)动态 RAM MCM511000A 芯片

MCM511000A 是 Motorola 公司推出的一款高速动态 RAM 芯片,容量是 1M×1 位。片内有 1 048 576 个基本存储单元。它采用双列直插式封装,共有 20 个引脚。其中地址线有 10 根,这 10 根地址线既是行地址线,又是列地址线,分时复用;数据线有 2 根,一根用于输出(Q),另一根用于输入(D);有 4 根控制线,$\overline{W}$ 用于读/写控制,$\overline{RAS}$ 用于行地址选通,$\overline{CAS}$ 用于列地址选通,TF 是测试功能使能端。MCM511000A 芯片的引脚排列如

图 9-22 所示。

本芯片的一个特点是共用 10 根行、列地址线,通过 $\overline{RAS}$ 和 $\overline{CAS}$ 控制,首先,地址线上送来高 10 位地址,由 $\overline{RAS}$ 控制送入芯片的"行地址锁存器",然后,地址线上送来低 10 位地址,由 $\overline{CAS}$ 控制送入"列地址锁存器"。另外一个特点是,数据输入线和输出线是分离的,由 D 输入数据,由 Q 输出数据。当 $\overline{W}$ 是低电平时,D 上的数据写入存储器;当 $\overline{W}$ 是高电平时,数据从 Q 读出。

图 9-21　2186/2187 芯片引脚排列　　图 9-22　MCM511000A 芯片引脚排列

9.3.3　RAM 的容量扩展方法

我们知道,RAM 的容量是用 K(或 M)表示的,但要真正知道其容量,还要知道存储单元的位数。如我们前面提到的,2186/2187 芯片是 8K×8 位的,表示有 8K 单元,每个单元是 8 位。2114 芯片是 1K×4 位的,表示有 1K 单元,每个单元是 4 位。如果需要 16K×8 位的存储容量,显然一片 2186/2187 芯片不能满足要求,需要使用两片。同样,如果需要 1K×8 位的存储容量,使用一片 2114 也不能满足要求,需要使用两片。前者是字扩展,后者是位扩展。

1. 位扩展

存储器芯片的字长多数为 1 位、4 位、8 位等。当实际的存储系统的字长超过存储器芯片的字长时,需要进行位扩展。

将 1K×1 位芯片扩展成 1K×8 位的存储器,如图 9-23 所示,每个芯片有 10 根地址线 $A_0 \sim A_9$,片选信号 $\overline{CS}$ 和读写信号 $R/\overline{W}$ 分别并联在八个芯片的 $\overline{CS}$ 和 $R/\overline{W}$ 引脚上,使得八个芯片同时被选中并进行读写操作,每个芯片保存一个字节中的一位,八个芯片对应的位组成一个字节,达到了位扩展的目的。

2. 字扩展

当存储器位数满足要求,而字数不够时,需要由若干芯片组成芯片组来扩展字数,以满足要求。

字扩展可以利用外加译码器控制芯片的片选($\overline{CS}$)输入端的方法来实现。如图 9-24 所示是用字扩展方式将 256×8 位的 RAM 扩展为 1K×8 位的 RAM。图中,译码器的输

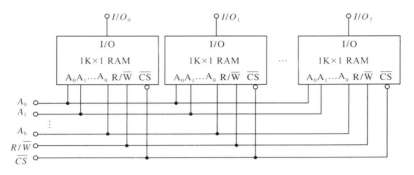

图 9-23　RAM 位扩展

入是系统的高位地址 A_9、A_8，其输出是各 RAM 的片选信号。若 $A_9A_8=01$，则 RAM(2)
片选信号 $\overline{CS}=0$，其余各 RAM 的 $\overline{CS}$ 均为 1，故选中第二片（片选信号低电平有效）。只有
该片的信息可以读出，将该片信息送到位线上，读出的内容由低位地址 $A_7 \sim A_0$ 决定。显
然，四片 RAM 轮流工作，任何时候，只有一片 RAM 处于工作状态，整个系统字数扩大了
三倍，而字长仍为 8 位。

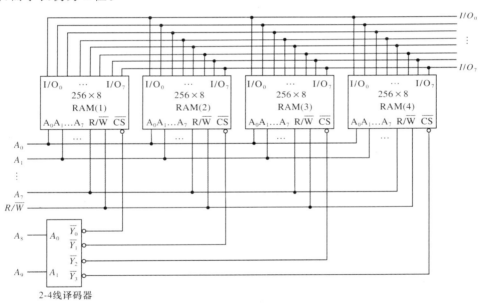

图 9-24　RAM 字扩展

四个芯片的地址范围见表 9-6。

表 9-6　　　　　　　　　　　　四个芯片的地址范围

芯片序号	A_9	A_8	$A_7A_6\cdots\cdots A_0$	地址范围
(1)	0	0	$00\cdots\cdots0 \sim 11\cdots\cdots1$	0000H～00FFH
(2)	0	1	$00\cdots\cdots0 \sim 11\cdots\cdots1$	0100H～01FFH
(3)	1	0	$00\cdots\cdots0 \sim 11\cdots\cdots1$	0200H～02FFH
(4)	1	1	$00\cdots\cdots0 \sim 11\cdots\cdots1$	0300H～03FFH

3.字、位扩展

当存储器的字数和位数都不能满足要求时,字数和位数都需要扩展,如将 256×4 位芯片扩展成 $1K \times 8$ 位存储器,就需要八个芯片。可以先扩展位数,每两个芯片一组,然后再扩展字数,将四组芯片组成 $1K \times 8$ 位存储器,即 1 KB 存储系统,如图 9-25 所示。

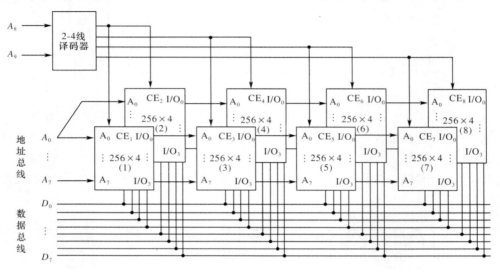

图 9-25　八片 256×4 位存储芯片组成 1 KB 存储系统

思考题

1.RAM 和 ROM 存储器各有什么特点? 静态 RAM 和动态 RAM 各有什么特点?
2.存储器扩展有几种方式?
3.用 $1K \times 8$ 位的存储芯片组成 $4K \times 16$ 位的存储器,需要几个芯片?
4.PROM、PAL、PLA、GAL 有什么区别?

本 章 小 结

1.半导体存储器是现代数字系统特别是计算机系统的重要组成部件,它可分为 RAM 和 ROM 两大类,大多属于 MOS 工艺制成的大规模数字集成电路。

2.ROM 是一种非易失性的存储器,它存储的是固定数据,一般只能被读出。根据数据写入方式的不同,ROM 又可分成固定 ROM 和可编程 ROM。后者又可细分为 PROM、EPROM、EEPROM 和"闪存"等,特别是 EEPROM 和"闪存"可以进行电擦写,已兼有了 RAM 的特性。

3.可编程逻辑器件 PLD 是 20 世纪 70 年代发展起来的电子器件,用户可以使用计算机软件或专用设备对其进行编程开发,从而决定 PLD 芯片的逻辑功能。它采用阵列结构组成与阵列和或阵列,根据电路和功能的不同,可以分为 PROM、PLA、PAL、GAL。它们的共同特征是把与、或阵列作为片内基本逻辑资源进行编程。

4.RAM 是一种时序逻辑电路,具有记忆功能。其内部存储的数据随电源断开而消失,因此是一种易失性的读写存储器。它包括 SRAM 和 DRAM 两种类型,前者用触发器记忆数据,后者用 MOS 管栅、源极之间的极间电容或电路中的电容存储数据。因此,在不断电的情况下,SRAM 的数据可以长久保持,而 DRAM 则必须定期刷新。

自我检测题

一、填空题

1.RAM 动态基本存储单元以_____的形式存储信息。

2.RAM 分为_____和_____两类,保存的数据断电后_____。

3.ROM 在断电后所存的数据_____。

4.6116 芯片是高速_____RAM 芯片,容量是 2K×8 位,采用_____封装。

5.ROM 可分为_____、_____、_____及_____四种类型。

6.ROM 可以用来保存计算机控制系统中的_____。

7.RAM 可以用来保存计算机控制系统中的_____。

8.简单阵列结构 PLD(SPLD)可分为四大类型:_____、_____、_____和_____。

9.PAL 的与阵列_____编程、或阵列_____编程。

10.阵列图中,圆点表示_____编程,又表示_____编程。

二、简答题

1.叙述 PROM 的工作原理。

2.动态 RAM 为什么要进行定期刷新?

3.用户如何改变 PLD 芯片内资源的组合,以达到用户的需求?

4.比较 PROM、PAL、PLA、GAL 各自的特点。

5.EEPROM 与 RAM 有什么区别?

三、综合题

1.画出实现下列逻辑函数的 PAL 和 PLA 阵列图。

(1)$Q = A + B + C$;

(2)$Q = A\overline{C} + B\overline{C} + AB$。

2.试用 PLA 器件设计一个保密锁逻辑电路。在此电路中,保密锁上有 A、B、C 三个按钮。当同时按下三个按钮,或同时按下 A、B 两个按钮,或按下 A、B 中的任一按钮时,锁就被打开;而不符合上述组合状态时,锁不能被打开。画出 PLA 阵列图。(提示:输出是"1"时表示锁被打开,输出是"0"时表示锁没有被打开。)

3.用 6116 芯片(容量是 2K×8 位)组成 4K×8 位的存储系统,画出电路图。

4.用 256×4 位的 RAM 芯片组成 512×8 位的存储系统,画出电路图。

本 章 导 读

在电子电气、工业控制设备中,绝大部分系统中模拟量和数字量是同时存在的。如温度检测控制系统中,检测到的温度是一个模拟信号,而控制系统一般处理数字信号,输出信号一般又是模拟信号,这样就需要将检测到的模拟信号转换为数字信号提供给控制系统,控制系统计算完后,输出的控制信号又需要转换成模拟信号,如电压信号控制加热器时,升高或降低所控制的温度。模拟信号转换为数字信号的过程叫作模数转换,简称A/D,完成这种功能的电路叫作模数转换器,也称 A/D 转换器,简称 ADC。数字信号转换为模拟信号的过程叫作数模转换,简称 D/A,完成这种功能的电路叫作数模转换器,也称 D/A 转换器,简称 DAC。本章简单介绍 DAC、ADC 的基本工作原理及典型器件。

10.1　数模转换器(DAC)

数模转换器是将二进制数字量形式的离散信号转换成以标准量(或参考量)为基准的模拟量的转换器,简称 DAC 。数模转换实现框图如图 10-1 所示。DAC 通常用于计算机控制系统,将控制器的运算结果——数字控制信号转换为模拟电压或模拟电流信号去驱动、控制执行机构。DAC 是计算机控制系统中不可缺少的接口电路,相当于执行机构与控制器之间的"翻译器"。

10.1.1　DAC 的基本概念

DAC 基本上由 4 个部分组成,即权电阻网络、运算放大器、基准电源和电子模拟开关。

数模转换有两种转换方式:并行数模转换和串行数模转换。

最常见的数模转换器采用并行数模转换方式,将并行二进制数字量转换为直流电压或直流电流,它常用作过程控制计算机系统的输出通道,与执行机构相连,实现对生产过程的自动控制。

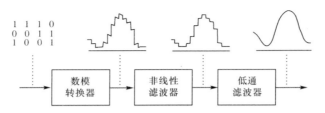

图 10-1　数模转换实现框图

我们使用一个三位 DAC 来说明 DAC 的基本概念。三位 DAC 示意图如图 10-2 所示。

图 10-2　三位 DAC 示意图

图 10-2 中,DAC 有三个数字输入端和一个模拟输出端。来自控制器的数字量向三位数字输入端分别输入数字的三位,转换后对应的模拟信号从模拟输出端输出,送到执行机构。三位数字信号有 8 种组合,对应输出 8 个模拟信号。

假设输出满度值为 1,则三位 DAC 数字量与模拟量的对应关系如图 10-3 所示。数字量的最高位用 MSB 表示,最低位用 LSB 表示,如图 10-2 所示。

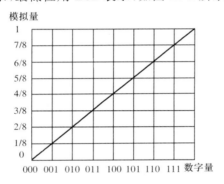

图 10-3　三位 DAC 数字量与模拟量的对应关系

设输出模拟量(电压)最大值为 10 V,则输入数字量与输出模拟量的关系见表 10-1。

表 10-1　　　　　　　　　　　三位数字输入与模拟输出的对应关系

数字输入	输出量与满度模拟量之比	模拟输出/V	数字输入	输出量与满度模拟量之比	模拟输出/V
000	0	0	100	4/8	5
001	1/8	1.25	101	5/8	6.25
010	2/8	2.5	110	6/8	7.5
011	3/8	3.75	111	7/8	8.75

一般地,DAC 输入数字量与输出模拟量之间的关系如下:

(1)一个 n 位的 DAC,共有 2^n 个模拟输出。

（2）若输出满度值为 1，数字输入为 n 位，则转换后的最小模拟量为 $\frac{1}{2^n}$，即：

$$1\ \text{LSB} = \frac{1}{2^n}$$

（3）最小输出为 0，最大输出为满度值减 1 LSB。即

$$V_{\max} = \text{满度值} - 1\ \text{LSB}$$

若 $n=3$，满度值为 10，则最大输出模拟电压为

$$V_{\max} = \text{满度值} - 1\ \text{LSB} = 10 - 10 \times \frac{1}{2^3} = 8.75(\text{V})$$

10.1.2　权电阻网络 DAC

1. 电路组成

权电阻网络 DAC 实际上是一个反向求和放大器，即加法器。它的原理图如图 10-4 所示。它由位切换开关、权电阻、运算放大器组成。

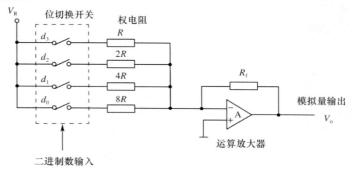

图 10-4　权电阻网络 DAC 原理图

2. 工作原理

图 10-4 中，权电阻分别是 R、$2R$、$4R$、$8R$，位切换开关受四位二进制数控制，当二进制数 $d_3d_2d_1d_0$ 的某一位是 1 时，对应的开关闭合，反之，对应的开关打开。根据开关所在的位不同，放大器输出的电压是不同的。

当 $d_3d_2d_1d_0$ 是 0001 时，有

$$\frac{V_R}{8R} = -\frac{V_o}{R_f}$$

即

$$V_o = -1 \times \left(\frac{V_R \cdot R_f}{8R}\right)$$

当 $d_3d_2d_1d_0$ 是 0010 时，有

$$\frac{V_R}{4R} = -\frac{V_o}{R_f}$$

即

$$V_o = -2 \times \left(\frac{V_R \cdot R_f}{8R}\right)$$

当 $d_3d_2d_1d_0$ 是 0100 时，有

$$\frac{V_R}{2R} = -\frac{V_o}{R_f}$$

即

$$V_o = -4 \times (\frac{V_R \cdot R_f}{8R})$$

当 $d_3 d_2 d_1 d_0$ 是 1000 时,有

$$\frac{V_R}{R} = -\frac{V_o}{R_f}$$

即

$$V_o = -8 \times (\frac{V_R \cdot R_f}{8R})$$

当 $d_3 d_2 d_1 d_0$ 是 1111 时,有

$$V_o = -(\frac{1}{R} + \frac{1}{2R} + \frac{1}{4R} + \frac{1}{8R})V_R \cdot R_f$$

考虑一般情况,有

$$V_o = -(\frac{d_3}{R} + \frac{d_2}{2R} + \frac{d_1}{4R} + \frac{d_0}{8R})V_R \cdot R_f$$

可见,$d_3 d_2 d_1 d_0$ 对输出模拟电压的贡献正好符合 8421 权值。这样就把输入的二进制数转换成了模拟信号。

这种方式在转换位数较多的二进制数时,由于权电阻的分散性较大,精度受到影响,所以集成 DAC 一般不使用该方法。

10.1.3 *R*-2*R* T 形电阻网络 DAC

1. 电路组成

R-$2R$ T 形电阻网络 DAC 由 T 形电阻解码网络、电子模拟开关及求和放大器组成。四位 T 形电阻网络 DAC 原理图如图 10-5 所示。

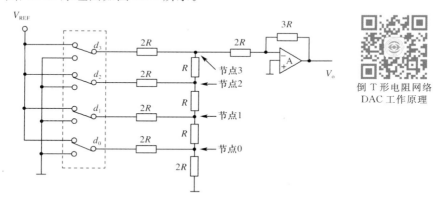

倒 T 形电阻网络
DAC 工作原理

图 10-5　四位 T 形电阻网络 DAC 原理图

2. 工作原理

电子模拟开关受数字量的相应位控制,代码为 0 时,开关接地;代码为 1 时,开关接高电平。无论从哪一个节点向上看或向下看,等效电阻均是 R。从 $d_0 \sim d_3$ 看进去,等效输入阻抗都是 $3R$,所以,流入每一开关的电流可以认为是相等的。

当 $d_3 d_2 d_1 d_0 = 1000$ 时,等效电路如图 10-6 所示。

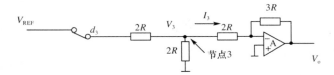

图 10-6　当 $d_3d_2d_1d_0=1000$ 时的等效电路

此时流入虚地点的电流 I_3 和节点 3 的电压 V_3 分别为

$$I_3=\frac{V_{REF}}{3R}\frac{1}{2}$$

$$V_3=I_3\times 2R=\frac{V_{REF}}{3R}\frac{1}{2}\times 2R=\frac{V_{REF}}{3}\frac{1}{2^0}$$

当 $d_3d_2d_1d_0=0100$ 时,等效电路如图 10-7 所示。

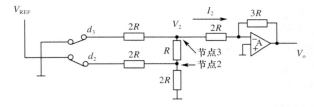

图 10-7　当 $d_3d_2d_1d_0=0100$ 时的等效电路

此时流入虚地点的电流 I_2 和节点 3 的电压 V_2 分别为

$$I_2=\frac{V_{REF}}{3R}\frac{1}{2^2}$$

$$V_2=I_2\times 2R=\frac{V_{REF}}{3R}\frac{1}{2^2}\times 2R=\frac{V_{REF}}{3}\frac{1}{2^1}$$

同理,当 $d_3d_2d_1d_0=0010$ 时,流入虚地点的电流 I_1 和节点 3 的电压 V_1 分别为

$$I_1=\frac{V_{REF}}{3R}\frac{1}{2^3}$$

$$V_1=I_1\times 2R=\frac{V_{REF}}{3R}\frac{1}{2^3}\times 2R=\frac{V_{REF}}{3}\frac{1}{2^2}$$

当 $d_3d_2d_1d_0=0001$ 时,流入虚地点的电流 I_0 和节点 3 的电压 V_0 分别为

$$I_0=\frac{V_{REF}}{3R}\frac{1}{2^4}$$

$$V_0=I_0\times 2R=\frac{V_{REF}}{3R}\frac{1}{2^4}\times 2R=\frac{V_{REF}}{3}\frac{1}{2^3}$$

当 $d_3d_2d_1d_0=1111$ 时,流入虚地点的电流 I 和节点 3 的电压 V 分别为

$$I=I_3+I_2+I_1+I_0=\frac{V_{REF}}{3R}\left(\frac{1}{2^1}+\frac{1}{2^2}+\frac{1}{2^3}+\frac{1}{2^4}\right)$$

$$V=V_3+V_2+V_1+V_0=\frac{V_{REF}}{3}\left(\frac{1}{2^0}+\frac{1}{2^1}+\frac{1}{2^2}+\frac{1}{2^3}\right)$$

一般地,有

$$V=V_3+V_2+V_1+V_0=\frac{V_{REF}}{3}\left(\frac{1}{2^0}d_3+\frac{1}{2^1}d_2+\frac{1}{2^2}d_1+\frac{1}{2^3}d_0\right)$$

放大器的输出为

$$V_o = -V_{REF}(d_3 \times 2^{-1} + d_2 \times 2^{-2} + d_1 \times 2^{-3} + d_0 \times 2^{-4})$$

式中 $d_3 \sim d_0$ 的取值是 0 或 1,根据取值的不同,输出电压也随之改变,实现了 D/A 转换。

10.1.4 DAC 的主要技术参数

1. 分辨率

DAC 的分辨率指最小输出电压(对应输入数字量 1)与最大输出电压之比。

例如,对于 8 位的 DAC,其分辨率为

$$\frac{1}{2^8 - 1} = \frac{1}{255} \approx 0.004$$

分辨率越高,对应数字输入信号最低位的模拟信号电压越小,也就越灵敏。有时,也通过数字输入信号的有效位数来给出分辨率。

2. 线性度

通常用非线性误差的大小表示 DAC 的线性度。非线性误差指理想的输入/输出特性的偏差与满刻度输出之比的百分数。

3. 转换速度(建立时间)

DAC 的转换速度一般用建立时间来描述。从二进制数输入 DAC 到模拟电压稳定输出所需要的时间,称为建立时间,一般在几十微秒到几百微秒。

4. 失调误差

失调误差定义为数字输入全为 0 时,其模拟输出值与理想输出值的偏差。对于单极性 DAC 来说,模拟输出的理想值为 0 V;对于双极性 DAC 来说,此理想值为负域满量程。偏差值的大小一般用 LSB 的份数或用偏差值相对于满量程的百分数表示。

5. 输出极性及范围

DAC 的输出范围与参考电压有关。对于电流输出型 DAC 来说,需用转换电路将输出的电流转换成电压。可见,输出范围还与转换电路有关。输出极性有单极性和双极性两种。

除此之外,DAC 还有输入高低逻辑电平、输入阻抗、输出阻抗、温度系数、电源电压和功率消耗等参数。在选用 DAC 时要考虑这些参数。

思考题

1. 叙述 DAC 有哪些重要的技术参数。

2. 权电阻网络 DAC 中权电阻的阻值比是 8:4:2:1,选择其他不符合这个比例的电阻是否可以,为什么?

3. 在 R-$2R$ T 形电阻网络 DAC 中,$V_{REF} = 10$ V,当输入二进制数 1100 时,输出 V_o 是多少?

10.2 模数转换器(ADC)

在计算机及一切数字应用系统中,计算机要对控制对象进行控制,不可避免地要和周围的环境打交道。例如,一个单片机温度控制系统要精确控制外界的温度,必须先检测外界的温度目前处于什么状况;一个流量控制系统必须知道现在的流量是多少;一个电机调速系统必须知道现在的转度是多少等。另一方面,单片机的CPU只能处理数字信号,而如前所述的温度、流量、转速通过传感器的转换得到的一般是模拟信号,这样就需要一种转换装置,将传感器送来的模拟信号转换为相应的数字信号,以便CPU能正确处理这些数据,这种将模拟信号转换为数字信号的装置就是A/D转换器。

A/D转换器按其输出数字信号的有效位数不同可以分为8位、10位、12位、14位、16位和BCD码输出的$3\frac{1}{2}$位、$4\frac{1}{2}$位、$5\frac{1}{2}$位等多种;按其转换速度可以分为超高速(转换时间$t\leqslant 1$ ns)、高速(1 ns$<$转换时间$t\leqslant 1$ μs)、中速(1 μs$<$转换时间$t\leqslant 1$ ms)、低速(1 ms$<$转换时间$t\leqslant 1$ s)等几种。为了适应集成的需要有些转换芯片内还包括多路转换开关、时钟电路、基准电压源和二-十进制译码器等。

大部分A/D转换器包括采样/保持和量化编码电路。采样/保持电路能把一个时间连续的模拟信号转换为时间离散信号,并将采样信号保持一段时间。量化编码电路是A/D转换器的核心,根据其形式的不同,A/D转换器可分为直接型和间接型。直接型A/D转换器能将模拟信号直接转换为数字信号而没有中间变量,其典型电路有并行A/D转换器和逐次逼近型A/D转换器;间接型A/D转换器在A/D转换过程中,产生一个中间变量,如将输入的模拟信号转换成一个与之成正比的时间或频率,然后通过计数的方式将数字信号输出。间接型A/D转换器有电压/时间变换型和电压/频率变换型两种,其分类如下:

$$A/D转换器 \begin{cases} 直接型 \begin{cases} 逐次逼近型\ A/D\ 转换器 \\ 并行\ A/D\ 转换器 \end{cases} \\ 间接型 \begin{cases} 电压/时间变换型\ A/D\ 转换器 \\ 电压/频率变换型\ A/D\ 转换器 \end{cases} \end{cases}$$

10.2.1 采样/保持和ADC的基本概念

1. 采样/保持的基本概念

要采样/保持的数字信号在时间和幅度上都是离散的,要实现A/D转换,首先要将随时间连续变化的模拟信号变换成时间离散信号,即采样,然后通过ADC把时间离散信号的幅值数字化,即量化。

进行A/D转换需要一定时间,为了保证转换的准确性和精度,应该在一定时间(t)内使采样得到的信号幅值保持不变,即保持。

通常情况下,采样电路和保持电路是不可分割的整体,即采样/保持电路。

(1)采样/保持电路

图 10-8 是采样/保持电路示意图。图中的采样开关 K 是一个电子开关,受采样时钟脉冲即逻辑(时钟)控制脉冲 CP 控制,按照时钟电平闭合和断开,电容 C 为保持电路,输出放大器起到放大与隔离负载的作用。假定 C 的充电时间远小于采样时间,且不考虑电容漏电、输出放大器的输入阻抗及电子开关的阻抗,该电路就是一个理想的采样/保持电路。

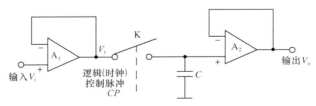

图 10-8　采样/保持电路示意图

(2)工作原理

采样开关 K 在逻辑(时钟)控制脉冲 CP 控制下断开与闭合:

当 $CP=1$ 时,采样开关闭合,V_i 信号被送到电容 C 上,电容 C 充电(放电)保存 V_i 的电平。

当 $CP=0$ 时,采样开关断开,电容 C 继续保持前一个闭合时刻得到的 V_i 信号电平,直到下一个采样循环 $CP=1$ 时,采集相应的新的信号电平为止。

A/D 转换是在保持阶段进行的,采样/保持前后的波形如图 10-9 所示。

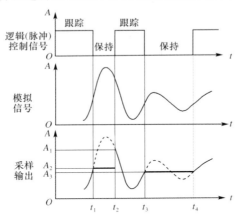

图 10-9　采样/保持波形

2. ADC 的基本概念

我们使用一个三位 ADC 来说明 ADC 的基本概念。三位 ADC 示意图如图 10-10 所示。

三位 ADC 有一个模拟输入端和三个数字输出端。A/D 转换是将模拟信号量化的过程。三位 ADC 可将 0~1 V 的模拟电压转换为 $2^3=8$ 个二进制数字信号。每个二进制数表示一个电压。三位 ADC 的输入、输出关系如图 10-11 所示。

根据图 10-11,可以归纳 ADC 输入、输出关系为:n 位 ADC 有 2^n 个输出。

第 10 章　数模与模数转换

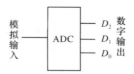

图 10-10 三位 ADC 示意图

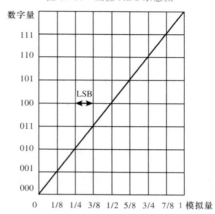

图 10-11 三位 ADC 输入、输出关系

最小量化值 1 LSB 为（假设满度模拟量为 N）

$$1\ \text{LSB}=\frac{N}{2^n}$$

这就是 A/D 转换器的分辨率。量化精度取决于最小量化值，输出数字量的位数越多，量化精度越高。

每个数字量代表一个范围的模拟量，而不是一个精确的模拟量。例如，三位 ADC 中，如果满度模拟量是 1，则 011 代表 $(\frac{3}{8}-\frac{1}{2}\text{LSB})\text{V}\sim(\frac{3}{8}+\frac{1}{2}\text{LSB})\text{V}$，其中 $\frac{3}{8}$ 是中心值。以中心值为基准，最大量化误差为 ±1 LSB。

最大输出数字量对应的输入模拟电压并非满度模拟电压，而是

$$满度模拟量\times(1-\frac{1}{2^n})$$

若满度模拟量为 1 V，对于三位 ADC，输出数字量 111 对应的输入模拟电压为

$$1\times(1-\frac{1}{2^3})=\frac{7}{8}(\text{V})$$

10.2.2 逐次逼近型模数转换器

1.转换原理

逐次逼近型模数转换器是目前应用较多、使用较广的 A/D 转换器。图 10-12 是逐次逼近型 A/D 转换器的原理图。它由移位寄存器、输出锁存器、D/A 转换器、比较器和控制逻辑等组成。

逐次逼近型 A/D 转换器的主要原理是：将一待转换的模拟信号 V_{IN}（输入信号）与一个推测信号 V_i 进行比较，根据推测信号是大于还是小于模拟信号来决定是增大还是减小

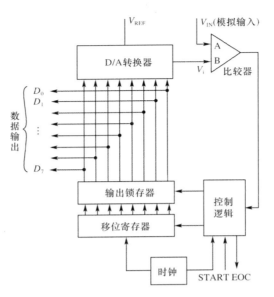

图 10-12　逐次逼近型 A/D 转换器原理图

该推测信号,以便接近输入的模拟信号,推测信号由 D/A 转换器输出。当推测信号与模拟信号相等时,向 D/A 转换器输入的数字信号就是该模拟信号的转换结果。其"推测"的过程如下:首先将输出锁存器(二进制计数器)输出的每一个二进制数从最高位起依次置 1,每接收到一位二进制数对应的模拟信号,都要进行比较。若模拟信号 V_{IN} 小于推测信号 V_i,则比较器输出 0,并使该位清零;若模拟信号 V_{IN} 大于推测信号 V_i,比较器输出 1,并使该位保持 1。继续比较下一位,直到 8 位全部比较完。此时,D/A 转换器的数字输入就是我们所需要的数字信号,至此,整个转换就完成了。

2. ADC0808/0809

ADC0808/0809 是 8 位 8 路 A/D 转换器芯片,其引脚排列如图 10-13 所示,内部结构如图 10-14 所示。片内具有锁存功能的 8 路模拟开关可对 8 路 0～5 V 的输入模拟电压进行分时转换,片内还具有多路开关的地址锁存与译码电路、比较器、256R 电阻网络、树状电子开关、逐次逼近寄存器(SAR)、控制与时序电路、三态输出锁存缓冲器等,可通过缓冲器与单片机接口相连。

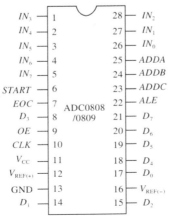

图 10-13　ADC0808/0809 芯片引脚排列

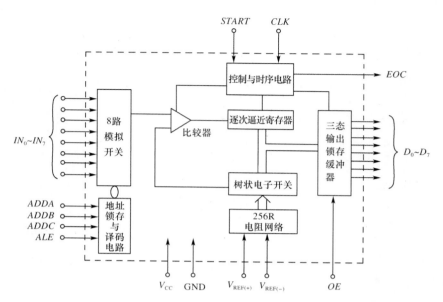

图 10-14　ADC0808/0809 芯片的内部结构

（1）ADC0808/0809 综合性能指标

①分辨率为 8 位。

②最大不可调误差：ADC0808 在 $\pm 1/2$ LSB 范围内，ADC0809 在 ± 1 LSB 范围内。

③单一＋5 V 供电，输入模拟信号范围是 0～5 V。

④8 路模拟开关具有锁存控制功能。

⑤可锁存三态输出，输出与 TTL 兼容。

⑥功耗为 15 mW。

⑦不必进行零点和满度调整。

⑧转换速度取决于芯片的时钟信号频率。时钟信号频率范围：10～1 280 kHz。当时钟信号频率为 500 kHz 时，转换时间为 128 μs。

（2）ADC0808/0809 的引脚功能

① $IN_0 \sim IN_7$：8 路模拟信号输入端。

② $D_0 \sim D_7$：8 位数字信号输出端，输出转换得到的数字信号。

③ $START$，ALE：启动控制输入端，高电平有效；地址锁存控制输入端。这两个信号输入端可以连接在一起，当通过程序输入一个正脉冲时，立即启动 A/D 转换。

④ EOC：转换结束信号输出端，输出高电平，告诉 CPU 输出完毕，可以读 $D_0 \sim D_7$ 的数据，也可以作为中断申请信号，在数据转换完成后，向 CPU 申请中断，在中断服务程序中读入数据。

⑤ OE：输出允许控制端，用于打开三态输出锁存缓冲器。当 OE 为高电平时，将数据送到数据线上。

⑥ CLK：时钟信号输入端。

⑦ $ADDA$、$ADDB$、$ADDC$：8 路模拟开关选通控制端，其选通关系见表 10-2。

⑧V_{CC}：供电电源输入端。

⑨$V_{REF(+)}$：参考电压正端。

⑩$V_{REF(-)}$：参考电压负端。

表 10-2　　　　　　　　　　　　8 路模拟开关选通关系

地 址 码			选择的输入通道
ADDC	ADDB	ADDA	
0	0	0	IN_0
0	0	1	IN_1
0	1	0	IN_2
0	1	1	IN_3
1	0	0	IN_4
1	0	1	IN_5
1	1	0	IN_6
1	1	1	IN_7

10.2.3　双积分模数转换器

双积分 A/D 转换器的工作原理如图 10-15 所示，它是电压/时间变换型 A/D 转换器。它由电子开关、积分器、比较器、计数器和逻辑控制门等部分组成。双积分就是进行一次 A/D 转换需要进行两次积分。双积分 A/D 转换器输出电压变化情况如图 10-16 所示。转换时，逻辑控制门控制电子开关把被测电压 V_1 加到积分器的输入端，积分器从 0 V 开始，在固定积分时间 T_1 内对 V_1 进行积分（称为固定积分），积分的最终值与 V_1 成正比。然后，逻辑控制门将电子开关切换到极性与 V_1 相反的基准电压 V_R 上，进行反向积分，因为基准电压 V_R 是恒定的，所以积分输出将以 T_1 期间的积分值为初值，以恒定的斜率减小（称为反向积分），当比较器检测到积分输出过零时，令积分器停止工作，反向积分时间 T_2 与固定积分的终值呈比例关系，有

$$T_2 = \frac{T_1}{V_R} V_1$$

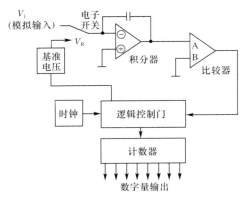

图 10-15　双积分 A/D 转换器工作原理

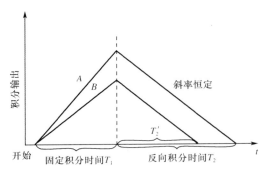

图 10-16　双积分 A/D 转换器输出电压变化情况

可见，T_2 与 V_1 成正比，T_2 的大小就表征了 V_1 的大小。反向积分时间 T_2 可以用计数器对时钟脉冲进行计数得到。输出的计数值就是所需的转换后的数字信号。

由于双积分的方法所需要的时间较长，故双积分 A/D 转换器的转换速度一般都较慢，而精度可以做得较高。

双积分 A/D 转换器具有以下特点：

(1)由于采用测量电压平均值的方法，所以具有很强的抗工频干扰能力。尤其对等于 T_1 或几分之一 T_1 的对称干扰，即整个周期内平均值为零的干扰，在理论上，有无穷大的抑制能力。

(2)由于在转换过程中，前后两次积分采用的是同一积分器，所以，在这两次积分期间(一般为几十至几百毫秒)，R、C 和脉冲源等元器件的参数变化可以忽略，即使这些参数的长期稳定性不好，也不会影响积分器的转换精度。

(3)在工业系统中，经常发生工频干扰或工频的倍频干扰，若选取 T_1 为工频电源周期的倍数，如 20 ms、40 ms 等，则可以有效地抑制干扰。

10.2.4 并行模数转换器

直接型 A/D 转换器能把输入的模拟电压直接转换成数字量输出而不需要经过中间变量。常用的电路有并联比较型和反馈比较型两类。并行 A/D 转换器又叫并联比较型 A/D 转换器。

一位直接型 A/D 转换器示意图如图 10-17 所示。它实际上是一个比较器。V_{REF} 是参考电压，V_1 是输入电压，V_O 是输出电压。V_O 只有两个状态：V_{Qmax} 和 V_{Qmin}，它们分别代表了二进制的 1 和 0。显然，这个 A/D 转换器没有太大的使用价值。

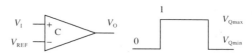

图 10-17　一位直接型 A/D 转换器示意图

将若干个一位直接型 A/D 转换器按一定规则并联起来，就形成了并联比较型 A/D 转换器，如三位、四位的，就具有较大的使用价值了。

三位并联比较型 A/D 转换器电路如图 10-18 所示，它由电压比较器、寄存器(D 触发器)和代码转换器三部分组成。

用串联电阻把参考电压 V_{REF} 分压，得到 $\frac{1}{15}V_{REF}$、$\frac{3}{15}V_{REF}$、$\cdots$、$\frac{13}{15}V_{REF}$ 共七个参考电压。然后，把这七个参考电压分别接到七个比较器 $C_7 \sim C_1$ 的输入端作为基准电压。同时将输入的模拟电压加到每个比较器的另一个输入端上，与这七个基准电压进行比较。

电压比较器的作用是将输入电压与各级参考电压进行比较，判断输入电压 V_1 属于哪个量级，并由电压比较器的输出状态表示。例如，当 $0 \leqslant V_1 < \frac{1}{15}V_{REF}$ 时，电压比较器 $C_1 \sim C_7$ 的输出均为 0；当 $\frac{3}{15}V_{REF} \leqslant V_1 < \frac{5}{15}V_{REF}$ 时，电压比较器 C_1 和 C_2 的输出为 1，电压比较器 $C_3 \sim C_7$ 的输出均为 0。

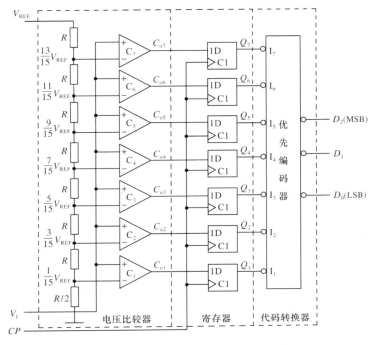

图 10-18　三位并联比较型 A/D 转换器电路

D 触发器的作用是存储电压比较器的状态，以作为优先编码器的输入。

优先编码器对电压比较器产生的状态编码，获得数字输出 $D_2D_1D_0$。优先编码器输入信号的优先级别是 I_7、I_6、$\cdots$、I_1，I_0 未使用，三位并联比较型 A/D 转换器输入与输出转换关系对照表见表 10-3。

表 10-3　　三位并联比较型 A/D 转换器输入与输出转换关系对照表

输入模拟电压	电压比较器输出							输出数字量		
	C_{o7}	C_{o6}	C_{o5}	C_{o4}	C_{o3}	C_{o2}	C_{o1}	D_2	D_1	D_0
$0 \leqslant V_1 < \frac{1}{15}V_{REF}$	0	0	0	0	0	0	0	0	0	0
$\frac{1}{15}V_{REF} \leqslant V_1 < \frac{3}{15}V_{REF}$	0	0	0	0	0	0	1	0	0	1
$\frac{3}{15}V_{REF} \leqslant V_1 < \frac{5}{15}V_{REF}$	0	0	0	0	0	1	1	0	1	0
$\frac{5}{15}V_{REF} \leqslant V_1 < \frac{7}{15}V_{REF}$	0	0	0	0	1	1	1	0	1	1
$\frac{7}{15}V_{REF} \leqslant V_1 < \frac{9}{15}V_{REF}$	0	0	0	1	1	1	1	1	0	0
$\frac{9}{15}V_{REF} \leqslant V_1 < \frac{11}{15}V_{REF}$	0	0	1	1	1	1	1	1	0	1
$\frac{11}{15}V_{REF} \leqslant V_1 < \frac{13}{15}V_{REF}$	0	1	1	1	1	1	1	1	1	0
$\frac{13}{15}V_{REF} \leqslant V_1 < V_{REF}$	1	1	1	1	1	1	1	1	1	1

10.2.5 ADC 主要技术参数

1. 分辨率

A/D 转换器的分辨率表示输出数字量变化一个相邻数码所需输入电压的变化量。习惯上以二进制位数或 BCD 码位数表示。例如，分辨率为 10 位表示该 A/D 转换器的输出数据可以用 2^{10} 个二进制数进行量化。

2. 量化误差

量化误差是由 A/D 转换器的有限分辨率引起的，在不计其他误差的情况下，一个分辨率有限的 A/D 转换器的阶梯状转换特性曲线与具有无限分辨率的 A/D 转换器的转换特性曲线之间的最大误差，称为量化误差。分辨率高的转换器具有较小的量化误差。

3. 转换精度

A/D 转换器的转换精度反映了一个实际 A/D 转换器在量化值上与一个理想的 A/D 转换器的差值，可表示成绝对误差或相对误差，与一般测试仪表的定义相似。

4. 转换时间与转换速度

A/D 转换器完成一次转换所需要的时间称为转换时间。转换速度是转换时间的倒数。

10.2.6 电子模拟开关

1. 电子模拟开关的基本概念

电子模拟开关（有时简称为"开关"）是根据数字控制信号的电平或模拟信号（可以是规定范围内的任何电平）进行切换的开关器件，通常由传输门电路构成。电子模拟开关的功能类似于继电器。

电子模拟开关是一种三稳态电路，它可以根据选通端的电平，决定输入端与输出端的状态。当选通端处在选通状态时，输出端的状态取决于输入端的状态；当选通端处于截止状态时，不管输入端电平如何变化，输出端都呈高阻状态。电子模拟开关在电子设备中主要起接通信号或断开信号的作用。由于电子模拟开关具有功耗低、速度快、无机械触点、体积小和使用寿命长等特点，所以，在自动控制系统和计算机中得到了广泛应用。

电子模拟开关具有以下特性：

（1）信号双向传输

电子模拟开关大多可以使信号双向传输，如果忽略这一点，就很容易使电路出现问题，比如将电压反向偏置、电流倒灌等。

（2）开关断开后漏电流极小

电子模拟开关在断开（OFF）时会呈高阻状态，两传输端间的漏电流极小，一般在纳安级及以下，如 SGM3001、SGM3002 和 SGM3005 系列电子模拟开关，其断开后的漏电流均为 1 nA。这么微弱的电流在应用中可忽略不计，可认为电子模拟开关是理想断开的。

2. 数模转换器和模数转换器中的电子模拟开关

数模转换器和模数转换器中的电子模拟开关分为 CMOS 型和双极型两大类，CMOS型电子模拟开关转换速度较慢，建立时间较长，如 5G7520 芯片为 600 ns 左右。在转换速度要求较高的场合,常选用双极型电子模拟开关(三极管开关及 ECL 开关),其中最常见的双极型电子模拟开关 DAC 芯片为 DAC08 系列、DAC1008 及 DAC1280 等。在 DAC08 系列中典型芯片 DAC0800 的建立时间只有 100 ns。

下面介绍 CMOS 型电子模拟开关的工作原理。

图 10-19 是 CMOS 型电子模拟开关电路图。这个开关由 9 个 MOS 管组成,其中 $VT_1 \sim VT_3$(VT_1 为 NMOS 管,VT_2、VT_3 为 PMOS 管)组成电平转移电路,使输入信号能与 TTL 电路的逻辑电平兼容;$VT_4 \sim VT_7$ 构成模拟开关管 VT_8 和 VT_9 的驱动电路,VT_8 和 VT_9 构成开关的两个端子,即起单刀双掷的作用。

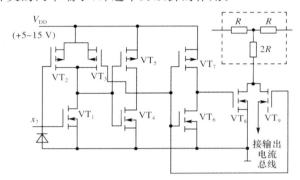

图 10-19　CMOS 型电子模拟开关电路图

当电路输入端输入高电平时,VT_1 反相器输出为低电平,VT_4、VT_5 构成的反相器输入为低电平,输出则为高电平,一方面使 VT_9 导通,另一方面使 VT_6、VT_7 构成的反相器输入为高电平,输出为低电平,VT_8 截止。这使得开关处于一种状态(我们称为状态 A)。

当电路输入端输入低电平时,VT_1 反相器输出为高电平,VT_4、VT_5 构成的反相器输入为高电平,输出则为低电平,一方面使 VT_9 截止,另一方面使 VT_6、VT_7 构成的反相器输入为低电平,输出为高电平,VT_8 导通。这使得开关处于另外一种状态(我们称为状态 B)。

显然,当输入信号是高电平时,开关处于状态 A,而当输入信号是低电平时,开关处于状态 B,从而实现了单刀双掷功能。开关的单刀双掷示意图如图 10-20 所示。

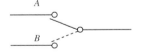

图 10-20　开关的单刀双掷示意图

CMOS 型电子模拟开关的导通电阻较大,一般在数十至数百欧姆,通过工艺设计可控制其导通电阻的阻值大小,并计入电阻网络中,从而使导通电阻对精度影响减到最小,保证一定的转换精度。

思考题

1. D/A 转换和 A/D 转换的作用是什么？
2. A/D 转换包含哪些过程？
3. 什么是量化？什么是量化误差？
4. 试说明减少 A/D 转换过程中量化误差的方法。
5. 试叙述逐次逼近型 A/D 转换器的工作原理。

10.3 工程应用——ADC 在智能温度控制系统中的应用

10.3.1 智能温度控制系统概述

在现代过程控制及各种智能仪器和仪表中，为采集被控（被测）对象数据以达到由计算机进行实时检测、控制的目的，常用微处理器和 A/D 转换器组成数据采集系统。为了使水温保持在设定的温度范围内，要使用智能温度控制系统。智能温度控制系统框图如图 10-21 所示。

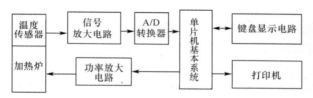

图 10-21 智能温度控制系统框图

智能温度控制系统由单片机基本系统、A/D 转换器、信号放大电路、温度传感器、加热炉、功率放大电路、键盘显示电路、打印机组成。

温度传感器检测水温，得到一个代表水温的模拟电压值。信号放大电路对温度传感器送来的信号进行整形和放大，达到 A/D 转换器要求的电压范围。A/D 转换器将信号放大电路的输出信号转换为数字信号，送到单片机基本系统中，单片机基本系统按照预定算法计算，将计算结果送到功率放大电路，控制加热炉的电压（电流）以保证水温保持在设定范围内。根据预先设定条件，打印需要的数据。键盘显示电路显示控制系统的有关数据，输入人工干预的数据，使控制系统随时按预定条件接受人工干预。

本节重点介绍 A/D 转换器在系统中的作用及连接和控制原理。

10.3.2 A/D 控制原理

1. 检测电路

图 10-22 中，AD590 是二端式集成温度-电流传感器，它的测温范围为 $-50 \sim +150$ ℃，满刻度误差范围为 ± 0.3 ℃，完全满足本系统对水温测量的要求。

2. 信号转换与放大电路

图 10-22 中,三端稳压器 AD581 提供 10 V 标准电压,它与运算放大器 OP-07 和电阻 R_1、RP_1、R_2、RP_2 组成信号转换与放大电路,将 $35\sim95$ ℃温度转换成 $0\sim5$ V 的电压信号。

3. A/D 转换器

系统对信号采集的速度要求不高,故可以采用价格低廉的 8 位逐次逼近型 A/D 转换器 ADC0804。

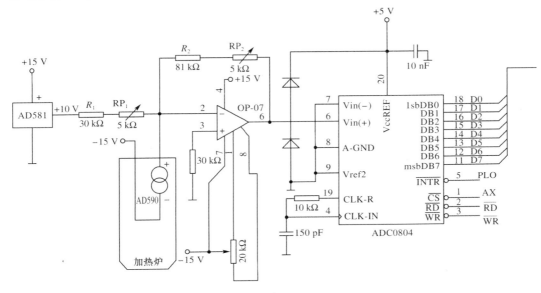

图 10-22 ADC 与检测电路

放大器输出电压输送到 Vin(+),ADC 读取这个信号并将其转换为对应的数字信号,输出 D7~D0,送给单片机基本系统进行控制运算。Vin(+)、Vin(−)是差分输入的两个端子,通常为单端输入,而将 Vin(−)接地。

PIN1($\overline{\text{CS}}$)是片选端,与 $\overline{\text{RD}}$、$\overline{\text{WR}}$ 的输入电压一起判断是否读取或写入数据,低电平有效。

PIN2($\overline{\text{RD}}$)是读控制端。当 $\overline{\text{CS}}$、$\overline{\text{RD}}$ 皆为低电平时,ADC0804 会将转换后的数字信号经由 DB7~DB0 输出至其他处理单元。

PIN3($\overline{\text{WR}}$)是启动转换的控制信号端。当 $\overline{\text{CS}}$、$\overline{\text{WR}}$ 皆为低电平时,ADC0804 做清除的动作,系统重置。当 $\overline{\text{WR}}$ 由 0→1 且 $\overline{\text{CS}}$=0 时,ADC0804 开始转换信号,此时 $\overline{\text{INTR}}$ 为高电平,当其为低电平时表示转换结束。

本 章 小 结

1. ADC、DAC 是实现模拟量和数字量相互转换的桥梁,是数字电路系统中重要的接口电路。

2. DAC 是将数字信号转换为模拟信号的电子电路,它主要由权电阻网络、运算放大器、基准电源、电子模拟开关等组成,它输出的模拟电压与输入的二进制数呈线性对应关系。本章主要介绍了权电阻网络 DAC 及 R-$2R$ T 形电阻网络 DAC 的工作原理。

3.ADC 是将模拟信号转换为数字信号的电路。逐次逼近型 ADC 由 D/A 转换器、比较器、输出锁存器、移位寄存器、控制逻辑等组成。

4.A/D 转换器 ADC0808/0809 有 8 路模拟输入信号,通过电子开关的控制可以轮流对 8 路输入模拟信号进行 A/D 转换,是计算机数字控制系统中常见的 ADC 芯片,对其引脚功能的学习是重点。

5.ADC、DAC 的基准参考电压 V_{REF} 是重要的概念,要理解其作用,特别是在 ADC 中,它对量化误差、分辨率都有影响。

6.逐次逼近型 A/D 转换器和双积分 A/D 转换器各有各的特点及应用场合。在不同的场合,应选用不同类型的 A/D 转换器。当系统需要高速转换,但转换精度要求不高时,可选用并联比较型 A/D 转换器;当系统要求转换精度高但对转移速度没有要求时,宜选用双积分 A/D 转换器,它转换精度高、抗干扰能力强。逐次逼近型 A/D 转换器兼顾了上述两种 A/D 转换器的优点,转换速度快,转换精度高,价格适中,应用较普遍。

自我检测题

一、填空题

1.将模拟信号转换为数字信号,需要经过_____、_____、_____、_____四个过程。

2.大部分 A/D 转换器包括_____和_____电路。

3.A/D 转换器将_____信号转换为_____信号。

4.D/A 转换器将_____信号转换为_____信号。

5.一般来说,DAC 输入数字量为 n 位时输出模拟量为_____个。

6.R-$2R$ T 形电阻网络 DAC 由_____网络、_____开关及求和放大器组成。

7.D/A 转换器的分辨率指最小输出电压(对应输入数字量 1)与_____电压之比。

8.逐次逼近型 A/D 转换器是目前应用较多、使用较广的 A/D 转换器。它一般由寄存器、_____、_____和控制逻辑等组成。

9.A/D 转换器完成一次转换所需要的时间称为_____。_____是转换时间的倒数。

10.直接型 A/D 转换器能把输入的模拟电压_____输出的数字量而不需要经过_____。常用的电路有并联比较型和反馈比较型两类。

二、判断题

1.权电阻网络 DAC 的电路简单且便于集成,因此被广泛使用。 (　　)

2.D/A 转换器的最大输出电压的绝对值可达到基准电压 V_{REF}。 (　　)

3.D/A 转换器的位数越多,能够分辨的最小输出电压变化量就越小。 (　　)

4.D/A 转换器的位数越多,转换精度越高。 (　　)

5.A/D 转换器的二进制数的位数越多,量化单位 Δ 越小。 (　　)

6. A/D转换过程中,必然会出现量化误差。   (   )

7. A/D转换器的二进制数的位数越多,量化级分得越多,量化误差就可以减小到0。
                                                                        (   )

8. 一个 N 位逐次逼近型 A/D 转换器完成一次转换要进行 N 次比较,需要 $N+2$ 个时钟脉冲。   (   )

9. 双积分型 A/D 转换器的转换精度高、抗干扰能力强,因此常用于数字式仪表中。
                                                                        (   )

10. 利用采样开关的闭合与关断,能够采集到模拟信号任意时刻的值。   (   )

三、选择题

1. 以下四种转换器,(   )是 A/D 转换器且转换速度最快。

A. 并联比较型转换器   B. 逐次逼近型转换器

C. 双积分转换器   D. 施密特触发器

2. 4 位 R-$2R$ T 形电阻网络 DAC 的电阻网络的电阻取值有(   )种。

A. 1   B. 2   C. 4   D. 8

3. 一个无符号 4 位权电阻网络 DAC,最低位电阻为 40 kΩ,则最高位电阻为(   )。

A. 4 kΩ   B. 5 kΩ   C. 10 kΩ   D. 20 kΩ

4. 用二进制代码表示指定离散电平的过程称为(   )。

A. 采样   B. 量化   C. 保持   D. 编码

5. 将幅值上、时间上离散的阶梯电平统一归并到最邻近的指定电平的过程称为
(   )。

A. 采样   B. 量化   C. 保持   D. 编码

6. 将一个时间上连续变化的模拟量转换为时间上断续(离散)的模拟量的过程称为
(   )。

A. 采样   B. 量化   C. 保持   D. 编码

7. 一个无符号 8 位数字量输入的 DAC,其分辨率为(   )位。

A. 1   B. 3   C. 4   D. 8

8. 一个无符号 10 位数字量输入的 DAC,其输出电平的级数为(   )。

A. 4   B. 10   C. 1024   D. 2^{10}

9. 为使采样输出信号不失真地代表输入模拟信号,采样频率 f_S 和输入模拟信号的最高频率 f_{imax} 的关系是(   )。

A. $f_S \geq f_{imax}$ B. $f_S \leq f_{imax}$ C. $f_S \geq 2f_{imax}$ D. $f_S \leq 2f_{imax}$

四、计算题

1. 在图 10-4 权电阻网络 DAC 中,若取 $V_R=5$ V,$n=4$,$R_f=3R$,试求当输入数字量 $d_3d_2d_1d_0=0101$ 及 $d_3d_2d_1d_0=1101$ 时输出电压分别是多少。

2. 在图 10-5 的 R-$2R$ T 形电阻网络 DAC 中,若取 $V_R=5$ V,$n=4$,试求当输入数字量 $d_3d_2d_1d_0=0101$ 及 $d_3d_2d_1d_0=1101$ 时输出电压分别是多少。

参 考 文 献

[1] 李春林,鲍祖尚.电子技术(基础篇)[M].2 版.大连:大连理工大学出版社,2003.

[2] 丁景红.模拟电子技术及应用[M].北京:中国电力出版社,2010.

[3] 余红娟,杨承毅.电子技术基本技能[M].北京:人民邮电出版社,2009.

[4] 付植桐,高建新.电子技术简明教程[M].北京:中国电力出版社,2009.

[5] 孙莉,蒋从根.单片机原理及应用[M].北京:机械工业出版社,2004.

[6] 毛瑞丽.数字电子技术基础及应用[M].北京:机械工业出版社,2010.

[7] 丁景红.数字电子技术及应用[M].北京:中国电力出版社,2010.

[8] 王毓银.数字电路逻辑设计[M].3 版.北京:高等教育出版社,2018.

[9] 康华光.数字电子技术基础(数字部分)[M].6 版.北京:高等教育出版社,2014.

[10] 张友汉.数字电子技术基础[M].北京:高等教育出版社,2004.

[11] 阎石.数字电子技术基础[M].6 版.北京:高等教育出版社,2016.

[12] 朱定华.数字电路与逻辑设计[M].北京:清华大学出版社,2011.

[13] 薛宏熙.数字逻辑设计[M].2 版.北京:清华大学出版社,2012.

[14] 胡祥青,何晖.数字电子技术[M].北京:机械工业出版社,2011.

[15] 刘南平,李擎.数字电子技术[M].北京:科学出版社,2005.

[16] 王慧,闫雪锋.数字电子技术[M].北京:经济科学出版社,2010.

[17] 卢莹莹.数字电路逻辑设计同步辅导及习题全解[M].徐州:中国矿业大学出版社,
    2008.

[18] 徐新艳.数字与脉冲电路[M].2 版.北京:电子工业出版社,2007.

[19] 李响初.数字电路基础与应用[M].2 版.北京:机械工业出版社,2012.

[20] 郭军.数字逻辑原理与应用[M].北京:机械工业出版社,2009.

[21] 关静.数字电路应用设计[M].北京:科学出版社,2009.

[22] 杨志忠,卫桦林.数字电子技术基础[M].3 版.北京:高等教育出版社,2018.

[23] 侯建军.数字电子技术基础[M].3 版.北京:高等教育出版社,2015.

[24] 周良权,方向乔.数字电子技术基础[M].5 版.北京:高等教育出版社,2021.

[25] 姚娅川,吴培明.数字电子技术[M].重庆:重庆大学出版社,2006.

[26] 成立,王振宇.数字电子技术基础[M].3 版.北京:机械工业出版社,2016.

附 录

附录 1 ASCII 控制字符

二进制	十进制	十六进制	缩写	可以显示的表示法	名称/意义
0000 0000	0	00	NUL	NUL	空字符（Null）
0000 0001	1	01	SOH	SOH	标题开始
0000 0010	2	02	STX	STX	本文开始
0000 0011	3	03	ETX	ETX	本文结束
0000 0100	4	04	EOT	EOT	传输结束
0000 0101	5	05	ENQ	ENQ	请求
0000 0110	6	06	ACK	ACK	确认回应
0000 0111	7	07	BEL	BEL	响铃
0000 1000	8	08	BS	BS	退格
0000 1001	9	09	HT	HT	水平定位符号
0000 1010	10	0A	LF	LF	换行键
0000 1011	11	0B	VT	VT	垂直定位符号
0000 1100	12	0C	FF	FF	换页键
0000 1101	13	0D	CR	CR	归位键
0000 1110	14	0E	SO	SO	取消变换（Shift out）
0000 1111	15	0F	SI	SI	启用变换（Shift in）
0001 0000	16	10	DLE	DLE	跳出数据通信
0001 0001	17	11	DC1	DC1	设备控制一（XON 启用软件速度控制）
0001 0010	18	12	DC2	DC2	设备控制二
0001 0011	19	13	DC3	DC3	设备控制三（XOFF 停用软件速度控制）
0001 0100	20	14	DC4	DC4	设备控制四
0001 0101	21	15	NAK	NAK	确认失败回应
0001 0110	22	16	SYN	SYN	同步用暂停
0001 0111	23	17	ETB	ETB	区块传输结束
0001 1000	24	18	CAN	CAN	取消
0001 1001	25	19	EM	EM	连接介质中断
0001 1010	26	1A	SUB	SUB	替换
0001 1011	27	1B	ESC	ESC	跳出
0001 1100	28	1C	FS	FS	文件分割符
0001 1101	29	1D	GS	GS	组群分隔符
0001 1110	30	1E	RS	RS	记录分隔符
0001 1111	31	1F	US	US	单元分隔符
0111 1111	127	7F	DEL	DEL	删除

附录 2 ASCII 可显示字符

二进制	十进制	十六进制	字符	二进制	十进制	十六进制	字符	二进制	十进制	十六进制	字符
0010 0000	32	20	（空格）（SP）	0100 0000	64	40	@	0110 0000	96	60	`
0010 0001	33	21	!	0100 0001	65	41	A	0110 0001	97	61	a
0010 0010	34	22	"	0100 0010	66	42	B	0110 0010	98	62	b
0010 0011	35	23	#	0100 0011	67	43	C	0110 0011	99	63	c
0010 0100	36	24	$	0100 0100	68	44	D	0110 0100	100	64	d
0010 0101	37	25	%	0100 0101	69	45	E	0110 0101	101	65	e
0010 0110	38	26	&	0100 0110	70	46	F	0110 0110	102	66	f
0010 0111	39	27	'	0100 0111	71	47	G	0110 0111	103	67	g
0010 1000	40	28	(	0100 1000	72	48	H	0110 1000	104	68	h
0010 1001	41	29	)	0100 1001	73	49	I	0110 1001	105	69	i
0010 1010	42	2A	*	0100 1010	74	4A	J	0110 1010	106	6A	j
0010 1011	43	2B	+	0100 1011	75	4B	K	0110 1011	107	6B	k
0010 1100	44	2C	,	0100 1100	76	4C	L	0110 1100	108	6C	l
0010 1101	45	2D	—	0100 1101	77	4D	M	0110 1101	109	6D	m
0010 1110	46	2E	.	0100 1110	78	4E	N	0110 1110	110	6E	n
0010 1111	47	2F	/	0100 1111	79	4F	O	0110 1111	111	6F	o
0011 0000	48	30	0	0101 0000	80	50	P	0111 0000	112	70	p
0011 0001	49	31	1	0101 0001	81	51	Q	0111 0001	113	71	q
0011 0010	50	32	2	0101 0010	82	52	R	0111 0010	114	72	r
0011 0011	51	33	3	0101 0011	83	53	S	0111 0011	115	73	s
0011 0100	52	34	4	0101 0100	84	54	T	0111 0100	116	74	t
0011 0101	53	35	5	0101 0101	85	55	U	0111 0101	117	75	u
0011 0110	54	36	6	0101 0110	86	56	V	0111 0110	118	76	v
0011 0111	55	37	7	0101 0111	87	57	W	0111 0111	119	77	w
0011 1000	56	38	8	0101 1000	88	58	X	0111 1000	120	78	x
0011 1001	57	39	9	0101 1001	89	59	Y	0111 1001	121	79	y
0011 1010	58	3A	:	0101 1010	90	5A	Z	0111 1010	122	7A	z
0011 1011	59	3B	;	0101 1011	91	5B	[	0111 1011	123	7B	{
0011 1100	60	3C	<	0101 1100	92	5C	\	0111 1100	124	7C		
0011 1101	61	3D	=	0101 1101	93	5D	]	0111 1101	125	7D	}
0011 1110	62	3E	>	0101 1110	94	5E	^	0111 1110	126	7E	~
0011 1111	63	3F	?	0101 1111	95	5F	_				